食品科技译丛

发酵食品和饮料工业的技术创新

Innovations in Technologies for Fermented Food and Beverage Industries

［印］桑迪普·库玛尔·潘达

［印］普拉塔普库马尔·哈拉迪·谢蒂

编著

杨旭　译

中国纺织出版社有限公司

First published in English under the title

Innovations in Technologies for Fermented Food and Beverage Industries

edited by Sandeep Kumar Panda and Prathap Kumar Shetty Halady，edition：1

Copyright© Springer International Publishing AG，part of Springer Nature，2018

This edition has been translated and published under licence from

Springer Nature Switzerland AG.

Springer Nature Switzerland AG takes no responsibility and shall not be made liable

for the accuracy of the translation.

著作权合同登记号：图字：01-2022-6109

图书在版编目（CIP）数据

发酵食品和饮料工业的技术创新／（印）桑迪普·库玛尔·潘达，（印）普拉塔普库马尔·哈拉迪·谢蒂编著；杨旭译 . --北京：中国纺织出版社有限公司，2023. 5

书名原文：Innovations in Technologies for Fermented Food and Beverage Industries

ISBN 978-7-5180-9983-2

Ⅰ. ①发… Ⅱ. ①桑…②普…③杨… Ⅲ. ①发酵食品-生产工艺-技术革新②饮料工业-技术革新 Ⅳ. ①TS26②TS27

中国版本图书馆 CIP 数据核字（2022）第 201815 号

责任编辑：毕仕林　国　帅　责任校对：楼旭红
责任印制：王艳丽

中国纺织出版社有限公司出版发行

地址：北京市朝阳区百子湾东里 A407 号楼　邮政编码：100124

销售电话：010—67004422　传真：010—87155801

http://www.c-textilep.com

中国纺织出版社天猫旗舰店

官方微博 http://weibo.com/2119887771

北京华联印刷有限公司印刷　各地新华书店经销

2023 年 5 月第 1 版第 1 次印刷

开本：710×1000　1/16　印张：19

字数：335 千字　定价：168.00 元

前　言

　　发酵是人类最古老的食品加工技术之一，用于延长食品的保质期、改善食品的质地和感官特性。许多发酵食品和饮料促进了早期文明的融合和社会化。许多文明已经证实日常饮食中的发酵食品和饮料的健康和营养。近年来，从健康和营养的角度来看，人们对发酵食品的兴趣也越来越高。

　　食品生产的工艺优化和规模化是食品商业化的重要要求，使其可以简化流程，获得质量稳定的产品。对于发酵食品和饮料，由于发酵过程的动态特性和发酵微生物区系的多样性，其过程优化比较复杂。

　　本书由来自印度、南非、加拿大、希腊、克罗地亚、喀麦隆和智利七个国家的相关领域专家撰写，共十六章。这些章节详尽介绍了发酵剂培养的技术创新；有益健康的发酵食品生产；啤酒、葡萄酒和烈性酒行业技术进步和新产品开发；酒精饮料的营销；发酵乳制品工厂现代化；非乳益生菌食品；现代化发酵罐改造以及包装技术。本书还介绍了食品和饮料的生产和质量改进的基因工程技术，以及最终产品质量的预测，特别是结合多元统计和计算智能混合方法的应用；消费者在新食品和饮料创新中的作用以及食品和饮料的知识产权。

　　在此感谢所有作者的努力，尽管日程很忙，但在很短的时间内完成了本书的撰写工作。希望这本书能帮助读者获得该领域的最新知识。祝阅读愉快！

〔印〕桑迪普·库玛尔·潘达

〔印〕普拉塔普库马尔·哈拉迪·谢蒂

目　录

第1章 发酵食品和饮料行业的创新技术和影响：概述

摘　要　本章概述了发酵食品和饮料行业在不同方面的研究进展；阐述了发酵剂培养、健康食品和饮料、营养食品、酒精饮料、益生菌乳制品、非乳制品及发酵肉类等方面的新技术；简要介绍了现代发酵罐、热和非热食品加工、基因工程在食品工业中的应用、安全包装技术和知识产权等方面的技术创新；列举了食品和饮料工业的创新案例。

关键词　发酵食品；发酵剂；益生菌；酒精饮料；发酵罐；安全包装；非热加工；知识产权

前言

发酵食品和饮料已成为现代社会最常见的食品之一。多年来，发酵技术的改进和新型加工技术的实施，满足了人们对于更安全、不含化学合成物质和更有营养的高品质加工食品和饮料的需求。从农场到餐桌，为了最大限度地满足消费者对发酵食品的要求，许多新技术被不断开发出来。现代食品发酵和饮料行业极具竞争力和创新性，并且始终处于升级、创新和完善过程中，以提高质量和开发不同食品原料的新产品。

由于世界范围内的文化多样性和特定地区消费者的偏好，发酵食品的生产和消费在全球范围内并不一致，目前发酵食品种类繁多。发酵食品主要包括乳制品、啤酒、葡萄酒、烈性酒、发酵鱼、发酵肉类和发酵蔬菜。乳制品在发酵食品细分市场中占有最高的份额，全球有 60 亿人食用，在亚洲和非洲的膳食蛋白供应中占 6%~7%，在欧洲占 19%。鉴于益生菌对健康的促进作用，发酵乳制品和非乳制品的需求量迅速上升。在乳制品中使用益生菌能短时间内大幅提高乳制品的消费量（Mishra et al.，2017），如酸奶、奶酪、冰淇淋等。多年来，发酵过程不断得到改进，发酵产品的营养成分得到强化，以保护人类的健康。如基因工程，用于食品安全和保鲜的非热加工技术，安全包装技术以及用于葡萄酒、啤酒和其他酒精饮料的智能计算技术，都被认为是对食品和饮料工业的发展做出巨大贡献的现代设备和系统。本章概述了发酵食品和饮料行业的创新和新技术。

发酵食品：现状与未来

2015 年全球功能性食品市场价值 1293.9 亿美元，预计 2024 年将达到 2551 亿美元。三十年来，牛奶和奶制品的需求呈上升趋势。全球牛奶产量增长了 50% 以上，从 1983 年的 5 亿吨增加到 2013 年的 7.69 亿吨。到 2030 年，南亚牛奶和奶制品的消费量预计将增长 125%。同样，啤酒在酒精饮料行业中占有最大的市场份额，全球产量为 1960 亿升。2013 年，中国是世界最大的啤酒生产国（4654 万升），其次是美国（2243 万升）和巴西（1346 万升）。2016 年，全球葡萄酒产量为 2.59 亿升，消费量为 2.4 亿升。排名靠前的葡萄酒生产国是意大利（4880 万升）、法国（4190 万升）和西班牙（3780 万升）。表 1.1 列举了世界上商业发酵食品和主要产区。

表 1.1　商业发酵食品和主要产区

产品	微生物	发酵类型	主要生产地区	参考文献
葡萄酒	酿酒酵母	液态发酵	意大利，法国，西班牙	Mishra et al. (2017)
啤酒	酿酒酵母，巴斯德酵母	液态发酵	中国，美国	Stewart (2016)
威士忌	酿酒酵母	液态发酵	法国，苏格兰，美国，加拿大	Walker et al. (2016)
酸乳	嗜热链球菌，德氏乳杆菌	液态发酵	法国，爱尔兰，加拿大，美国	Han et al. (2016)
奶酪	乳球菌，乳杆菌，链球菌，娄地青霉	固态发酵	德国，新西兰，法国，美国	Mishra et al. (2017)
酸奶	嗜酸乳杆菌	液态发酵	北美，欧洲，亚洲	Yerlikaya (2014)
德国泡菜	明串珠菌，短乳杆菌，植物乳杆菌	固态发酵	欧洲	Swain et al. (2014)
鱼露	乳酸菌（嗜盐），极端嗜盐古生菌，红皮盐杆菌，芽孢杆菌	液态发酵	泰国，韩国，印度尼西亚	Lopetcharat et al. (2001)
发酵肉	乳酸杆菌，微球菌属，葡萄球菌属	固态/液态发酵	欧洲	Holck et al. (2015)

食品发酵剂

在传统固有发酵过程中，食品加工都是在不了解所涉及的微生物和生物化学反应的情况下进行的，因此最终产品的质量是不可预测的。渐渐地，有关微生物及其功能模式的知识进步影响了科学家使用特定微生物进行食品发酵（Mishra et al.，2017）。发酵剂的定义为在受控条件下选择具有稳定特性的微生物菌株，以产生所需的食品特性（Wakil et al.，2014）。食品发酵中常见的微生物有细菌、酵母菌和霉菌。发酵剂种类分为单菌株（只包含一个同种菌株）、多菌株（三个或多个菌株）和混合菌株（包含未知菌株）（Mishra et al.，2017）。食品发酵中最重要的细菌是乳酸杆菌，它能够代谢碳水化合物产生乳酸。其他重要的细菌是醋酸菌（主要来自水果和蔬菜发酵）和芽孢杆菌（来自豆类发酵）。在营养食物发酵方面的有益微生物主要是酵母菌，特别是酿酒酵母。酵母在食品工业中扮演着重要的角色，它们产生的酶可参与有益的生化反应，在葡萄酒、啤酒、乙醇以及面包发酵中赋予产品典型的风味和香气。然而，乳酸菌是发酵食品中最常见的微生物。它们的重要性与其生理特性有关，如底物利用、代谢能力和益生菌特性等。其经常出现在食品发酵中，且历史悠久，这有助于被接受并供人类食用。诸多的乳酸菌从不同的发酵食品中分离出来，它们的功能在食物发酵期间或之后已经逐渐被阐明。

创新促进健康和营养

长期以来，发酵食品一直被作为营养来源。由于其潜在的健康益处，对发酵食品和新型功能食品的需求正在增加。最近对发酵食品的各种药用特性进行了研究，如抗高血压药（Ahren et al.，2014）、止泻药（Kamiya et al.，2013）、降血糖功能（Oh et al.，2014）和抗血栓形成药物（Kamiya et al.，2013）等。与未发酵食品相比，发酵食品对健康的好处可以归因于生物活性物质，如酚类、黄酮、脂肪酸、糖类、大量的维生素、矿物质和氨基酸（Rodgers，2008；Rodriguez et al.，2009；Capozzi et al.，2012；Sheih et al.，2014；Xu et al.，2015）。发酵食品在食品加工过程中会积累生物活性物质，而未加工食品中生物活性物质很少。红参根含有生物活性物质如人参皂苷和非皂苷，发酵红参根中的皂苷含量有所增加（Oh et al.，2014），这些皂苷可以调节血糖和胰岛素水平（Oh et al.，2014）。发酵大豆是韩国、中国、日本、印度尼西亚和越南的主要食品，具有治疗糖尿病效果。大豆的这种特性与发酵产品加工过程中小分子物质数量和质量变化有关（Kwon et al.，2010）。Dickerson 团队研究结果表明发酵木瓜具有抗氧化和免疫调节潜力（Dickerson et al.，2015）。用特定乳酸菌发酵的某些食品和饮料具有免疫调节和抗过敏特性（Nonaka et al.，2008）。近年来，新的科学工具如代谢组学、微生物生态学和基因组学技术相结合得到应用，旨在发现生物活性物质的抗病特性，从发酵食品中发现新的生物活性物质。

新型食品加工技术进展

发酵是一种古老的食品加工技术，并被传承下来（Caplice 和 Fitzgerald，1999；Adebo et al.，2017a）。随着人口不断的增长，传统发酵技术已无法满足消费者的需求，现代技术可以快速提供人们所需的发酵食品，同时保持产品质量、感官属性和营养健康的一致性（Todorov 和 Holzapfel，2015；Adebiyi et al.，2017；Adebo et al.，2017a，b）。随着新兴技术和食品科学研究的发展，食品和饮料行业正在采用创新的高效食品加工方法如共培养、高温发酵、分子工具、基因工程、突变选择和重组 DNA 技术，使得设计和构建性能更好地定制发酵剂成为可能。例如，采用混合发酵剂研制了一种新型饮料，即酿酒酵母（*Saccharomyces cerevisiae*）和乳酸片球菌（*Pediococcus acidilactici*）；酿酒酵母和嗜酸乳杆菌（*Lactoballicus acidophilus*）；乳酸片球菌和嗜酸乳杆菌；酿酒酵母、乳酸片球菌和嗜酸乳杆菌（Santos et al.，2014）。随着发酵行业竞争力的不断提高，用于为逐渐壮大的消费者群体提供新颖、创新和优质产品的食品加工技术已取得重大突破。

热和非热技术应用进展

加热的目的是延长发酵产品保质期、消灭病原微生物、提高代谢物活性和酶的产量，以及缩短发酵过程（Melikoglu，2012；Siefarth et al.，2014）。欧姆加热、射频和微波加热方式很少采用。热处理会影响发酵食品的生化、质地和感官特性。发酵工业中较多采用的新型非热加工方式是高压处理（HPP）、高压二氧化碳（HPCD）、超声波、紫外线照射、伽马辐射、微波辐射和脉冲电场（Gupta 和 Abu-Ghannam，2012）。美国食品和药物管理局（FDA）已经批准使用伽马辐射进行食品加工，这种辐射是从钴-60 或铯-137 和紫外线辐射中获得的，用于表面杀菌。世界卫生组织认为，通过剂量达 7000 Gy 的电离辐射保存食品是安全的，并得到美国、法国、荷兰和加拿大等国家认可。同样，紫外线辐射是一种非电离射线，通过在染色体中形成硫胺素来干扰 DNA 复制，从而杀死细菌或抑制细菌繁殖（美国食品和药物管理局，2007）。HPP 适用于 100~800 MPa 的不同温度范围内的固体和液体食品，通过破坏微生物细胞膜方式达到杀菌效果。溶质流失、酶失活和蛋白质凝集是细胞死亡的主要原因。HPCD 是一种环保和节能的工艺，使用压力小且无毒。脉冲电场适用于液体和半液体样品，食品物料放置在两个电极之间，在极短时间内（2 μs~1 ms）的高压电场（1~50 kV/cm）作用下达到杀菌效果（Barbosa-Canovas et al.，2001）。除了这些非热加工方式外，还可添加各种天然抗菌剂如草药、香料和蔬菜的提取物。海藻、辣椒和绿茶提取物对沙门氏菌的生长有抑制作用。迷迭香，罗勒，生姜和苏木等草本植物的精油含有香芹酚、柠檬醛、百里香酚、丁香酚和柠檬酸等化合物。它们的抗菌活性得到了充分的研究（Gupta 和 Abu-Ghannam，2012）。非热过程方式加速了食品处理过程中的化学反应，如氧化、聚合、缩合和酯化；提高了发酵速率并监控发酵过程以及巴氏杀菌（Oey et al.，2008；Tao et al.，2014；Mirza-Aghayan et al.，2015）。除了热和非热加工过程外，正处于研究阶段的其他技术主要有纳米技术和代谢组学。

纳米技术

纳米科学和纳米技术在医药、化妆品、农业和食品等领域有着巨大的应用潜力。纳米技术的科学意义在于它研究纳米量级（1~100 nm）的粒子，这些粒子可能比相同成分的较大尺寸粒子具有更高的生物学活性。虽然发酵食品含有丰富的营养物质和其他活性成分，但在食品加工过程中可能会损失。纳米乳液的形成已成功地用于保护营养食品不被降解，提供更好的稳定性，并增强功能成分的生物利用度和向潜在消费者安全传递。纳米科学的另一个应用是纳米传感器，它被用来有效地监测和评估发酵食品的质量参数。包括量子点在内的生物传感器可用于检测引起食品变质的致病微生物和有害微生物。

食品代谢组学

在开发和提供功能性食品方面，人们有意识地加大投入（Adebo et al.，2017a）。发酵食品的成分独特，具有许多已识别和特征化的成分以及未识别的成分。对这些成分的分析可以为发酵食品行业开辟新的路径。随着食品工业中的"组学"技术的引入，人们称为食品代谢组学或食品组学，可以定量和定性地表征食品代谢的完整概况。借助先进的分析设备，可以识别出发酵食品的详细信息如成分和代谢相互作用，从而有助于与功能方面的关联。建立步骤选择的重要因素包括研究类型（目标或非目标）、样品的固体或液体形式，以及使用的仪器 [气相色谱-质谱（GC-MS），液相色谱-质谱（LC-MS），核磁共振（NMR）等]。代谢组学分析的过程包括样品制备、提取、数据采集和数据分析（Adebo et al.，2017a）。代谢组学研究旨在考察茶叶发酵过程中发生的代谢变化（Lee et al.，2011；Tan et al.，2016）。利用核磁共振、UPLC-Q-TOF-MS 和主成分分析对茶叶发酵模式进行了研究，结果表明，表儿茶素、咖啡因、奎宁酸、茶氨酸和蔗糖含量降低，葡萄糖水平提高。科研人员对其他传统发酵食品，如泡菜（发酵蔬菜）、清酒曲（发酵大米）

和大酱（发酵大豆）的发酵模式和代谢组学进行了研究和报道（Adebo et al.，2017a）。对加工过程和具体参数的透彻理解将有助于提高产品质量和降低产品成本。

酒精饮料

虽然在全球范围内有多种酒精饮料，但大多数都是地区性的。全球公认的酒精饮料是啤酒、葡萄酒和烈性酒（如威士忌、伏特加、杜松子酒和朗姆酒）。啤酒是销量最大的酒精饮料，其次是蒸馏酒，酒精饮料是仅次于水和茶的第三大消费饮料（Panda et al.，2015）。目前，精酿啤酒厂正变得越来越受欢迎，并因其在生产过程中的创新工艺而受到越来越多的青睐。精酿啤酒厂生产不同口味和酒精水平的季节性啤酒，如冬天用焦糖麦芽酿造的烈性啤酒，夏天生产柑橘味的清淡啤酒（Kellershohn 和 Russell，2015）。同样，蒸馏工艺单元在过去几年里也在上升，它们提供了新的香气和味道。此外，独特和新颖的包装展示在手工酿酒厂非常有吸引力。由于手工酿酒厂都是小批量经营，他们有机会用不同的原材料和不同的发酵技术来试验不同的生产批次。如今，热带原产地的原料被用于生产具有非传统感官特征的葡萄酒，如芒果（Reddy 和 Reddy，2005）、印度柿子（Sahu et al.，2012）、菠萝蜜（Panda et al.，2016）、荔枝（Kumar et al.，2008）、贝尔果（Panda et al.，2014a）、美桃榄（Panda et al.，2014b）等。

一些转基因酵母菌被开发出来以缩短发酵周期。与非转基因菌株相比，有些菌株能产生令人满意的味道，有些菌株能利用酒中残留的糖分。同样，在葡萄酒发酵专用酵母的基础上，转基因酿酒酵母 ML01 可抑制生物胺的产生，生物胺是葡萄酒发酵过程中产生的有毒物质（Husnik et al.，2007）。另一种重组酿酒酵母菌株可以减少葡萄酒发酵过程中产生的致癌物氨基甲酸乙酯（Dahabieh et al.，2009）。目前，人们采用分子生物学方法来研究酒精饮料中微生物的去向。目前正在利用快速分子方法如 PCR、RAPD-PCR、PCR-TTGE、PCR-DGGE、短串联重复序列等，对特定的发酵剂和不良酵母或细菌进行鉴定（Comi 和 Manzano，2008）。虽然已经开发出具有高效酒精生产和耐受能力的转基因酵母，但消费者对转基因生物的偏好较低，难以广泛应用。因此，几乎没有知名的啤酒厂或酿酒厂使用转基因酵母作为发酵剂。

益生菌、益生元和保健品的发展

功能性食品这一术语最早是日本提出的，指的是加工食品中包含除了营养元素外还有对健康有特殊益处的成分（Kaur 和 Das，2011）。功能性食品有很多种。营养保健品是一种膳食补充剂，也被称为功能性食品。它们由食物制成，以胶囊、片剂、粉末和溶液的药用形式出售（Ali et al.，2009）。营养食品被认为对心血管药物、抗肥胖药物、抗糖尿病药物、抗癌药物、免疫增强剂、慢性炎症性疾病和退行性疾病等疾病具有生理益处或提供保护。益生菌被广泛采用的定义是："当给予足够多的量时，对宿主的健康有益的活菌"（FAO/WHO，2001；Fuller，1989；Panda et al.，2017）。另外还有两个重要的术语：益生元和合生元。益生元是指添加益生菌以促进其生长和活性的复合食品成分。合生元是益生菌和益生元的组合，旨在改善摄入的微生物生存和在肠道中的定殖（de Vrese 和 Schrezenmeir，2008）。

随着在发酵乳制品中益生菌发酵剂的添加，人们对益生菌的治疗和预防特性非常感兴趣，因为这些细菌可以增加有益的肠道菌群的含量。其中最重要的两个益生菌属是乳杆菌属（*Lactobacillus*）和双歧杆菌属（*Bifidobacterium*），其次是小球菌属（*Pediococcus*）、肠球菌属（*Enterococcus*）和乳球菌属（*Lactococcus*）。选择标准是基于它们的 GRAS（通常被认为是安全的）状态、在食品中长期安全使用的情况、非致病性、在酸和胆汁中的稳定性等（Doder et al.，2013）。益生菌在发酵产品的加工和贮存过程中存活能力的要求需要对工艺参数进行大量优化。发酵食品中的益生菌除了提供食品的质地外，还能刺激肠道微生物区系（Saad et al.，2013）。添加低聚果糖、菊糖和果胶的益生菌发酵豆奶增加了血管紧缩素转换酶抑制活性，从而增强了降压效果（Yeo 和 Liong，2010）。最近，Rastall 和 Gibson（2015）回顾了益生元在促进有益微生物生长和改善肠道健康方面的作用。不同的发酵剂（如细菌、酵母和霉菌），无论是单一的还是组合的，都提供了一系列不同的具有新生物活性成分的健康前景。乳源生物活性肽（如乳铁蛋白、某些游离氨基酸、微量营养素、鞘脂或胞外多糖），具有降压、抗菌、抗氧化、免疫调节和矿物质结合特性（Korhonen，2009；Samaranayaka 和 Li-Chan，2011；Udenigwe 和 Mohan，2014）。

益生菌乳制品

常见的发酵乳制品有酸奶、发酵酪乳、嗜酸菌乳制品、扎巴迪乳制品、拉巴尼乳制品、生物乳制品、双乳酸菌乳制品、大麦乳制品等，主要由中温和嗜热乳酸菌发酵而成，而开菲尔乳制品和嗜酸酵母乳制品等为酒精乳酸菌发酵乳制品。同样，市场上不同口味和香气的奶酪制品得益于加工技术的创新。商业上采用最多的奶酪是切达奶酪、卡门贝尔奶酪和洛克福奶酪（Law 和 Hansen，1997）。这类发酵乳制品含有额外的功能性成分，如益生菌和益生元，它们具有明显的营养特性和功能。植物性抗氧化剂在保护细胞免受氧化应激和严重疾病的侵害方面做出了巨大贡献

（Aliakbarian et al.，2012；Halah 和 Nayra，2011）。使用两种不同的微生物嗜热链球菌（*Streptococus thermophilus*）和益生乳杆菌（*Lactobacillus* sp.）共培养生产新型功能性发酵乳制品，已被证实具有明显的抗氧化活性，如添加橄榄和葡萄渣酚类提取物生产的发酵乳（Aliakbarian et al.，2015），以及添加印度楝（*Azadirachta indica*）的发酵乳（Shori 和 Baba，2013）。生产益生菌产品需要理想的发酵剂，可以到达目标部位并在宿主的胃肠道中发挥作用，在加工步骤中对发酵剂培养物的活性和功能性进行评估，最后将益生菌培养物成功地整合到产品中。它们的功能大多是通过体外试验预测的，但通过分子生物学和基因组学方法预测功能属性已成为可能。培养过程需要评估培养物的安全性、到达定殖点的效率和益生菌潜力，同时需要考虑对消费者的健康益处。分子生物学的最新研究进展使得对其各种特性的预测成为可能，如对病原体的拮抗特性、酶的产生、在目标部位的定殖、抗生素耐药性等（Varankovich et al.，2015）。生物工程手段培养益生菌使其具有所需的特性或靶向输送生物活性分子，用于预防和/或治疗各种疾病，即抗糖尿病活性（Ma et al.，2014）、抗肿瘤活性（Wei et al.，2016）以及抗菌活性（Volzing et al.，2013）。在未来这样的研究有望增加，同时提高潜在益生菌菌株特征的选择标准。

发酵水果和蔬菜的创新

鉴于发酵乳、酸奶和发酵肉的盛行，益生菌对人类的健康益处已显而易见。但是，随着消费者对素食主义的热爱，对高营养价值的非乳制品的追捧，有益健康和风味浓郁的饮料（如发酵汁、冰沙和类似酸奶的产品）的消费正在高速增长。被市场增长和高利润率吸引，食品公司一直在投资开发新的营养改良和功能性产品（Khan et al.，2014）。虽然乳制品有巨大的市场，但非乳制品饮料市场也在增长，预计未来几年将以每年15%的速度增长（Marsh et al.，2014）。几种非乳制品益生菌产品（如发酵水果和蔬菜）已经在市场上销售（Montoro et al.，2016；Park 和 Jeong，2016；Neffe-Skocinska et al.，2017）。一些用乳酸菌发酵成果汁的作物，如胡萝卜、土豆、甜菜根、西瓜、人参、生菜、柠檬、胡椒、欧芹、卷心菜、菠菜、西红柿、葫芦、石榴、黑醋栗、橙子、葡萄、苹果、梨和腰果。这些生产中使用的蔬菜和水果所得到的产品被叫作"乳酸果汁"。以富含花青素和 β-胡萝卜素的甘薯原料已经成功制备出可接受的生化和感官特性的发酵果蔬汁（Panda 和 Ray，2016）。因为被认为健康和口味清新，这些以非乳制品为原料的发酵饮料已经获得了相当大的市场价值和消费者接受度。发酵果蔬汁的生产通常包括由原始微生物群自然发酵，或通过额外添加精选发酵剂强化发酵。因此，研究方向主要集中在发酵剂的选择上。益生菌发酵剂大多包含双歧杆菌和低 GC 百分含量的乳酸菌。酵母是与健康相关的传统发酵产品中独特微生物区系的重要组成部分。布拉酵母（*Saccharomyces boulardii*）是最广为人知的益生菌酵母。水果和蔬菜富含天然有益的营养物质，其内部结构（如细胞间隙、气孔、毛细血管组织等）有利于益生菌的整合和保护。微生物的活性和功能取决于发酵剂培养菌株和所使用的底物。据报道，乳杆菌属和双歧杆菌属在橙汁和菠萝汁中比蔓越莓汁中存活时间更长（Sheehan et al.，2007）。新型益生菌也可以从人类肠道以外的果蔬中分离出来，能够黏附在肠道上皮细胞上，对消费者的健康产生有益的影响（Vitali et al.，2012）。据报道，乳酸菌和双歧杆菌对大多数果蔬汁进行益生处理取得成功。例如，在果汁中添加酵母自溶物（如啤酒废酵母）可增加发酵过程中乳酸菌的数量，可缩短发酵时间。以蔬菜为原料的成功发酵饮料之一就是冰沙。Di Cagno 等将白葡萄汁、芦荟提取物、红樱桃、黑莓李子、西红柿、青茴香、菠菜、木瓜和猕猴桃等混合在一起发酵，制订了一种新的生产发酵红绿冰沙的方案（Di Cagno et al.，2011）。

发酵肉制品的技术优势

发酵肉的生产既有传统的方法，也有工业化的过程。欧洲是发酵肉制品的最大生产国（Holck et al.，2015）。发酵肉主要因其丰富的蛋白质、脂肪、必需氨基酸、矿物质和维生素来源而被消费者认可（Biesalski，2005）。为了生产更稳定、经济和消费者友好的发酵食品，学者的研究重点放在鉴定基因改良的发酵剂培养物和酶在发酵肉的物理和感官特性中的作用。肉质、脂肪组织和添加剂、腌制、肠衣、香肠面糊制备、盐水、微气候和发酵剂等内外因素都会影响发酵香肠和腊肉的生产。所有这些因素都会影响最终加工产品的质量和安全。然而，食品安全性是导致新技术出现的关键因素，这些新技术在保持产品固有特性的同时，也提供稳定性和更高的安全性。安全对消费者来说是至关重要的，以确保毒理学和微生物危害的保护。非热加工技术如高压（HHP）处理、脉冲电场（PEF）、X 射线照射、脉冲紫外光（UV）和功率超声波，正被广泛用于肉类产品的防污染目的和可能有利于发酵肉加工的工艺优化。

发酵食品微生物组的分子生物研究

复合发酵涉及一种确定/未确定的发酵剂培养，将底物发酵成产品如奶酪、苹果酸-乳酸葡萄酒、发酵海鲜等（Alkema et al.，2016）。研究发酵过程中不同时间段的微生物群对保证成品的安全和质量具有重要意义。对自然发酵的非洲刺槐豆（*Parkia Biglobosa*）种子 Iru（16 个不同地区的样品）进行了基于培养的基因分型和非培养基因分型，以评估细菌组成（Adewumi et al.，2013）。PCR-DGGE 扩增的 16S rRNA 基因测序结果表明，与枯草芽孢杆菌（*Bacillus subtilis*）相关的菌种是 Iru 中一致的菌种，其他主要条带分别与牡丹葡萄球菌（*Staphylococcus vitulinus*）、摩根摩根氏菌（*Morganella morganii*）、苏云金芽孢杆菌（*B. thuringiensis*）、腐生葡萄球菌（*S. saprophyticus*）、嗜盐四球菌（*Tetragenococcus halophilus*）、嗜热脲杆菌（*Urei-bacillus thermosphaericus*）、微小短杆菌（*Brevibacillus parabrevis*）、约加利盐杆菌（*Salinicoccus jeotagi*）和短杆菌（*Brevibacillus* sp.）属有较近的亲缘关系。同样，收集了 14 个珍珠谷浆发酵样品，其中 137469 个细菌 16S rRNA 基因扩增序列被鉴定（Humblot 和 Guyot，2009）。除少数变形杆菌（*Proteobacteria*）外，其余细菌序列均为可培养细菌。细菌序列划分为 4 个门，其中拟杆菌门（包括乳杆菌属、小球菌属、明串珠菌属和魏斯氏菌属）的多样性最高，其次是变形杆菌属、放线杆菌属和拟杆菌属，只有在传统生产单位制备的浆料中才能发现这些细菌的存在。大多数发酵液在发酵过程中都会发生变化。在另一项研究中，通过 PCR-DGGE 和焦磷酸测序分析了巴西开菲尔谷物的微生物多样性（Leite 等 2012）。PCR-DGGE 分析表明，克氏乳杆菌（*Lactobacillus kefiranofaciens*）和克氏乳杆菌（*L. kefii*）是主要优势菌。焦磷酸测序总共产生了 14314 个部分 16S rDNA 序列读数。厚壁菌门是主要的门，乳酸杆菌占序列的 96%。学者研究了普洱茶（中国发酵茶）的微生物群落制备过程即传统的生发酵和快速成熟的发酵。使用 rDNA 扩增子测序对真菌和细菌群落进行了表征。结果鉴定出 390 个真菌和 629 个细菌操作分类单元，观察到由于生熟和成熟发酵，真菌多样性下降，细菌多样性上升，新鲜叶子和生熟普洱茶之间的真菌和细菌组成发生显著变化。

食品饮料工业现代化发酵罐

发酵罐或生物反应器是一种用于在受控环境中对食品和其他生物制品进行生物加工的设备。发酵罐是根据成品和使用原材料进行特殊设计的。根据营养物质的投加情况，生物反应器可分为连续、分批补料和分批操作形式。由于耐腐蚀性，不锈钢是食品和饮料行业建造大型发酵罐的首选材料（Jagani et al.，2010）。生物反应器设计涉及各种关键工程方面，并且经常进行修改和现代化以升级和改进最终产品的质量和生产率。生物反应器的重要特征是容器形状、高径比、搅拌和搅拌器类型、曝气和挡板（Jagani et al.，2010）。此外，添加到发酵罐中的现代设备有自清洁微喷雾器、机械泡沫破碎器、温度、pH 和 PO_2 探头、阀门、疏水阀和取样口。最重要的创新是通过将发酵罐或生物反应器与计算机耦合实现自动化。根据 Nyiri 在 1972 年提出的假设，计算机在食品发酵罐中有三个重要角色：（a）记录过程数据，由数据采集执行（包括硬件和软件组件）；（b）数据分析，由基于一系列数学方程的数据分析系统执行数据简化；（c）过程控制，接收来自计算机的信号并编制程序指导泵、阀和开关的准确运行。第 11 章详细介绍了食品和饮料行业发酵罐现代化的细节情况。

食品和饮料包装技术的近期发展

包装对于保持产品和加工产品的质量、新鲜度、可持续性和安全性是必不可少的。从最初的基本纸张和纸箱包装到现代真空加工包装，包装随着生活方式的变化已经走过了很长的路。由于现代挑战，食品包装业正在不断发展（Realini 和 Marcos，2014）。早期的食品包装材料包括金属、玻璃、纸张、塑料、铝箔、木板条箱或粗麻布，但目前消费者更喜欢微波炉包装、单份包装和拉链包装（Ferrante，1996）。包装业正在进行技术上的即兴调整，以减少因包装浪费和食品损失造成的环境压力，同时确保食品和饮料更新鲜、无污染、更安全、保质期更长。包装技术涉及氧气、二氧化碳、乙烯清除剂和水分控制剂（即抗菌剂和抗氧化剂）、纳米包装、无菌包装、控制挥发性风味和香味的包装机制。食品包装分销如射频识别（RFID）和电子产品代码等方面的最新进展已经改变了现代食品包装的场景。活性包装旨在吸收包装食品中释放出的不良物质以抑制食品变质和保持新鲜度（Wyrwa 和 Barska，2017）。智能包装使用化学品和生物传感器来监控食品的质量和安全。因此，人们应开发在线质量控制系统，将高效传感器集成到包装中，以交叉检查产品质量包括重量、体积、颜色、外观和生化成分（Kuswandi et al.，2011）。随着人们对环境污染的日益关注，以食品包装为基础的生物制剂在市场上有着巨大的需求。上述过程的详细情况将在第 14 章中详细说明。

消费者在新型食品和饮料创新中的作用

食品工业技术发展和创新的主要目标，不仅是满足消费者对新颖健康食品的需求，而且要满足消费者的接受度。一些基于技术的创新很容易被采用，而一些很容易被拒绝，比如欧洲的转基因食品（GMF）和辐照食品（Rontelap et al.，2007）。因此，一种新食品的长期成功在很大程度上取决于消费者的感知和接受程度。市场调查和感官分析是常用的手段。

创新是一个实际和经济上可行想法实施的基础，并转化为成功的产品，涉及营销、技术、合作、商业化、安全问题和风险因素等无数任务。同样，随着消费者对健康食品不断提高的认识和偏好，它们的角色在创新实践中的作用至关重要。影响消费者接受一种新食品的因素很多，如对产品加工过程的参与，文化、社会和生活方式因素，新技术的长期影响如对人类健康的风险和担忧。因此，评估消费者关于"开发和营销有助于制定有效食品营销策略的产品"的看法变得非常重要（da Silva et al.，2014）。

随着科技的进步，消费者变得越来越开明，消费者正定期评估功能性食品和营养补充剂对健康的潜在好处。虽然科学研究证明这些功能性食品是安全的，但消费者对它们的长期健康风险持怀疑态度。考虑到所有这些问题，许多人正在寻找清洁和绿色的加工食品，如手工食品和有机食品。

基因工程提高产量和质量

转基因食品是通过结合或修改生物体的目标基因而获得的，可以是植物、动物或微生物。基因修饰通常通过三种方式完成：（a）通过微粒子轰击直接转移 DNA；（b）通过细菌载体（T-DNA）转移 DNA；（c）编辑基因组 DNA（通过 CRISPR-Cas 9 系统进行基因敲除或基因添加）（Zhang et al.，2016）。最新分子工具在发酵工业中的应用为更好产品产量、更高质量产品和新型食品制造铺平了道路。例如，转录学工具有助于阐明发酵微生物代谢转化的分子机制。最近，重要的发酵酵母菌和细菌物种的完整基因组图谱已公布在公共数据库中。基因组数据库使研究在不同条件下的基因表达成为可能，为重要的代谢过程提供了新的见解（Bokulich 和 Mills，2012）。基因芯片有助于研究发酵过程中影响实验室或工业葡萄酒、啤酒酿造和面包酵母转录反应的压力因素（Shima et al.，2005；Tai et al.，2007；Rossignol et al.，2006），合成培养基或天然底物发酵不同阶段的基因表达动态（Penacho et al.，2012），以及不同菌株和突变体的转录变异（Bartra et al.，2010）。除了酵母菌，LAB 具有工业意义，因为可以为各种发酵食品提供关键的风味、理想质地和防腐性能（如酸奶、乳制品和发酵香肠）（KlaenHammer et al.，2007）。基因表达序列在分析与相关代谢和功能活动相关的关键基因组方面有很大帮助（Hufner et al.，2008）。下一代测序或 RNA-SEQ 将基因表达分析带到了一个更高的水平，提高了研究发酵微生物转录组新方面的可能性（Solieri et al.，2013）。研究发酵食品生态系统中的微生物群落，阐明其代谢过程和代谢途径的分子机制，对食品科学和食品工业具有重要意义。从上述角度来看，新的组学方法即元转录组学（分析复杂元基因组中的表达基因），可极大地促进人们对食品生态系统中微生物行为的了解，并利用它们来提高食品和饮料的质量和产量。

转基因食品：利弊和立法

全球人口正在上升，预计将从 2015 年的 73.5 亿增加到 2050 年的 97 亿，目前全球有 7.95 亿人营养不良（粮农组织，2016）。此外，农作物产量的年增长率在 1.7% 以内，要满足全球需求应该达到 2.4%。鉴于全球人口不断增加，粮食作物的增长速度并不显著，消费者偏好产量和质量更高的转基因食品是值得商榷的。各种农业效益包括有限农区的全球作物产量增加（玉米，2.74 亿吨；大豆，1.38 亿吨；棉花皮棉，2170 万吨；油菜籽，800 万吨）（Brookes 和 BarFoot，2014）、经济收益，以及杀虫剂和除草剂使用量的减少（James，2013）。其他创新产品包括富含维生素（A、C、E）和氨基酸的食品和添加剂。黄金大米（富含维生素 A）、Amflora（工业用富含支链淀粉的土豆）和富含蛋氨酸的甜羽扇豆是突出的例子（Zhang et al.，2016）。其他重要的成就还有 "Favr Savr" 番茄（抑制多聚半乳糖醛酸酶）和 "Aqua Advantage"（快速生长的三文鱼），这是 FDA 批准食用的第一种转基因动物。

转基因微生物的设计目的是生产目标产品或抑制不良代谢物的产生。海藻糖是一种二糖（由 α-葡萄糖分子结合而成），在热应激下可积累约 30% 的酵母细胞，这是烘焙业面临的一个紧迫问题。为了克服上述问题，学者通过破坏海藻糖（ATH1）基因获得了一种新的酵母菌株，该菌株具有对脱水、冷冻和乙醇毒性水平等应激的耐受性（Kim et al.，1996）。在另一项研究中，一株驯化的絮凝酵母和真贝酵母产生了杂交种，与亲本菌株（4.5%）相比，表现出更快的发酵速度和更高的乙醇产量（5.6%）（Krogerus et al.，2015）。同样，学者构建了一株具有加速成熟和高糖化酶活性的重组酿酒酵母菌株，但新酵母中没有异源 DNA 序列、细菌序列或抗药性基因，因此该菌株认为是安全的，可用于啤酒厂（Wang et al.，2010）。将来自曲霉、汉生孢子或毕赤酵母属的 β-葡萄糖苷酶基因整合到葡萄酒酵母中，产生了新的酵母菌株，有可能在必需品和麦芽汁中产生高风味化合物（如萜类化合物）（Verstreend et al.，2006）。叶酸是一种重要的 B 族维生素，可以预防癌症、心血管疾病和神经管缺陷的风险。已知有几个实验室可以合成叶酸。Wegkamp 等（2003）将乳酸乳杆菌 MG1363 的 5 个必需叶酸生物合成基因克隆到 pNZ7017 载体，并导入不产叶酸菌株 *L. asseri* ATCC 33323 中，表明该菌株具有生产叶酸的能力。

然而，尽管有一些优点，但各种健康和生态危害（如与转基因食品相关的天然物种的竞争）在消费者中造成了两难境地。据报道，食用 "星联" 玉米和转基因大豆会引起过敏反应。不同的国家对转基因食品有不同的规定。大多数国家通过自己的法律法规允许生产和销售。然而，俄罗斯、挪威、荷兰和以色列等国不允许转基因食品在其管辖范围内生产和销售（Csutak 和 Sarbu，2018）。虽然法国、韩国和新西兰允许转基因食品，但适应速度非常缓慢。美国对转基因食品没有任何具体的联邦法律，监管也是自由的。美国农业部（USDA）、环境保护局（EPA）、食品和药物管理局（FDA）等机构是转基因食品政策和审批的控制机构。欧洲联盟（欧盟）的法例对于在食物中使用基因改造是非常严格的，而美国和加拿大则相对宽松。欧盟考虑通过随机突变、显性选择、适应性进化、自然结合和转化等不受控制的遗传变化获得转基因微生物，但通过重组 DNA 技术开发的微生物一般被拒绝应用于食品和饮料行业（Csutak 和 Sarbu，2018）。在欧盟的管辖范围内，销售产品必须贴上"转基因食品"的标签。

食品和饮料方面的知识产权（IPR）

随着人口不断增长和环境的变化，可用的食物和自然资源正在枯竭。人们需要对现有做法进行科学研究，并用创新的做法取而代之，以提高具有潜在健康益处的食品产量。消费者需求的快速变化促进了食品和饮料行业新产品的开发，知识产权在保护公司的创新和创意不受侵犯的作用应运而生。食品饮料行业的知识产权保护种类繁多，包括专利、著作权、商标、外观设计、商业机密和地理标志。这些都将在第 16 章中详细介绍。

结论与展望

目前功能性食品和饮料市场过于庞大，食品种类繁多，从酒精饮料到发酵肉类，从益生菌到发酵水果和蔬菜，应有尽有。据估计，2011～2015 年，全球功能性食品市场的年复合增长率为 6%。2015 年全球精酿啤酒市场达到 5029 千亿美元，全球加工肉类市场估计从 2016 年的 4502 千亿美元增长到 2021 年的 8744.5 千亿美元。考虑到发酵食品需求不断增长的事实，新颖的创新对于食品和饮料行业来说是相当重要的。只有在安全和无污染的环境中，人们才能确保食用发酵食品的预期，以防止疾病和死亡风险。创新应该集中在必要步骤以消除这种可能性。此外，重组 DNA 技术为理想产品的质量、大量生产和抑制有害代谢物提供了新的思路。因此，食品科学家和企业家未来的研究方向应该集中在通过基因操作批量生产和沉默不良基因，同时通过适当的测试以确保创新对人类健康、环境和生态没有或具有最小可能的损害。

参考文献

Adebiyi JA,Obadina AO,Adebo OA,Kayitesi E(2017)Comparison of nutritional quality and sensory acceptability of biscuits obtained from native, fermented, and malted pearl millet (*Pennisetum glaucum*) flour. Food Chem 232:210-217.

Adebo OA, Njobeh PB, Adebiyi JA, Gbashi S, Phoku JZ, Kayitesi E (2017a) Fermented pulse-based foods in developing nations as sources of functional foods. In: Hueda MC (ed) Functional food-improve health through adequate food. InTech, Croatia. Accepted, DOI: 10.5772/intechopen.69170. Available from: https:// www.intechopen.com/books/functionalfood-improve-health-through-adequate-food/fermented-pulse-based-food-products-in-developing-nations-as-functional-foods-and-ingredients .

Adebo OA, Njobeh PB, Mulaba-Bafubiandi AF, Adebiyi JA, Desobgo ZSC, Kayitesi E (2017b) Optimization of fermentation conditions for ting production using response surface methodology. J Food Process Preserv 42(1):e13381. https://doi.org/10.1111/jfpp.13381.

Adewumi GA, Oguntoyinbo FA, Keisam S, Romi W, Jeyaram K (2013) Combination of culture-independent and culture-dependent molecular methods for the determination of bacterial community of iru, a fermented *Parkia biglobosa* seeds. Front Microbiol. https://doi.org/10.3389/fmicb.2012.00436.

Ahren IL, Xu J, Onning G, Olsson C, Ahrne S, Molin G (2014) Antihypertensive activity of blueberries fermented by *Lactobacillus plantarum* DSM 15313 and effects on the gut microbiota in healthy rats. Clin Nutr 34:719-726.

Ali R, Athar M, Abdullah U, Abidi SA, Qayyum M (2009) Nutraceuticals as natural healers: emerging evidences. Afr J Biotechnol 8(6):891-898.

Aliakbarian B, Palmieri D, Casazza AA, Palombo D, Perego P (2012) Antioxidant activity and biological evaluation of olive pomace extract. Nat Prod Res 26(24):2280-2290.

Aliakbarian B, Casale M, Paini M, Casazza AA, Lanteri S, Lanteri S (2015) Production of a novel fermented milk fortified with natural antioxidants and its analysis by NIR spectroscopy. LWT Food Sci Technol 62:376-383.

Alkema W, Boekhorst J, Wels M, van Hijum SA (2016) Microbial bioinformatics for food safety and production. Brief Bioinform 17(2):283-292.

Barbosa-Canovas GV, Pierson MD, Zhang QH, Schaffner DW (2001) Pulsed electric fields. J Food Sci s8:65-79.

Bartra E, Casado M, Carro D, Campama C, Pina B (2010) Differential expression of thiamine biosynthetic genes in yeast strains with high and low production of hydrogen sulfide during wine fermentation. J Appl Microbiol 109:272-281.

Biesalski HK (2005) Meat as a component of a healthy diet-are there any risks or benefits if meat is avoided in the diet? Meat Sci 70(3):509-524.

Bokulich NA, Mills DA (2012) Next-generation approaches to the microbial ecology of food fermentations. BMB Rep 45:377-389.

Brookes G, Barfoot P (2014) Economic impact of GM crops: the global income and production effects 1996-2012. GM Crops Food 5(1):65-75.

Caplice E, Fitzgerald GF (1999) Food fermentations: role of microorganisms in food production and preservation. Int J Food Microbiol 50:131-149.

Capozzi V, Russo P, Duenas MT, Lopez P, Spano G(2012) Lactic acid bacteria producing B-group vitamins: a great potential for functional cereals products. Appl Microbiol Biotechnol 96:1383–1394.

Comi G, Manzano M(2008) Beer production. In: Cocolin L, Ercolini D(eds) Molecular techniques in the microbial ecology of fermented foods. Springer International Publishing, Switzerland, pp 193–207.

Csutak O, Sarbu I(2018) Genetically modified microorganisms. In: Holban AM, Grumezescu A(eds) Genetically engineered foods. Academic Press, Cambridge, pp 143–175.

Dahabieh MS, Husnik JI, van Vuuren HJH(2009) Functional expression of the DUR3 gene in a wine yeast strain to minimize ethyl carbamate in chardonnay wine. Am J Enol Vitic 60:537–541.

da Silva VM, Minim VPR, Ferreira MAM, Souza PHP, Moraes LES, Minim LA(2014) Study of the perception of consumers in relation to different ice cream concepts. Food Qual Pref.

36:161–168 de Vrese M, Schrezenmeir J(2008) Probiotics, prebiotics, and synbiotics. Adv Biochem Eng Biotechnol 111:1–66.

Di Cagno R, Minervini G, Rizzello CG, De Angelis M, Gobbetti M(2011) Effect of lactic acid fermentation on antioxidant, texture, color and sensory properties of red and green smoothies. Food Microbiol 28: 1062–1071.

Dickerson R, Banerjee J, Rauckhorst A, Pfeiffer DR, Gordillo GM, Khanna S, Osei K, Roy S(2015) Does oral supplementation of a fermented papaya preparation correct respiratory burst function of innate immune cells in type 2 diabetes mellitus patients? Antioxid Redox Signal 22:339–345.

Doder R, Vukic V, Hrnjez D, Milanovic S, Ilicic M(2013) Health benefits of probiotics application. Food Indust-Milk Dairy Prod 24:3–7.

FAO(2016) http://www.faoorg/docrep/005/y2772e/y2772e04htm.

FAO/WHO(2001) Report of a Joint FAO/WHO Expert Consultation on evaluation of health and nutritional properties of probiotics in food including powder milk with live LAB. Food and Agriculture Organization of the United Nations World Health Organization Ferrante MA(1996) Keeping it flexible. Food Eng 68(9):143–150.

Fuller R(1989) Probiotics in man and animals. J Appl Bacteriol 66:365–378.

Gupta S, Abu-Ghannam N(2012) Recent advances in the application of non thermal methods for the prevention of salmonella in foods. In: Mahmoud BSM (ed) Salmonella-a dangerous food borne pathogen. Intech, Croatia. http://www.intechopen.com/books/salmonella-a-dangerous-foodborne-pathogen/recent-advances-in-theapplication-of-non-thermal-methods-for-the-prevention-of-salmonella-in-foods.

Halah MF, Nayra SM(2011) Use of natural plant antioxidant and probiotic in the production of novel yogurt. J Evol Biol 3(2):12–18.

Han X, Yang Z, Jing X, Yu P, Zhang Y, Yi H, Zhang L(2016) Improvement of the texture of yogurt by use of exopolysaccharide producing lactic acid bacteria. BioMed Res Int. https://doi.org/10.1155/2016/7945675.

Holck A, Heir E, Johannessen T, Axelsson L(2015) North European products. In: Toldra F(ed).

Handbook of fermented meat and poultry, 2nd edn. Wiley Blackwell, West Sussex, pp 313–320 https://www.bkwine.com/(n.d.) Accessed on 10.09.2017.

http://www. grandviewresearch. com/press-release/global-functional-foods-market(n. d.) Accessed on 10. 09. 2017.

http://www. worldatlas. com/articles/top-10-beer-producing-nations. html （ n. d. ） Accessed on 10. 09. 2017.

Hufner E, Britton RA, Roos S, Jonsson H, Hertel C(2008) Global transcriptional response of *Lactobacillus reuteri* to the sourdough environment. Syst Appl Microbiol 31：323-338.

Humblot C, Guyot JP(2009) Pyrosequencing of tagged 16SrRNA gene amplicons for rapid deciphering of the microbiomes of fermented foods such as pearly millet slurries. Appl Environ Microbiol 75：4354-4361.

Husnik JI, Delaquis PJ, Cliff MA, van Vuuren HJJ(2007) Functional analyses of the malolactic wine yeast ML01. Am J Enol Vitic 58：42-52.

Jagani H, Hebbar K, Gang SS, Raj PV, Chandrashekhar HR, Rao JV(2010) An overview of fermenter and the design considerations to enhance its productivity. Pharmacologyon-line 1：261-301.

James C (2013) Global status of commercialized biotech/GM Crops：2013, ISAAA Brief No. 46, Ithaca, NY. http://www. isaaa. org/resources/publications/briefs/49/executivesummary/pdf/ b49-execsum-english. pdf. Accessed 04. 09. 16.

Kamiya S, Owasawara M, Arakawa M, Hagimori M(2013) The effect of lactic acid bacteria-fermented soybean milk products on carrageenan-induced tail thrombosis in rats. Biosci Microbiota Food Health 32：101-105.

Kaur S, Das M(2011) Functional foods：an overview. Food Sci Biotechnol 20(4)：861-875.

Kellershohn J, Russell I(2015) Innovations in alcoholic beverage production. In：Ravindra P(ed) Advances in bioprocess technology. Springer International Publishing, Switzerland, pp 423-433.

Khan RS, Grigor JV, Win AG, Boland M(2014) Differentiating aspects of product innovation processes in the food industry. Brit Food J 116(8)：346-1368.

Kim J, Alizadeh P, Harding T, Hefner-Gravink A, Klionsky DJ(1996) Disruption of the yeast *ATH*1 gene confers better survival after dehydration, freezing, and ethanol shock：potential commercial applications. Appl Environ Microbiol 62(5)：1563-1569.

Klaenhammer TR, Azcarate-Peril MA, Altermann E, Barrangou R(2007) Influence of the dairy environment on gene expression and substrate utilization in lactic acid bacteria. J Nutr 137：748S-750S.

Korhonen H(2009) Milk-derived bioactive peptides：from science to applications. J Funct Food 1（ 2）：177-187.

Krogerus K, Magalhaes F, Vidgren V, Gibson B(2015) New lager yeast strains generated by interspecific hybridization. J Ind Microbiol Biotechnol 42：769-778.

Kumar KK, Swain MR, Panda SH, Sahoo UC, Ray RC(2008) Fermentation of litchi(*Litchi chinensis* Sonn.)fruits into wine. Food Rev 2：43-47.

Kuswandi B, Wicaksono Y, Abdullah A, Heng LY, Ahmad M(2011) Smart packaging：sensors for monitoring of food quality and safety. Sens & Instrumen Food Qual 5(3-4)：137-146.

Kwon DY, Daily JW, Kim HJ, Park S(2010) Antidiabetic effects of fermented soybean products on type 2 diabetes. Nutr Res 30:1-13.

Law BA,Hansen EB(1997)Classification and identification of bacteria important in the manufacture of cheese. In: Law BA(ed)Microbiology and biochemistry of cheese and fermented milk. Springer,Boston, pp 50-56.

Lee JE,Lee BJ,Chung JO,Shin HJ,Lee SJ,Lee CH,Hong YS(2011)[1] H NMR-based metabolomic characterization during green tea(*Camellia sinensis*)fermentation. Food Res Int 44:597-604.

Leite AM,Mayo B,Rachid CT,Peixoto RS,Silva JT,Paschoalin VM,Delgado S(2012)Assessment of the microbial diversity of Brazilian kefir grains by PCR-DGGE and pyrosequencing analysis. Food Microbiol 31(2):215-221.

Lopetcharat K,Choi YJ,Park JW,Daeschel MA(2001)Fish sauce products and manufacturing: a review. Food Rev Int 17(1):65-88.

Ma Y,Liu J,Hou J et al(2014)Oral administration of recombinant *Lactococcus lactis* expressing HSP65 and tandemly repeated P277 reduces the incidence of type I diabetes in non-obese diabetic mice. PLoS One 9(8):e105701.

Marsh AJ,Hill C,Ross RP,Cotter PD(2014)Fermented beverages with health promoting potential: past and future perspectives. Trend Food Sci Technol 38:113-124.

Melikoglu M (2012) Solid-state fermentation of wheat pieces by *Aspergillus oryzae*: effects of microwave pretreatment on enzyme production in a biorefinery. Int J Green Energy 9:529-539.

Mirza-Aghayan M,Zonoubi S,Tavana MM,Boukherroub R(2015)Ultrasound assisted direct oxidative esterification of aldehydes and alcohols using graphite oxide and oxone. Ultrason Sonochem 22:359-364.

Mishra SS,Ray RC,Panda SK,Montet D(2017)Technological innovations in processing of fermented foods. In: Ray RC,Montet D(eds)Fermented food part II: technological interventions. CRC Press,Boca Raton,pp 21-45.

Montoro BP,Benomar N,Lerma LL et al(2016)Fermented Alorena table olives as a source of potential probiotic *Lactobacillus pentosus* strains. Front Microbiol 7. https://doi. org/10. 3389/ fmicb. 2016. 01583.

Neffe-Skocinska K,Okon A,Kolozyn-Krajewska et al(2017)Amino acid profile and sensory characteristics of dry fermented pork loins produced with a mixture of probiotic starter cultures. J Sci Food Agric 97: 2953-2960.

Nonaka Y,Izumo T,Izumi F,Maekawa T,Shibata H,Nakano A,Kishi A,Akatani K,Kiso Y(2008) Antiallergic effects of *Lactobacillus pentosus* strain S-PT84 mediated by modulation of Th1/Th2 immunobalance and induction of IL-10 production. Int Arch Allergy Immunol 145:249-257.

Nyiri LK(1972)Application of computers in biochemical engineering. In: Squires R(ed)Advances in biochemical engineering,vol 2. Springer,Berlin,pp 49-95.

Oey I,Lille M,Van Loey A,Hendrickx M(2008)Effect of high-pressure processing on colour,texture and flavour of fruit-and vegetable-based food products: a review. Trends Food Sci Technol 19:320-328.

Oh MR,Park SH,Kim SY,Back HI,Kim MG,Jeon JY,Ha KC,Na WT,Cha YS,Park BH,Park TS, Chae SW(2014)Postprandial glucose-lowering effects of fermented red ginseng in subjects with impaired fasting glucose or type 2 diabetes: a randomized,double-blind,placebo-controlled clinical trial. BMC Comp

Alt Med 14. https://doi. org/10. 1186/1472-6882-14-237.

Panda SK,Ray RC (2016) Fermented foods and beverages from roots and tubers. In: Sharma HK, Njintang NY, Singhal RS, Kaushal P (eds) Tropical roots and tubers: production, processing and technology,1st edn. Wiley,West Sussex,pp 225-252.

Panda SK,Sahu UC,Behera SK,Ray RC(2014a) Bio-processing of bael [*Aegle marmelos* L.] fruits into wine with antioxidants. Food Biosci 5:34-41.

Panda SK,Sahu UC,Behera SK,Ray RC(2014b) Fermentation of sapota(*Achras sapota* Linn.)fruits to functional wine. Forum Nutr 13(4) :179-186.

Panda SK,Panda SH,Swain MR,Ray RC,Kayitesi E(2015) Anthocyanin rich sweet potato(*Ipomoea batatas* L.) beer: technology, biochemical and sensory evaluation. J Food Process Preserv 39 (6): 3040-3049.

Panda SK,Behera SK,Kayitesi E,Mulaba-Bafubiandi AF,Sahu UC,Ray RC(2016) Bioprocessing of jackfruit(*Artocarpus heterophyllus* L.)pulp into wine: technology,proximate composition and sensory evaluation. Afr J Sci Technol Innov Dev 8(1) :27-32.

Panda SK,Behera SK, Qaku XW, Sekar S, Ndinteh DT, Nanjundaswamy HM, Ray RC, Kayitesi E (2017)Quality enhancement of prickly pears(Opuntia sp.)juice through probiotic fermentation using *Lactobacillus fermentum* ATCC 9338. LWT Food Sci Technol 75:453-459.

Park K-Y,Jeong J-K(2016) Kimchi(Korean fermented vegetables) as a probiotic food. In: Watson RR,Preedy VR (eds) Probiotic, prebiotics and synbiotics. Bioactive foods in health promotion. Academic Press,London,pp 391-408.

Penacho V,Valero E,Gonzalez R (2012) Transcription profiling of sparkling wine second fermentation. Int J Food Microbiol 153:176-182.

Rastall RA,Gibson GR(2015)Recent developments in prebiotics to selectively impact beneficial microbes and promote intestinal health. Curr Opin Biotechnol 32:42-46.

Realini CE,Marcos B(2014)Active and intelligent packaging systems for a modern society. Meat Sci 98(3) :404-419.

Reddy LV,Reddy OV(2005)Production and characterization of wine from mango fruit(*Mangifera indica* L). World J Microbiol Biotechnol 21(8-9) :1345-1350.

Rodgers S(2008)Novel applications of live bacteria in food services: probiotics and protective cultures. Trend Food Sci Tech 19:188-197.

Rodriguez H, Curiel JA, Landete JM, de las Rivas B, Lopez de Felipe F, Gomez-Cordoves C, Mancheno JM,Muñoz R(2009)Food phenolics and lactic acid bacteria. Int J Food Microbiol 132:79-90.

Ronteltap A, van Trijp JCM, Renes RJ, Frewer LJ (2007) Consumer acceptance of technology-based food innovations: lessons for the future of nutrigenomics. Appetite 49:1-17.

Rossignol T,Postaire O,Storaï J,Blondin B(2006) Analysis of the genomic response of a wine yeast to rehydration and inoculation. Appl Microbiol Biotechnol 71:699-712.

Saad N,Delattre C,Urdaci M,Schmitter JM,Bressollier P(2013)An overview of the last advances in probiotic and prebiotic field. LWT Food Sci Technol 50:1-16.

Sahu UC, Panda SK, Mohapatra UB, Ray RC (2012) Preparation and evaluation of wine from tendu (*Diospyros melanoxylon* L) fruits with antioxidants. Int J Food Ferment Technol 2(2) :171－178.

Samaranayaka AGP, Li-Chan ECY (2011) Food-derived peptidic antioxidants : a review of their production, assessment, and potential applications. J Funct Food 3(4) :229－254.

Santos CC, Libeck BD, Schwan RF(2014) Co-culture fermentation of peanut-soy milk for the development of a novel functional beverage. Int J Food Microbiol 186:32－41.

Sheehan VM, Ross P, Fitzgerald GF(2007) Assessing the acid tolerance and the technological robustness of probiotic cultures for fortification in fruit juices. Innov Food Sci Emerg Technol 8:279－284.

Sheih IC, Fang TJ, Wu TK, Chen RY(2014) Effects of fermentation on antioxidant properties and phytochemical composition of soy germ. J Sci Food Agric 94:3163－3170.

Shima J, Kuwazaki S, Tanaka F, Watanabe H, Yamamoto H, Nakajima R, Tokashiki T, Tamura H (2005) Identification of genes whose expressions are enhanced or reduced in baker's yeast during fed-batch culture process using molasses medium by DNA microarray analysis. Int J Food Microbiol 102(1) :63－71.

Shori AB, Baba AS(2013) Antioxidant activity and inhibition of key enzymes linked to type-2 diabetes and hypertension by *Azadirachta indica*-yogurt. J Saudi Chem Soc 17(3) :295－301.

Siefarth C, Bich T, Tran T, Mittermaier P, Pfeiffer T, Buettner A(2014) Effect of radio frequency heating on yoghurt, I: technological applicability, shelf-life and sensorial quality. Food Rev 3:318－335.

Solieri L, Dakal TC, Giudici P(2013) Next-generation sequencing and its potential impact on food microbial genomics. Ann Microbiol 63:21－37.

Stewart GG(2016) *Saccharomyces* species in the production of beer. Beverages 2 (4) : 34. https :// doi. org/10. 3390/beverages2040034.

Swain MR, Anandharaj M, Ray RC, Parveen RR (2014) Fermented fruits and vegetables of Asia : a potential source of probiotics. Biotechnol Res Int. https://doi. org/10. 1155/2014/250424.

Tai SL, Daran-Lapujade P, Walsh MC, Pronk JT, Daran J(2007) Acclimation of *Saccharomyces cerevisiae* to low temperature : a chemostat-based transcriptome analysis. Mol Biol Cell 18:5100－5112.

Tan J, Dai W, Lu M, Lv H, Guo L, Zhang Y, Zhu Y, Peng Q, Lin Z(2016) Study of the dynamic changes in the non-volatile chemical constituents of black tea during fermentation processing by a non-targeted metabolomics approach. Food Res Int 79:106－113.

Tao Y, Garcia J, Sun D-W(2014) Advances in wine aging technologies for enhancing wine quality and accelerating wine aging process. Crit Rev Food Sci Nutr 54:817－835.

Todorov SD, Holzapfel WH(2015) Traditional cereal fermented foods as sources of functional microorganisms. In : Holzapfel WH (ed) Advances in fermented foods and beverages : improving quality, technologies and health benefits. Elsevier, UK, pp 123－153.

Udenigwe CC, Mohan A (2014) Mechanisms of food protein-derived antihypertensive pep-tides other than ACE inhibition. J Funct Food 8:45－52.

USFDA (2007). US Food and Drug Administration, 2007. http://www. fda. gov/Food/ FoodIngredientsPackaging/IrradiatedFoodPackaging/ucm110564. htm#authors.

Varankovich NV, Nickerson MT, Korber DR (2015) Probiotic-based strategies for therapeutic and prophylactic use against multiple gastrointestinal diseases. Front Microbiol 6:685.

Verstrepen KJ, Chambers PJ, Pretorius IS (2006) The development of superior yeast strains for the food and beverage industries: challenges, opportunities, and potential benefits. In: Querol A, Fleet G(eds) The yeast handbook: yeasts in food and beverages, vol 2. Springer-Verlag, Berlin, pp 399−444.

Vitali B, Minervini G, Rizzello CG, Spisni E, Maccaferri S, Brigidi P et al(2012) Novel probiotic candidates for humans isolated from raw fruits and vegetables. Food Microbiol 31(1):116−125.

Volzing K, Borrero J, Sadowsky MJ et al(2013) Antimicrobial peptides targeting gram-negative pathogens, produced and delivered by lactic acid bacteria. ACS Synth Biol 2:643−650.

Wakil SM, Laba SA, Fasika SA (2014) Isolation and identification of antimicrobial-producing lactic acid bacteria from fermented cucumber. Afr J Biotechnol 13(25):2556−2564.

Walker GM, Hill AE (2016) *Saccharomyces cerevisiae* in the production of whisk(e)y. Beverages 2 (4):38. https://doi. org/10. 3390/beverages2040038.

Wang J-J, Wang Z-Y, Liu X-F, Guo X-N, He X-P, Wensel PC et al (2010) Construction of an industrial brewing yeast strain to manufacture beer with low caloric content and improved flavor J Microbiol Biotechnol 20(4):767−774.

Wegkamp A, Starrenburg M, de Vos WM, Hugenholtz J, Sybesma W (2003) Transformation of the folate-consuming *Lactobacillus gasseri* into a folate-producer. Appl Environ Microbiol 70(5):3146−3148.

Wei C, Xun AY, Wei XX et al(2016) Bifidobacteria expressing tumstatin protein for antitumor therapy in tumor-bearing mice. Technol Cancer Res Treat 15:498−508.

Wong AY, Chan AW(2016) Genetically modified foods in China and the United States: a primer of regulation and intellectual property protection. Food Sci Hum Wellness 5(3):124−140.

Wyrwa J, Barska A(2017) Innovations in the food packaging market: active packaging. Eur Food Res Technol 243:1681−1692.

Xu L, Du B, Xu B (2015) A systematic, comparative study on the beneficial health components and antioxidant activities of commercially fermented soy products marketed in China. Food Chem 174: 202−213.

Yeo SK, Liong MT (2010) Angiotensin I-converting enzyme inhibitory activity and bioconversion of isoflavones by probiotics in soymilk supplemented with prebiotics. Int J Food Sci Nutr 61:161−181.

Yerlikaya O(2014) Starter cultures used in probiotic dairy product preparation and popular probiotic dairy drinks. Food Sci Tech(Campinas) 34(2):221−229.

Zhang C, Wohlhueter R, Zhang H(2016) Genetically modified foods: a critical review of their promise and problems. Food Sci Hum Wellness 5(3):116−123.

第 2 章　乳酸菌和酵母菌在发酵食品商业化中的作用

摘　要　近年来，发酵食品的消费量大幅增加，不仅是因为其货架期长，容易保存，感官品质好，更主要的原因在于发酵食品在几种文化的饮食中扮演着核心角色，具有丰富的健康益处，如抗菌、抗糖尿病、抗动脉粥样硬化、抗氧化和抗炎活性。因此，可发酵微生物、发酵过程及其产物引起了科学家的兴趣。目前发酵食品的生产主要是利用发酵剂进行精确和可预期的发酵。乳酸菌（LAB）和酵母菌是乳制品、肉类、酸面团和蔬菜等发酵食品生产中研究较多的发酵剂。利用先进的遗传方法筛选优良菌种，既能满足发酵剂市场的巨大需求，又能为一些传统食品提供功能价值。本章概述了发酵食品、发酵剂培养类型、筛选标准、发酵剂市场、乳酸菌和酵母菌在发酵食品中的作用和应用。

关键词　发酵剂；发酵食品；乳酸菌；酵母

前言

发酵食品在饮食中占据着重要位置，广泛应用了很长时间。在家庭或小规模单位中制备发酵食品只需要简单的做法和设备。发酵是一种古老、更具成本效益的技术，是为生产和保存食品而开发的，可避免食品变质（Hutkins，2006）。除了保存、丰富风味、改善消化率及提高营养和药用价值之外，还有其他优点（Ebner et al.，2014；Chilton et al.，2015）。到了 19 世纪中叶，发酵食品的工业化和微生物的发现对发酵产品和发酵过程的扩展产生了重大影响，这些发酵产品和发酵过程使用了定义明确的培养物。酵母和乳酸菌（LAB）是牛奶、面包、蔬菜和肉类等众多商业相关过程中发酵过程的主要贡献者（Katina 和 Poutanen，2013；Faria-Oliveira et al.，2015）。虽然通过大规模和尖端的技术提高了发酵食品的产量，但在一些国家由于传统发酵优越的风味和香气特性，其仍在使用。然而，当这类食品变得更加普遍且需求上升时，这似乎是不可避免的甚至是奇怪的。扩大市场的一个简单方法是扩大工业生产，在工业生产中发酵剂的使用是一个关键因素（Caplice 和 Fitzgerald，1999；Erten et al.，2014）。

目前，发酵食品的发酵剂是通过策略而不是筛选来改进的。该策略的标准是基于对生物体的新陈代谢、生理及其在食品中重要性的理解。基因组学的进步将更容易提供充足数据，帮助在合理的基础上制定战略。基因组学、蛋白质组学和代谢组学，以及实验室自动化和高通量选择技术构成了食品级设计工具（Hansen，2002；Geis，2003）。新数据的演变将显著改善即将到来的监管模式。目前还很难预测其对食品行业新颖性监管需求前景的影响。生物技术的应用可以是生产优质和良性产品的一股支撑力量，或者在获得认证授权的情况下限制少数菌株作为发酵剂的使用。最近的发展导致在生物安全和益生菌领域建立了发酵剂培养物，提高了主要培养物市场的产量和功能，并可能将培养物应用于其他的可发酵产品（Cogan et al.，2007）。

发酵食品

发酵是一种生物技术过程（图 2.1），由微生物（细菌、真菌、酵母或组合）在厌氧条件下进行代谢过程，其可以追溯到至少 6000 年前（Mc Goven et al.，2004）。在这个过程中，可发酵的碳水化合物转化为最终代谢物（如酒精、有机酸和二氧化碳）。功能的首要目标主要是食品保存和延长保质期，同时实现食品的安全性、营养价值和感官质量（Sicard 和 Legras，2011）。

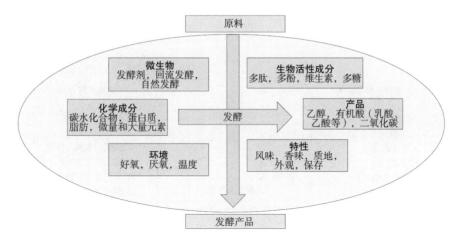

图 2.1　发酵机理作用概述

在世界各地，许多鲜为人知的发酵食品用作传统食品。尽管如此，发酵食品仍然被低收入和高收入人群广泛消费。世界上每个社区都遵循着自己对发酵食品的信仰，象征着社会的传统、仪式、农业经济和社会文化特征。印度的南部、东部和东北部是发酵食品的热点区域（Ray et al.，2016）。一些发酵食品作为令人愉快的常规菜肴而流行，并因其功能、营养和药用价值在全球范围内得到推广，但由于亚洲和非洲的现代文明，人们的饮食习惯发生了显著转变，从传统的饮食习惯转向高热值的快餐食品，从而降低了传统发酵食品的实用性（Tamang et al.，2016）。一些学者发表了几篇来自亚洲（Steinkraus，2002；Rhee et al.，2011；Tamang et al.，

2016)、非洲（Cherule et al.，2010；Oguntoyinbo et al.，2011；Benkerroum，2013）和美洲（Nout，2003）等国家发酵食品相关的化学、营养和生物成分的综述。

发酵食品有一个巨大的新兴国际市场，视为食品科学中最具活力的探索领域中一个独立的领域。发酵食品知名度的提高归功于消费者的福祉、健康保健的提高和人们对功能性食品众多好处的认识。发酵食品的优势包括抗病、健康和对营养相关疾病的抑制。目前，工业化国家和发展中国家推广的各种发酵产品强调了发酵食品对消费者的重要性，不仅是为了确保安全和保存，还因为微生物及其酶的作用使其具有高度可接受的感官特性（SelHub et al.，2014；Marco et al.，2017）。

发酵食品类型

根据来自动植物的底物，发酵食品可分为九类（图2.2）：发酵乳制品，发酵肉制品，发酵谷物，发酵豆类，发酵蔬菜，发酵根茎/块茎产品，发酵鱼制品，混合发酵产品，酒精饮料（Tamang et al.，2005；Ray 和 Sivakumar，2009；Tamang 和 Kailasapathy，2010）。

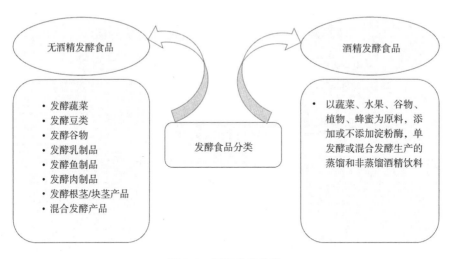

图2.2　发酵食品分类

发酵食品益处

发酵食品因其丰富的生物化合物（通过氧化、还原、水解、缩合和异构化合成）在人体健康方面具有良好的效果而闻名（Rai 和 Jeyaram，2015）。经常摄入发酵食品会使肠道细菌数量增加 10^3 倍，从而使胃肠道更加健康和安全（Kim et al.，2016）。在婴儿配方奶粉中，食物刺激 Th1 反应以平衡免疫系统并增强耐受性（Kapsenberg，2003）。开菲尔是一种发酵乳制品，具有显著的抗菌活性（Bourrie et al.，2016）、抗糖尿病和抗肥胖活动（An et al.，2013）。据报道，定期摄入酸奶可以减少心血管疾病（CVD）（Tapsell 2015）和 2 型糖尿病（T2D）（Chen et al.，2014）。

发酵剂

在早期，先前产品的培养物被用作发酵剂。发酵剂培养是一种技术微生物的配方，通常由一种培养基质（谷物、种子或营养液）组成，该培养基可被参与发酵的微生物很好地利用。随着 19 世纪新微生物的发现，利用特性良好的发酵剂培养物提高了发酵食品的产量从而加速了发酵活动，衍生出具有不同感官和饮食特征的广泛发酵食品（Holzapfel，2002）。虽然在葡萄酒、啤酒、醋和面包中使用发酵剂从 19 世纪开始就是一种惯例，但乳制品和肉类行业直到一个世纪后才开始使用具有良好特性的发酵剂（Hansen，2002）。尽管如此，自然发酵仍然应用于传统食品中，这些食品中易发酵的微生物群尚不清楚。主要是由于发酵剂的价值、安全性和技术价值而被使用。国际乳业联合会（IDF）、食品和药物管理局（FDA）、欧洲食品安全局（EFSA）和欧洲食品和饲料文化协会（EFFCA）（Speranza et al.，2016）等机构详细列出了这些价值。目前，关于食品发酵（饮料、谷物、乳制品、鱼类、豆类、肉类、蔬菜、醋）中使用的微生物（细菌、霉菌或酵母）的清单报告了 195 种细菌，以及 69 种酵母和霉菌。发酵过程分为通过酵母参与的酒精发酵（生产乙醇）和通过乳酸菌（LAB）参与的乳酸发酵（Wood，2012）。

早期的发酵剂培养需要在使用前配制。现在，商业化规模产品为具有高浓度活性的冻干材料（Hansen，2002）。发酵剂的选择取决于发酵所涉及的底物或原料。发酵剂一般由细菌、酵母菌、霉菌或它们的组合组成。其中，乳酸菌（LAB）和酵母菌在发酵过程中起主要作用。发酵剂培养的有利特征包括更快的酸化、预期的发酵活动和所需的感官特性（香气、稠度、味道和质地）、安全特性（Holzapfel，2002）。1890 年，丹麦和德国开始从奶酪和酸奶中分离和生产发酵剂。最近的科学方法已经形成了功能性发酵剂培养物，提供的某种功能特性来增强食品的营养、质量或安全性。

发酵剂选择标准

目前，食品工业化不断寻找安全和独特的商品，可以通过使用具有特定特征的发酵剂受控发酵获得。发酵剂最合适的品质是生产过程中的健壮性、快速生长、较高的生物量和产品产量，以及典型的感官特性（Smid 和 Kleerebezem，2014）。最初，具有精确特性的发酵剂是从自然中分离出来的。在 20 世纪 50 年代，人们进行了随机诱变和筛选方法以扩大发酵剂在发酵中的应用。在这方面，转基因细菌的接受度较低，常规微生物法仍在实践中。新的 DNA 测序方法有助于快速搜索基因组中有利的随机突变。这些方法需要新的工具来分析和汇编获得的数据。生物信息学在预测微生物的有利和不利特征方面发挥着主要作用，在各种食品基质中的生长需要通过实验室分析来证实（Sauer，2001）。

尽管发酵剂的选择基于其适当的安全性且其"功能性"特性可以使消费者受益，但更重要的是在工业条件下生产（Saarela et al.，2000）。要为任何一种特定的食品发展理想的文化，就必须研究文化的功能并开发提高文化功能的方法。在过去几年里，这两个功能通过科学取得了长足的进步。到目前为止，寻找发酵剂一直依赖于对小规模食品发酵中几个菌株的筛选。发酵剂的选择是根据加工过程中的表现和对食品令人满意的感官分析而最终确定的。使用这项技术已经分离出大量的菌种，还将用来扩大微生物收集以用作发酵剂。近年来，现代工具可以精确地针对不同的基因和代谢途径，对起始培养的重要功能参数是可靠的。基因靶向使高通量方法的选择变得可行，并且开启了实施突变选择和基因工程的可能性，以开发出对野生型优秀的启动子（Bachmann et al.，2015）。

发酵剂类型

在常规情况下，发酵剂的特征可以是中温或嗜热型，取决于生长和用于培养的温度。一般来说，中温培养物在温和温度（30℃）下培养并产生乳酸，嗜热培养物在较高温度（42℃）下表现最佳。中温乳制品发酵剂包括乳酸乳球菌亚种、乳酸乳球菌、乳酸乳杆菌亚种、乳酸乳球菌乳脂亚种和肠系膜明串珠菌亚种，嗜热发酵剂包括德氏乳杆菌、瑞士乳杆菌和嗜热链球菌（Cogan et al.，2007）。

尽管如此，初始培养物的一般分类取决于细菌的复杂性和复制方式。目前存在的发酵剂培养物都是以一种方式或可供选择的起源于近似混合物的天然发酵剂（即由几个菌株和/或物种的未定义混合物组成）。对于少数产品，工业混合菌种发酵剂（MSS）已经取代了从优良天然发酵剂中获得的天然发酵剂，天然发酵剂是由特定机构和工业发酵剂公司在限制条件下培养出来的，然后供应给直接利用它们进行接种或批量生产发酵剂的行业。由于其漫长的传奇故事，天然发酵剂和商业 MSS 被称为传统发酵剂，而不同于特定发酵剂（DSS）。DSS 通常由少量特定个体的菌株组合而成，可以更好地控制培养物的组成和特征（De Vuyst，2000）。

传统发酵剂含有几种不同微生物类型的菌株，涉及酵母菌、细菌和霉菌，会从生化上影响最终产品的复杂性和变化（Powell et al.，2011）。因此，传统发酵剂配方仍然用于少数传统的食品，并已被修改为有限的商业规模。商业化生产需要发酵剂产生可重复的性能，并去除不需要的生物体。这样的目标在传统方法下很难实现。因此，DSS 由于其增强的、极具重复性的性能和对噬菌体的高抵抗力在商业生产中取代了传统的发酵剂（Altieri et al.，2016）。

传统发酵剂：天然发酵剂

天然发酵剂的生产起源于史前方法（使用较早发酵项目的接种物接种）和/或受到特定条件的影响如低 pH、热或培养温度。在发酵剂培养过程中，不需要特殊的安全措施来防止来自外部来源、培养基和培养环境的污染。天然发酵剂不断发展成为由众多培养物和/或物种组成的近似混合物（Carminati et al.，2010）。天然发酵剂是非常有益的菌株池，具有合适的技术特征如香气、抗菌剂生产和噬菌体抗性。类似地，受益于微生物的相互作用。此外，当作为单个菌株培养时，各种菌株表现出不足的产酸能力（Parente 和 Cogan，2004）。

混合菌种发酵剂（MSS）

MSS 是通过对天然发酵剂精确选择而获得的，由公司和研究机构保存、培养和供应。与天然发酵剂一样，MSS 有一种在生理和技术特征上不同的未定义菌株的混合物（Parente 和 Cogan，2004）。虽然未定义的菌株在受控环境下生长时只有很少的继代培养，但与自然菌株相比，组成和功能的坚固性显著增强，内在变异性降低（Limsowtin et al.，1996）。传统的 MSS 培养需要多次循环以通过最少量的原种来增加批量发酵剂，使用浓缩培养物接种，从而减少工厂内部轮班的必要性和发酵剂成分、功能的可能性（Carminati et al.，2010）。

特定发酵剂（DSS）

DSS 由一种或多种菌种（传统产品的优势菌种）组成，由专业公司筛选、保存、培养和供应。同时，DSS 中菌株和/或物种的比例是明确的，技术功能具有高度的重复性，这是一个有利的特征。此外，目前 DSS 已经取代了传统发酵剂（Carminati et al.，2010）。相反地，考虑到少数菌株的使用，噬菌体污染会中断乳酸发酵。此外，随之而来的是自然微生物多样性的丧失，保护这些独特的特征是有问题的。对单个物种的关键特征（生长和产酸、基因组或生化特征）的评估可以导致菌株的合理混合，从而允许使用具有适当特性的配方（Carminati et al.，2010）。DSS基本上没有味道缺陷，并具有"更干净"的香气和口感的显著特征。为了加强对自然发酵的控制并实现与传统相似的风味，工业企业正在生产强化使用风味丰富的辅助培养物。DSS发酵剂的浓度较低，本身可以定量或不定量（Powell et al.，2011）。

工业发酵剂生产

发酵剂生产的目标是将特定的菌株或不同的微生物种群繁殖到预计在此过程中持续存在并在代谢过程中活跃的浓度。工业发酵剂的生产进行明确的过程，包括适当的质量控制措施。在食品现场生产或从工业生产中获得的发酵剂会影响食品生产的安全性和灵活性。某些食品行业也向其他公司提供他们的发酵剂（Hansen，2002）。冻干或冷冻发酵剂的使用降低了微生物的内部繁殖，从而减少了与批量培养生产相关的费用，并降低了噬菌体污染的可能性（Santivarangkna et al.，2007）。

发酵剂的生产最初是由埃米尔·克里斯蒂安·汉森（Emil Christian Hansen）和克里斯蒂安·D. E. 汉森（Christian D. E. Hansen）在19世纪初开始的，现已发展成为一项卓越的国际业务。最初的发酵剂是液体配方，通过在无菌牛奶中培养细菌来生产。培养物由于过度酸化而变质，因此在储存时失去活力，尽管可能会因添加碳酸钙而缓解，但不能完全避免。通过干燥方法可以克服这些问题从而获得更稳定的产品。目前，发酵剂生产的进步坚持精确的程序，符合制药行业的质量标准（Taskila，2016）。

传统的发酵剂生产工艺由Høier等（1999）和Buckenhüskes（1993）定义。发酵剂工业化生产的最早阶段包括菌种开发和生产、培养基制备、生物反应器中最终细胞密度、细胞收集和浓缩，以及培养物的维护。发酵剂生产过程中的每一步都对培养产品的纯度和优越性起着至关重要的作用。由特定公司生产的工业发酵剂通常以脱水或冷冻微生物细胞的形式供应。这些技术需要培养物浓缩、脱水及保存，以避免储存和分配过程中的损失（Hansen，2002）。

最近的工业发酵剂生产实践需要在微生物学、微生物生理学及过程工程方面的多学科经验。此外，当低温技术用于培养保存时，低温生物学知识是必要的（Santivarangkna et al.，2007）。全面质量控制包括许多步骤如原材料分析、工厂卫生维护和控制，以及最终产品评估。保持接种物质量、卫生及在整个生产系列中保持无菌条件也是很重要的。为了获得质量可靠的最终产品，发酵剂培养的条件必须是可重复性的。因此，批次的质量通过细胞活性和污染物检测进行监测。总体而言，发酵剂的工业化生产是通过遵守危害分析和关键控制点（HACCP）系统进行的，该系统确保了发酵过程质量（Hansen，2002）。发酵剂需要在每个阶段条件下生产，以促进细胞存活、在储存过程中保持细胞活力并确认其在发酵中的功能。在制造的各个阶段，不同条件可能会改变发酵剂培养物的生长和存在。因此，要确定发酵剂的适当作用，关键是要确定并关注每个阶段的刺激因素。根据文献，培养阶段可能使微生物暴露在饥饿、pH 变化和代谢物诱导的压力下。氧化、渗透、机械和热应力在生产的后期阶段即收获、保存及储存期间更为典型（Parente 和 Cogan，2004；Foerst 和 Santivarangkna，2014）。

LAB 发酵剂作用

LAB 通常是食品工业中使用的主要微生物，因为大多数都获得了食品级认可（GRAS，通常被认为是安全的）。大多数情况下，LAB 将碳源发酵成乳酸（图 2.3），伴随着 pH 的降低，除了对健康有益外，还会产生重大影响，如抑制不需要的微生物、增强感官和质地特性。此外，LAB 还促进发酵食品的营养价值、风味、口感和质地，这些发酵食品包括乳制品（酪乳、奶酪、酸奶和发酵奶）、发酵饮料、酸面团面包、发酵肉类和蔬菜（Leroy 和 de Vuyst，2004；Landete，2017）。

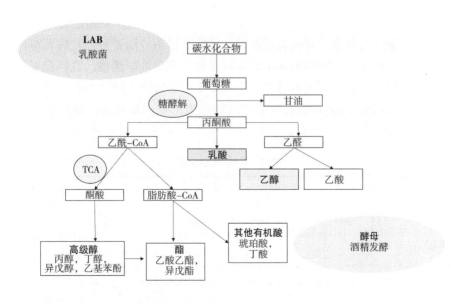

图 2.3　乳酸菌和酵母在发酵过程中的作用机制

众所周知，LAB 生产具有益生特性的抗菌剂、芳香族化合物、糖聚合物、维生素、甜味剂或酶。在安全性方面，LAB 的特点包括来源、溶血潜力、代谢活性、非致病性、毒素产生、人体实验副作用和消费者（上市后）不良事件的流行病学监测。同样，功能方面可以与胃肠道（GI）的存活和维持，在低 pH、高 pH 条件下的生存能力和胆盐耐受性，抗生素耐药性，疏水性，免疫调节、拮抗和抗突变特性相关（Rul et al.，2013；Kleerebezem et al.，2017）。技术方面包括在不同的 pH、温度、盐（NaCl）水平、酸化能力和新陈代谢（精氨酸的脱氨、秦皮甲素的水解、乙酸乙酯的生产），往往能产生足够的味道/质地（Ruiz-Rodríguez et al.，2017）。关于盐渍效应，在主要的发酵乳制品中添加 NaCl 是一个普遍的过程，会影响发酵剂的生长。大多数实验室在 NaCl 水平>5%时部分或全部发育迟缓。耐盐性是一种依赖于菌株的特性，因此这个标准在菌种选择中很重要（Powell et al.，2011）。

发酵剂在牛奶生产中最重要的作用是降解多肽，在促凝剂的作用下产生小肽和氨基酸。发酵剂还能降解酪蛋白并将氨基酸转化为各种风味化合物。细胞内的蛋白水解酶如肽酶和氨基酸降解酶，由发酵剂培养物通过细胞裂解进入干酪基质中，用于形成风味和控制成熟干酪中的苦味（Lortal 和 Chapot-Chartier，2005）。

从几种传统发酵食品或利用发酵剂用于生产发酵食品的各种原料中发现了具有显著特性的 LAB（表 2.1）（Mohammadi et al.，2012；Montel et al.，2014；Yépez 和 Tenea，2015）。根据原料的性质，利用许多 LAB 品种生产所需的发酵产品。乳制品如奶酪一般含有乳酸乳球菌乳酸亚种、乳酸乳球菌乳脂亚种、乳酸乳球菌双乙酰乳酸亚种、乳脂链状球菌明串珠菌肠系膜亚种、乳酸乳球菌德氏乳杆菌亚种、瑞士乳杆菌和干酪乳杆菌，不同物种取决于将要生产的奶酪类型（Tamime 和 Thomas，2017）。明串珠菌属和双乙酰乳杆菌是在乳制品发酵剂中发现的主要用于柠檬酸发酵的 LAB（Drider et al.，2004）。

表 2.1 LAB 发酵食品

产品	原料	发酵剂	参考文献
开菲尔	开菲尔谷物	*Lb. kefir*	Assadi 等（2000）
		Lb. brevis，*Lb. casei*，*Lb. plantarum*	
		Streptococcus lactis，*Leuc. mesenteroides*	
	牛奶	*Lc. lactis*/subsp. *lactis*，*Lc. lactis* subsp. *cremoris*，*Lc. lactis* subsp. *lactis* biovar *diacetylactis*，*Leuc. mesenteroides* subsp. *cremoris*，*Lb. plantarum*，*Lb. casei*	Fontán 等（2006）

续表

产品	原料	发酵剂	参考文献
发酵牛奶	牛奶	*Lb. acidophilus*，*Lb. rhamnosus*	Sodini 等（2002）
		Streptococcus thermophilus	
		Lb. bulgaricus	
		Lb. casei	
		Lb. plantarum	
		Propionibacterium freudenreichii	Baer and Ryba（1992）
		P. jensenii	
切达奶酪	牛奶	*Streptococcus thermophilus*	Hou 等（2017）
		Lb. acidophilus，*Lb. casei*，*Lb. paracasei* and *Bifidobacterium* spp.	Ong 等（2006）
酸奶	绵羊奶	*Streptococcus thermophilus*	Michaylova 等（2007）
		Lb. delbrueckii subsp. *bulgaricus*	
韩国泡菜	卷心菜	*Weissella cibaria*，*W. confusa* and *W. koreensis*	Lee 等（2005）
酸菜	卷心菜	*Leuc. mesenteroides*，*Lb. plantarum*，*Lb. casei*	Xiong 等（2014）
		Lc. lactis	
发酵面团	小麦	*Lb. brevis*，*Lb. paralimentarius*，*P. pentosaceus*，*W. cibaria*	Paramithiotis 等（2005）
		Leuc. citreum，*W. koreensis*	Choi 等（2003）
发酵橄榄	绿橄榄	*Enterococcus casseliflavus*，*Lb. pentosus*	De Castro 等（2002）
		Lb. pentosus	Blana 等（2014）
		Lb. plantarum	
Kivunde 一种非洲食物	木薯	*Lb. plantarum*	Kimaryo 等（2000）
Plaa-som（一种发酵鱼）	鱼	*Lb. plantarum*	Saithong 等（2010）
		Lb. reuteri	
酱	大豆	*Tetragenococcus*	Singracha 等（2017）
	鱼	*Halophilus*	Udomsil 等（2011）
香肠	肉	*P. acidilactici*	Leroy 等（2006）
		P. pentosaceus	
		Lb. pentosus	Coppola 等（2000）
		Lb. plantarum	
	猪肉	*P. pentosaceus*	Kingcha 等（2012）

发酵乳主要使用德氏乳杆菌保加利亚亚种、嗜热链球菌（酸奶）、干酪乳杆菌、嗜酸乳杆菌、鼠李糖乳杆菌和约氏乳杆菌，其他发酵乳（开菲尔）含有开菲尔乳杆菌、马乳酒样乳杆菌、短乳杆菌和酵母（Leroy 和 de Vuyst，2004；Mohammadi et al.，2012）。发酵肉制品（香肠）涉及弯曲乳杆菌、清酒乳杆菌、乳酸片球菌和戊糖片球菌等（Leroy et al.，2006；Kumar et al.，2017）。发酵鱼产品涉及植物乳杆菌、消化乳杆菌和栖鱼肉杆菌（Kopermsub 和 Yunchalard，2010）。发酵蔬菜（泡菜、酸菜和橄榄）涉及肠膜明串珠菌、短乳杆菌、布氏乳杆菌、戊糖乳杆菌、植物乳杆菌、嗜酸巴氏杆菌、啤酒假单胞菌、戊糖拟青霉、发酵乳杆菌和嗜盐四球菌（Beganović et al.，2014；Elmacı et al.，2015）。谷物发酵涉及食淀粉乳杆菌、消化乳杆菌、短乳杆菌、香肠乳杆菌、发酵乳杆菌、植物乳球菌、桥乳杆菌、面包乳杆菌、路氏乳杆菌、旧金山乳杆菌和食窦魏斯氏菌（Katina 和 Poutanen，2013）。

LAB 生产几种非特异性抗菌物质如短链脂肪酸、乙醇、过氧化氢、细菌素、细菌素类抑制物质（BLIS）和抗真菌化合物。由于这一功能特性，在食品生物保存中使用 LAB 可作为合成化学品和添加剂的替代品（Dalié et al.，2010）。LAB 产生的抗菌化合物中，细菌素是最有前景的，可以作为食品配料或使用细菌素发酵剂进行原位培养（Mokoena，2017）。

在食品工业中，一些发酵剂在原位培养下产生的次生代谢物用作食品添加剂中的风味化合物。在可可发酵中，发酵乳杆菌负责相关风味化合物的产生（Camu et al.，2007）。LAB 能够产生双乙酰、乙醛和酯等芳香化合物。产双乙酰的 LAB 主要有乳杆菌属、乳酸乳球菌、肠膜明串珠菌和嗜热链球菌（Hugenholtz et al.，2000）。乳酸乳球菌乳酸亚种双乙酰变种因产生大量双乙酰而广为人知（Gupta et al.，2015）。乙醛是一种显著的香气化合物，利用德氏乳杆菌保加利亚亚种和嗜热链球菌在酸奶中产生（Cheng，2010）。乳酸乳球菌在奶酪生产过程中产生乙酯和硫代酯（McSweeney 和 Sousa，2000；Smit et al.，2005）。许多来自山羊和牦羊的奶制品和奶酪中的 LAB 合成了短链脂肪酸酯（Mukdsi et al.，2013）。LAB 是一种潜在的资源，也是不同类型酶的主要来源，这些酶可以改变食品和饲料的成分、加工、质量和感官特性。LAB 产生的几种酶进入胃肠道，可能对消化产生协同作用并减轻肠道吸收不良的症状。LAB 将酶直接释放到食品基质中，同时用作发酵剂或相关培养物，或可用作发酵条件下酶的来源（Matthews et al.，2004）。

解淀粉乳酸菌（ALAB）通过将糖化和发酵结合在一个步骤中将淀粉完全转化为乳酸，是一种经济高效的工艺（Petrova et al.，2013）。除了益生菌和低过敏性儿童食品（Nguyen et al.，2007；Petrova 和 Petrov，2011），ALAB 菌株可能在谷物食品和饮料发酵过程中发挥作用（Blandino et al.，2003）。产生 ALAB 的胞外淀粉酶可以改善面包质地和产品保质期（Reddy et al.，2008）。来自 LAB 的蛋白酶和肽酶用于奶酪成熟过程，以在糖酵解、脂肪分解和蛋白水解反应期间获得不同的感官特征（Reddy et al.，2008）。乳酸乳球菌乳酸亚种产生的特异性肽酶增强了奶酪的感官品质（Patel et al.，2013）。乳制品行业使用非凝固蛋白酶来生产酪蛋白和乳清水解物（Feijoo-Siota et al.，2014）。

某些胃肠道 LAB 能够合成 B 类维生素（叶酸、维生素 B_2 或维生素 B_{12} 或维生素 K_2）。这些维生素存在于 LAB 发酵的食品中如奶酪、酸奶和酪乳（LeBlanc et al.，2013）。在发酵过程中，使用双歧杆菌和发酵剂（脱脂牛奶发酵中的嗜热链球菌和/或德氏乳杆菌保加利亚亚种，牛奶发酵中的瑞士乳杆菌 MTCC 5463 和鼠李糖乳杆菌 MTCC 5462，奶酪发酵中的嗜热链球菌和德氏乳杆菌保加利亚亚种）可以增加叶酸的含量（Saubade et al.，2016；Rad et al.，2016）。

产生 GABA 的 LAB 可能作为发酵剂参与生产富含 GABA 的功能性食品和饮料、奶酪（Park 和 Oh，2006）、乳制品（Hayakawa et al.，2004）、黑树莓汁（Kim et al.，2009）、泡菜（Seok et al.，2008）和豆浆（Tsai et al.，2006）。此外，GABA 还可以用作食品配料：一种销售的 GABA 产品品牌为 Pharma GABATM，使用希氏乳杆菌 K-3 发酵，已获得美国 FDA 许可（Takeshima et al.，2014）。来自 LAB 的 EPS 具有更大的商业价值，因为在食品工业中作为一种天然和安全的食品添加剂具有巨大的潜在应用，可改善食品口感、流变特性、光滑度、稳定性、质地和保水性（Welman 和 Maddox，2003）。魏斯氏菌和桑氏乳杆菌发酵剂对谷物和谷物面团的硬度、黏性、体积和口感产生积极影响（Korakli et al.，2002；Galle et al.，2010）。黏液乳杆菌 DPC 6426 用作酸奶中的发酵剂，可以减少脱水收缩并改善保水性和流变特性（黏度和弹性）（London et al.，2015）。

酵母发酵剂作用

在过去，人们使用酵母来生产发酵食品和饮料。Louis Pasteur 在 1860 年证明了微生物将碳水化合物转化为乙醇和二氧化碳（CO_2）的能力（图 2.3）。酵母是真核单细胞生物，因其存在于由植物和动物来源的原材料生产的各种传统发酵食品中而闻名（Tamang 和 Fleet，2009）。酵母通过产生有利于所需生化反应（例如产生风味、酒精和香气）的酶在食品发酵中发挥重要作用（Aidoo et al.，2006）。大多数对食品发酵有利的酵母属于酵母属，尤其是酿酒酵母，通常标记为"烘焙酵母"（Sicard 和 Legras，2011）。假丝酵母属、内生菌属、汉逊酵母属、毕赤酵母属、红酵母属、酵母菌属和红曲霉属因在食品和非食品（工业）应用中用作发酵剂的前景而备受关注（表 2.2）（Buzzini 和 Vaughan Martini，2006）。酵母在发酵食品中的主要作用包括产生酒精、增强质地、酸化和产生抗毒素（以用于保存）、增加营养价值、去除抗营养成分，以及生产生物活性肽和维生素作为增值产品（Romano et al.，2006）（图 2.1）。

酵母通常用作烘焙和糕点产品中的发酵剂。在面团发酵过程中，酵母菌将糖转化为酒精和二氧化碳，决定着烘焙产品的质构特性。酿酒酵母（*Saccharomyces Cerevisiae*）或烘焙酵母是烘焙产品中最广泛使用的发酵剂（Newberry et al.，2002）。除了产气外酵母菌还产生琥珀酸，已知琥珀酸对面团流变性和面包风味有影响（Jayaram et al.，2014）。在牛奶发酵过程中，也有用酵母发酵剂产生有机酸（乙酸、丁酸、乳酸、丙酸和丙酮酸）的报道（Alvarez-Martin et al.，2008）。因此，需要选择合适的酵母发酵剂以维持产品中有限的有机酸产量。

在发酵过程中，发酵食品中很少有酵母菌被鉴定为产生水解酶以提高产品消化率和丰富维生素水平。水解（细胞内和细胞外）酶，例如淀粉酶、纤维素酶、β-葡糖苷酶、转化酶、脂肪酶、果胶酶、蛋白酶、植酸酶和木聚糖酶能够由酵母产生（Maturano et al.，2012）。酵母还可在牛奶蛋白水解过程中产生生物活性肽（如羧肽酶和氨肽酶）（Ferreira 和 Viljoen，2003）。

在发酵食品的碳水化合物发酵过程中，酿酒酵母会产生羰基化合物、酯和有机酸等代谢产物（Jayaram et al.，2013）。在面糊发酵过程中添加酵母意味着产品具有可接受的质地和感官特征（Aidoo et al.，2006）。在最近的研究中，全球开菲尔酵母多样性包括假丝酵母属、酵母菌属、毕赤酵母属、哈萨查塔尼亚属、克鲁维氏酵母属和接合酵母属（Magalhães et al.，2010；Leite et al.，2012；Garofalo et al.，2015）。

表 2.2 酵母发酵食品

种类	发酵食品	酵母发酵剂	参考文献
谷物食品	Ogi（一种非洲发酵布丁）	*Pichia kudriavzevii*	Ogunremi 等（2015）
	Pozol（一种墨西哥玉米可可饮料）	*Rhodotorula minuta*，*Rhodotorula mucilaginosa*，*Debaryomyces hansenii*，*Geotrichum candidum*，*Candida guilliermondii*，*Kluyveromyces lactis*	Wacher 等（2000）
	酸面团	*Candida humilis*，*Kazachstania exigua*，*Wickerhamomyces anomalus*，*Candida famata*，*Saccharomyces cerevisiae*	Hammes 等（2005），Vrancken 等（2010），和 Daniel 等（2011）
	Togwa（一种非洲的非酒精饮料）	*Issatchenkia orientalis*，*Pichia anomala*，*Saccharomyces cerevisiae*，*Kluyveromyces marxianus* and *Candida glabrata*	Hjortmo 等（2008）

续表

种类	发酵食品	酵母发酵剂	参考文献
奶制品	开菲尔	*Kluyveromyces* spp.，*Saccharomyces* spp.，*Torula* spp.，*Williopsis saturnus* var. *saturnus*	Ahmed 等（2013）和 Viljoen（2006）
蔬菜	木薯	*Candida ethanolica*，*Geotrichum candidum*	Lacerda 等（2005）
蔬菜	普逵	*Candida diversa*，*Kluyveromyces marxianus*，*Pichia fermentans*，*Torulaspora delbrueckii*	Páez-Lerma 等（2013）
蔬菜	Kanji（一种发酵粥）	*Rhodotorula glutinis*	Malisorn 和 Suntornsuk（2008）
水果	辣椒	*Hanseniaspora guilliermondii*，*Kodameae ohmeri*，*Rhodotorula* spp.，*Debaryomyces* spp.，*Cryptococcus* spp.	González-Quijano 等（2014）和 Zhao 等（2016）
水果	橄榄	*Candida krusei*，*C. boidinii*，*C. parapsilosis*，*C. rugose*，*Pichia anomala*，*P. membranifaciens*，*Debaryomyces hansenii*，*Saccharomyces cerevisiae*，*Torulaspora delbrueckii*，*Kluyveromyces marxianus*，*Rhodotorula glutinis*	Coton 等（2006），Hurtado 等（2008），和 Arroyo-López 等（2006）
水果	可可果	*Saccharomyces cerevisiae*，*Hanseniaspora opuntiae*	Papalexandratou 和 De Vuyst（2011）
水果	Tepache（一种菠萝发酵饮料）	*Hanseniaspora uvarum*，*Pichia guilliermondii*	Corona-González 等（2013）

酵母因其典型的香气特征和质地用于多种发酵乳制品，如 Amasi（一种非洲发酵乳）、开菲尔、马奶酒、奶干、Laban（一种发酵乳）、Longfil（一种发酵乳）和 Viili（一种发酵乳）（Rai 和 Jeyaram，2015）。乳克鲁维酵母、马氏克鲁维酵母、汉逊德巴利酵母和解脂耶氏酵母是奶酪发酵中常见的酵母菌种。酵母可加速成熟过程并增强众多奶酪产品的风味成分（Alvarez-Martin et al.，2008；Rai 和 Jeyaram，2015）。在奶酪成熟过程中，酵母分解脂肪产生醇、甲基酮和内酯，在风味产生中起主要作用。假丝酵母（Fadda et al.，2010）、汉逊德巴利酵母（Padilla et al.，2014）、白地霉（Tornadijo et al.，1998）和皮肤毛孢菌（Corbo et al.，2001）是参与干酪成熟过程中增强风味的最重要的酵母菌。虽然酸奶发酵中的酵母菌种类繁多，最常见的是酿酒酵母（*Saccharomyces Cerevisiae*）。值得注意的是，没有证据表明发酵食品'Doi'或'Dahi'（印度发酵奶）含有酵母（de Wit et al.，2005；Rai 和 Jeyaram，2015）。

酵母菌对发酵香肠和腌制火腿的风味有积极影响（Mauriello et al.，2004；

Tamang 和 Fleet，2009）。研究人员指出，在酵母发酵过程中小麦（Kariluoto et al.，2004）和黑麦（Katina et al.，2007）烘焙产品中的叶酸含量增加。在酸面团发酵中，酵母在提高叶酸含量方面比 LAB 更有效（Kariluoto et al.，2006）。酵母还通过增加甾醇、酚、维生素和纤维的生物利用度和水平，提高矿物质的生物利用度和降低淀粉消化率来改善面包的营养水平（Poutanen et al.，2009）。

植酸是一种抗营养因子，酵母是产生用来降解植酸的植酸酶的有益微生物之一（Greppi et al.，2015）。在发酵过程中，酵母菌对植酸的降解提高了二价金属如钙、铁、镁和锌在胃肠道中的生物利用率。广泛存在的植酸酶产生酵母，包括酿酒酵母（*Saccharomyces cerevisiae*）、克鲁斯假丝酵母（*Candida krusei*）、腺食酵母（*Arxula adinivorans*）、卡氏酵母（*Debaryomyces castellii*）、乳酸克鲁维酵母（*Kluyveromyces lactis*）、异型毕赤酵母（*Pichia omala*）、罗丹氏酵母（*P. rodanensis*）、斯巴达酵母（*P. spartinae*）、细小红酵母（*Rhodotorula gracilis*）、卡氏酵母（*Schwanniomyces castellii*）和德氏弯孢菌（*Torulaspora delbroeckii*）（Moslehi-Jenabian et al.，2010）。

在发酵食品中，酵母以积极的方式与相关微生物建立联系，在最终产品形成中促进发酵剂培养（Viljoen，2001），防止和去除降低产品质量的不良微生物（Fleet，2003）。酵母通过产生抗生素因子、有机酸、毒素和过氧化氢来减少发酵食品中致病菌和腐败菌的生长（Chen et al.，2015）。酵母通过转化碳水化合物产生维生素、氨基酸、嘌呤及游离糖，从而增强参与食品发酵的乳酸菌数量（Viljoen，2006）。同样，乳酸菌会产生有机酸并降低培养基的 pH 值，从而建立有利于酵母生长的环境（Aidoo et al.，2006）。

酵母在发酵食品中作为一种很有前途的益生菌发挥着作用，包括汉森氏酵母、德尔布鲁克氏圆孢菌（Psani 和 Kotzeystou，2006）、克鲁维酵母、马氏克氏酵母（Kumura et al.，2004）、乳酸克雷氏菌和溶脂亚罗维菌（Chen et al.，2010）。除病原菌外，酵母具有很强的抗菌活性和在胃肠道中存活的能力。酵母产生特定的促进健康的生物活性代谢物、游离多酚、多肽和低聚糖是其另外的优势（Fleet，2003）。

酵母产生的胞外脂解酶和蛋白水解酶在过程中释放氨基酸、游离脂肪酸和小肽而改善发酵肉类的感官特性（Martín et al.，2006；Patrignani et al.，2007；Andrade et al.，2009）。目前对发酵肉类的研究依次对酵母菌群落进行了分类，选择了汉森假丝酵母、假丝酵母属和解脂耶氏酵母作为工业发酵剂，很少用于混合发酵（Sánchez-Molineo 和 Arnau，2008；Purriños et al.，2013；Kumar et al.，2017）。

据报道，在橄榄发酵中，酵母会产生乙醛、酯、乙醇、甘油、高级醇、有机酸和其他挥发性化合物等，具有显著的感官特性，主要通过在发酵过程中产生风味来提高发酵橄榄的质量（Montaño et al.，2003；Arroyo López et al.，2012）。通过酵母的脂肪分解能力来增加挥发性以提升这种食物的游离脂肪酸含量。在橄榄发酵实验室和工业规模开发工艺中一般选择假丝酵母属、德巴利氏酵母属、克鲁维酵母属和酿酒酵母等发酵剂（Corsetti et al.，2012；Bevilacqua et al.，2013；Pistarino et al.，2013）。

在可可发酵过程中，酵母会释放果胶酶降解果肉，将果肉糖转化为乙醇并促进巧克力香气的形成（Ho et al.，2014）。假丝酵母属、汉逊酵母属、柯达酵母属、克鲁维氏酵母、毕赤酵母、酿酒酵母菌、丝孢酵母菌和粉状毕赤氏酵母是可可发酵过程中常见的微生物（Ardhana 和 Fleet，2003；Boekhout 和 Samson，2005；Nielsen et al.，2007；Daniel et al.，2009；Papalexandratou 和 de Vuyst，2011；Lefeber et al.，2012；Crafack et al.，2013）。

果胶分解酵母包括酿酒酵母、贝酵母、马克斯克鲁维酵母、克鲁维氏毕赤酵母、裂殖酵母和异常威克汉姆酵母作为咖啡樱桃发酵的发酵剂（Jayani et al.，2005；Masoud 和 Jespersen，2006；席尔瓦 et al.，2013）。竹笋、酱油、食用橄榄、木瓜和旱谷也进行酵母发酵。鲁氏酵母是一种耐盐酵母，高度参与酱油发酵（Wah et al.，2013）。

发酵剂市场

在过去几年中，世界发酵剂市场取得了令人鼓舞的增长，主要是由于食品生产的商业化。新兴的商业前景与亚洲、非洲发展中国家的发酵剂市场有关，发酵食品在饮食中起着最重要的作用。已知确定的发酵剂可增强规模发酵过程及其一致性（Sanchez et al.，2001；Coulin et al.，2006）、丰富传统食品的香气（Teniola 和 Odunfa，2001）并提高产品安全性（Valyasevi 和 Rolle，2002）。

2018 年国际发酵剂市场价值估计为 10 亿美元。主要在酒精饮料生产过程中消耗的酵母培养物支配着发酵剂市场，用于乳制品行业的细菌发酵剂占据了第二大市场。根据 2012 年的统计数据，最大的发酵剂市场是欧洲，其次是北美。消费者对益生菌保健用品的意识不断提高，最终用户能够以更高的价格购买优质产品是欧洲市场的经典品质。

2018 年北美市场的复合年增长率（CAGR）约 5.9%。亚太地区的发酵剂市场增长迅速，由于良好的市场和环境条件促进了发酵食品的生产。2010 年代中期，市场的年复合增长率约 6.3%。目前，安琪酵母有限公司（中国）、Lallemand Inc.（美国）和 Chr. Hansen A/S（丹麦）是首屈一指的公司。最重要的发酵剂产业主要是 LAB，其次是酵母菌（表 2.3）。此外，很少有乳制品公司像芬兰瓦利奥有限公司（Valio Ltd.）那样，向经过认证的客户推销其卓越的发酵剂。发酵剂的生产也是根据几家公司提供的合同进行的。

表 2.3　市场商业发酵剂

发酵剂公司	产品	国家
Alce	酸奶、奶酪、黄油	意大利
LB Bulgaricum PLC	酸奶、白色和黄色奶酪	保加利亚
Chr. Hansen	切达干酪、软干酪、白干酪和农家干酪、格兰纳干酪、意大利面	丹麦
Caldwell Bio Fermentation	酸菜	加拿大
CSK food enrichment	酸奶、奶酪、黄油	荷兰
Cultures for health	酸奶、酪乳、开菲尔、康普茶、奶酪、豆腐、酸奶油、酸面团	美国
Cutting edge cultures	发酵蔬菜，开菲尔	美国
Danisco	奶酪、酸奶	丹麦
DSM	奶酪、酸奶	荷兰
Goldrush	酵母	美国
Lactina Ltd.	奶酪、酸奶	保加利亚
Lesaffre Group	酵母、威士忌、朗姆酒、龙舌兰酒、梅斯卡尔酒、伏特加酒、苹果酒、高粱啤酒、克瓦斯等	法国
Lyo-San Yogourmet	酸奶酪	美国和加拿大
Rhodia	奶酪	法国
Wyeast Laboratories Inc.	啤酒、苹果酒、葡萄酒、野酸、蜂蜜酒、清酒	美国

未来前景

　　世界范围内食品商业化的发展促进了发酵剂市场的发展。越来越多的商机与亚洲和非洲发展中地区的发酵剂市场有关，在这些地区，发酵食品在饮食中扮演着首要角色。在发展中国家，发酵食品发挥着重要的社会经济作用，满足了对蛋白质的需求（Chilton et al.，2015）。传统的发酵通常是在自然条件下进行的，这导致发酵工艺功能差，产品质量和安全性也不高。此外，与在少数国家彻底改变饮食习惯的垃圾食品相比，本地食品的保质期较短，而且通常形式上不那么吸引人（Achi 和 Ukwuru，2015）。

　　传统食品具有优良均衡的感官品质和营养品质，是提高发酵剂产品标准化水平的重要因素。由于发酵剂在饮料、乳制品、食品和果汁工业等众多领域的广泛应用，对发酵剂有着巨大的需求。由于新颖、诱人的发酵剂可获得性有限，商业发酵剂的使用选择有限，降低了发酵食品的生物多样性和感官特性。因此，从原材料中选择有利的野生菌株可能是一条前进道路。消费者对减少抗生素/防腐剂的化学品使用的健康意识的提高导致了对新型发酵剂的需求。要将菌株用作有前途的起始培养物，菌株的表型和基因型特征是一个包含安全性和技术特征的先决条件（Ammor 和 Mayo，2007）。通过 rDNA 技术和测序分子生物学技术的进步，加上改进的基因组测序，揭示了建模和获得具有抗病、抗菌剂产生能力的新发酵剂的机会。这些发酵剂专注于有害生物的生长或改变具有偏好基因的微生物（Capess et al.，2010）。下一代基于全基因组评估的测序扩展了对微生物安全性的新认识（Zhang et al.，2012），增加了具有功能特性的原生菌株的全基因组数量（Lamontanara et al.，2014），如生物胺生产者（Ladero et al.，2014）和益生菌株（Treven et al.，2014）。

参考文献

Achi OK，Ukwuru M（2015）Cereal-based fermented foods of Africa as functional foods. Int J Microbiol Appl 2（4）：71-83.

Ahmed Z，Wang Y，Ahmad A，Khan ST，Nisa M，Ahmad H，Afreen A（2013）Kefir and health：a contemporary perspective. Crit Rev Food Sci Nutr 53（5）：422-434.

Aidoo KE，Nout NJR，Sarkar PK（2006）Occurrence and function of yeasts in Asian indigenous fermented foods. FEMS Yeast Res 6：30-39.

Altieri C，Ciuffreda E，Di Maggio B，Sinigaglia M（2016）. Lactic acid bacteria as starter cultures. In：Speranza B，Bevilacqua A，Corbo MR，Sinigaglia M.（Eds.）.（2016）. Starter Cultures in Food Production. John Wiley & Sons.，Wiley-VCH Verlag GmbH & Co. KGaA，Weinheim，Germany，1-15.

Alvarez-Martin P，Florez AB，Hernández-Barranco A，Mayo B（2008）Interaction between dairy yeasts and lactic acid bacteria strains during milk fermentation. Food Control 19（1）：62-70.

Ammor MS，Mayo B（2007）Selection criteria for lactic acid bacteria to be used as functional starter cultures in dry sausage production：an update. Meat Sci 76（1）：138-146.

An SY，Lee MS，Jeon JY，Ha ES，Kim TH，Yoon JY，Han SJ（2013）Beneficial effects of fresh and fermented kimchi in prediabetic individuals. Ann Nutr Metab 63（1-2）：111-119.

Andrade MJ，Rodríguez M，Casado EM，Bermúdez E，Córdoba JJ（2009）Differentiation of yeasts growing on dry cured Iberian ham by mitochondrial DNA restriction analysis，RAPDPCR and their volatile compounds production. Food Microbiol 26：578-586.

Ardhana MM，Fleet GH（2003）The microbial ecology of cocoa bean fermentations in Indonesia. Int J Food Microbiol 86：87-99.

Arroyo López FN，Romero Gil V，Bautista Gallego J et al（2012）Potential benefits of the application of yeast starters in table olive processing. Front Microbiol 3：1-4.

Arroyo-López FN, Durán-Quintana MC, Ruiz-Barba JL, Querol A, Garrido-Fernández A(2006) Use of molecular methods for the identification of yeast associated with table olives. Food Microbiol 23 (8):791-796.

Assadi MM, Pourahmad R, Moazami N(2000) Use of isolated kefir starter cultures in kefir production. World J Microbiol Biotechnol 16(6):541-543.

Bachmann H, Pronk JT, Kleerebezem M, Teusink B(2015) Evolutionary engineering to enhance starter culture performance in food fermentations. Curr Opin Biotechnol 32:1-7.

Baer A, Ryba I(1992) Serological identification of propionibacteria in milk and cheese samples. Int Dairy J 2(5):299-310.

Beganović J, Kos B, Pavunc AL, Uroić K, Jokić M, Šušković J(2014) Traditionally produced sauerkraut as source of autochthonous functional starter cultures. Microbiol Res 169(7):623-632.

Benkerroum N(2013) Traditional fermented foods of North African countries: technology and food safety challenges with regard to microbiological risks. Compr Rev Food Sci Food Saf 12(1):54-89.

Bevilacqua A, Beneduce L, Sinigaglia M, Corbo MR(2013) Selection of yeasts as starter cultures for table olives. J Food Sci 78:742-751.

Blana VA, Grounta A, Tassou CC, Nychas GJE, Panagou EZ(2014) Inoculated fermentation of green olives with potential probiotic *Lactobacillus pentosus* and *Lactobacillus plantarum* starter cultures isolated from industrially fermented olives. Food Microbiol 38:208-218.

Blandino A, Al-Aseeri ME, Pandiella SS, Cantero D, Webb C (2003) Cereal-based fermented foods and beverages. Food Res Int 36(6):527-543.

Boekhout T, Samson R(2005) Fungal biodiversity and food. In: Nout RMJ, de Vos WM, Zwietering MH(eds) Food fermentation. Wageningen Academic, Gelderland, pp 29-41.

Bourrie BC, Willing BP, Cotter PD(2016) The microbiota and health promoting characteristics of the fermented beverage kefir. Front Microbiol 7:647.

Buckenhüskes HJ(1993) Selection criteria for lactic acid bacteria to be used as starter cultures for various food commodities. FEMS Microbiol Rev 12:253-272.

Buzzini P, Vaughan Martini A(2006) Yeast biodiversity and biotechnology. In: Rosa C, Péter G(eds) The yeast handbook: biodiversity and ecophysiology of yeasts. Springer, Berlin, pp 533-559.

Camu N, De Winter T, Verbrugghe K, Cleenwerck I, Vandamme P, Takrama JS, De Vuyst L(2007) Dynamics and biodiversity of populations of lactic acid bacteria and acetic acid bacteria involved in spontaneous heap fermentation of cocoa beans in Ghana. Appl Environ Microbiol 73(6):1809-1824.

Capece A, Romaniello R, Siesto G et al(2010) Selection of indigenous *Saccharomyces cerevisiae* strains for Nero d' Avola wine and evaluation of selected starter implantation in pilot fermentation. Int J Food Microbiol 144:187-192.

Caplice E, Fitzgerald GF (1999) Food fermentations: role of microorganisms in food production and preservation. Int J Food Microbiol 50(1):131-149.

Carminati D, Giraffa G, Quiberoni A, Binetti A, Suarez V, Reinhemer J(2010) Advances and trends in starter culture for dairy fermentation. In: Mozzi F, Raya RR, Vignolo GM(eds).

Biotechnology of lactic acid bacteria: novel applications. Blackwell, Oxford, pp 177–192.

Chelule PK, Mbongwa HP, Carries S, Gqaleni N(2010) Lactic acid fermentation improves the quality of amahewu, a traditional South African maize-based porridge. Food Chem 122(3):656–661.

Chen LS, Ma Y, Maubois JL, He SH, Chen LJ, Li HM(2010) Screening for the potential probiotic yeast strains from raw milk to assimilate cholesterol. Dairy Sci Technol 90(5):537–548.

Chen M, Sun Q, Giovannucci E, Mozaffarian D, Manson JE, Willett WC, Hu FB(2014) Dairy consumption and risk of type 2 diabetes: 3 cohorts of US adults and an updated meta-analysis. BMC Med 12(1):215.

Chen Y, Aorigele C, Wang C, Simujide H, Yang S(2015) Screening and extracting mycocin secreted by yeast isolated from koumiss and their antibacterial effect. J Food Nutr Res 3(1):52–56.

Cheng H(2010) Volatile flavor compounds in yogurt: a review. Crit Rev Food Sci Nutr 50(10): 938–950.

Chilton SN, Burton JP, Reid G (2015) Inclusion of fermented foods in food guides around the world. Forum Nutr 7(1):390–404.

Choi IK, Jung SH, Kim BJ, Park SY, Kim J, Han HU(2003) Novel *Leuconostoc citreum* starter culture system for the fermentation of kimchi, a fermented cabbage product. Antonie Van Leeuwenhoek 84(4): 247–253.

Cogan TM, Beresford TP, Steele J, Broadbent J, Shah NP, Ustunol Z(2007) Invited review: advances in starter cultures and cultured foods. J Dairy Sci 90(9):4005–4021.

Coppola S, Mauriello G, Aponte M, Moschetti G, Villani F(2000) Microbial succession during ripening of Naples-type salami, a southern Italian fermented sausage. Meat Sci 56(4):321–329.

Corbo MR, Lanciotti R, Albenzio M, Sinigaglia M(2001) Occurrence and characterization of yeasts isolated from milks and dairy products of Apulia region. Int J Food Microbiol 69(1):147–152.

Corona-González RI, Ramos-Ibarra JR, Gutiérrez-González P, Pelayo-Ortiz C, Guatemala-Morales GM, Arriola-Guevara E(2013) The use of response surface methodology to evaluate the fermentation conditions in the production of tepache. Revista Mexicana de Ingeniería Química 12(1):19–28.

Corsetti A, Perpetuini G, Schirone M, Tofalo R, Suzzi G(2012) Application of starter cultures to table olive fermentation: an overview on the experimental studies. Front Microbiol 3:1–6.

Coton E, Coton M, Levert D, Casaregola S, Sohier D(2006) Yeast ecology in French cider and black olive natural fermentations. Int J Food Microbiol 108(1):130–135.

Coulin P, Farah Z, Assanvo J, Spillmann H, Puhan Z(2006) Characterisation of the microflora of attiéké, a fermented cassava product, during traditional small scale preparation. Int J Food Microbiol 106(2):131–136.

Crafack M, Mikkelsen MB, Saerens S et al(2013) Influencing cocoa flavour using *Pichia kluyveri* and *Kluyveromyces marxianus* in a defined mixed starter culture for cocoa fermentation. Int J Food Microbiol 167:103–116.

Dalié DKD, Deschamps AM, Richard-Forget F (2010) Lactic acid bacteria-potential for control of mould growth and mycotoxins: a review. Food Control 21(4):370–380.

Daniel HM, Vrancken G, Takrama JF, Camu N, De Vos P, De Vuyst L(2009) Yeast diversity of Ghanaian cocoa bean heap fermentations. FEMS Yeast Res 9:774–783.

Daniel HM, Moons MC, Huret S, Vrancken G, De Vuyst L(2011) *Wickerhamomyces anomalus* in the sourdough microbial ecosystem. Antonie Van Leeuwenhoek 99(1):63–73.

De Castro A, Montaño A, Casado FJ, Sánchez AH, Rejano L(2002) Utilization of*Enterococcus casseliflavus* and *Lactobacillus pentosus* as starter cultures for Spanish-style green olive fermentation. Food Microbiol 19(6):637–644.

De Vuyst L(2000) Technology aspects related to the application of functional starter cultures. Food Technol Biotechnol 38(2):105–112.

De Wit M, Osthoff G, Viljoen BC, Hugo A(2005) A comparative study of lipolysis and proteolysis in cheddar cheese and yeast-inoculated cheddar cheeses during ripening. Enzym Microb Technol 37(6):606–616.

Drider D, Bekal S, Prevost H(2004) Genetic organization and expression of citrate permease in lactic acid bacteria. Genet Mol Res 3:273–281.

Ebner S, Smug LN, Kneifel W, Salminen SJ, Sanders ME(2014) Probiotics in dietary guidelines and clinical recommendations outside the European Union. World J Gastroenterol: WJG 20(43):16095.

Elmacı SB, Tokatlı M, Dursun D, Özçelik F, Şanlıbaba P (2015) Phenotypic and genotypic identification of lactic acid bacteria isolated from traditional pickles of the Çubuk region in Turkey. Folia Microbiol 60(3):241–251.

Erten H, Ağirman B, Gündüz CPB, Çarşanba E, Sert S, Bircan S, Tangüler H(2014) Importance of yeasts and lactic acid bacteria in food processing. In: Food processing: strategies for quality assessment. Springer, New York, pp 351–378.

Fadda ME, Viale S, Deplano M, Pisano MB, Cosentino S(2010) Characterization of yeast population and molecular fingerprinting of *Candida zeylanoides* isolated from goat's milk collected in Sardinia. Int J Food Microbiol 136(3):376–380.

Faria-Oliveira F, Diniz RH, Godoy-Santos F, Piló FB, Mezadri H, Castro IM, Brandão RL(2015) The role of yeast and lactic acid bacteria in the production of fermented beverages in South America. In: Food production and industry. InTech.

Feijoo-Siota L, Blasco L, Luis Rodriguez-Rama J, Barros-Velázquez J, de Miguel T, Sánchez-Pérez A, Villa G, T. (2014) Recent patents on microbial proteases for the dairy industry. Recent Adv DNA Gene Seq (Formerly Recent Patents DNA Gene Seq)8(1):44–55.

Ferreira AD, Viljoen BC(2003) Yeasts as adjunct starters in matured cheddar cheese. Int J Food Microbiol 86(1):131–140.

Fleet GH(2003) Yeast interactions and wine flavour. Int J Food Microbiol 86(1):11–22.

Foerst P, Santivarangkna C(2014) In: Holzapfel W(ed) Advances in starter culture technology: focus on drying processes. Advances in fermented foods and beverages: improving quality, technologies and health benefits. Woodhead Publishing, Cambridge, UK, pp 249–270.

Fontán MCG, Martínez S, Franco I, Carballo J(2006) Microbiological and chemical changes during the manufacture of kefir made from cows' milk, using a commercial starter culture. Int Dairy J 16(7): 762-767.

Galle S, Schwab C, Arendt E, Gänzle M(2010) Exopolysaccharide-forming *Weissella* strains as starter cultures for sorghum and wheat sourdoughs. J Agric Food Chem 58(9):5834-5841.

Garofalo C, Osimani A, Milanović V, Aquilanti L, De Filippis F, Stellato G, Clementi F(2015) Bacteria and yeast microbiota in milk kefir grains from different Italian regions. Food Microbiol 49:123-133.

Geis A(2003) Perspectives of genetic engineering of bacteria used in food fermentations. In: Heller KJ(ed) Genetically engineered food: methods and detection. Wiley-VCH Verlag GmbH & Co. KGaA, Weinheim, Germany, pp 100-118.

González-Quijano GK, Dorantes-Alvarez L, Hernández-Sánchez H, Jaramillo-Flores ME, de Jesús Perea-Flores M, Vera-Ponce de León A, Hernández-Rodríguez C(2014) Halotolerance and survival kinetics of lactic acid bacteria isolated from jalapeño pepper(Capsicum annuum L.) fermentation. J Food Sci 79 (8):M1545-M1553.

Greppi A, Krych Ł, Costantini A, Rantsiou K, Hounhouigan DJ, Arneborg N et al(2015) Phytase-producing capacity of yeasts isolated from traditional African fermented food products and PHYPk gene expression of *Pichia kudriavzevii* strains. Int J Food Microbiol 205:81-89.

Gupta C, Prakash D, Gupta S(2015) A biotechnological approach to microbial based perfumes and flavours. J Microbiol Exp 2(1):00034.

Hammes WP, Brandt MJ, Francis KL, Rosenheim J, Seitter MF, Vogelmann SA(2005) Microbial ecology of cereal fermentations. Trends Food Sci Technol 16(1):4-11.

Hansen EB(2002) Commercial bacterial starter cultures for fermented foods of the future. Int J Food Microbiol 78(1):119-131.

Hayakawa K, Kimura M, Kasaha K, Matsumoto K, Sansawa H, Yamori Y(2004) Effect of a γ-aminobutyric acid-enriched dairy product on the blood pressure of spontaneously hypertensive and normotensive Wistar-Kyoto rats. Br J Nutr 92(3):411-417.

Hjortmo SB, Hellström AM, Andlid TA(2008) Production of folates by yeasts in Tanzanian fermented togwa. FEMS Yeast Res 8(5):781-787.

Ho VTT, Zhao J, Fleet GH(2014) Yeasts are essential for cocoa bean fermentation. Int J Food Microbiol 174:72-87.

Høier E, Janzen T, Henriksen CM, Rattray F, Brockmann E, Johansen E(1999) The production, application and action of lactic cheese starter cultures. In: Law BA(ed) Technology of cheese making. Sheffild Academic Press, Sheffild, pp 99-131.

Holzapfel WH(2002) Appropriate starter culture technologies for small-scale fermentation in developing countries. Int J Food Microbiol 75(3):197-212.

Hou J, Hannon JA, McSweeney PL, Beresford TP, Guinee TP(2017) Effect of galactose metabolising and non-metabolising strains of *Streptococcus thermophilus* as a starter culture adjunct on the properties of cheddar cheese made with low or high pH at whey drainage. Int Dairy J 65:44-55.

Hugenholtz J, Kleerebezem M, Starrenburg M, Delcour J, de Vos W, Hols P(2000) *Lactococcus lactis* as a cell factory for high-level diacetyl production. Appl Environ Microbiol 66(9):4112-4114.

Hurtado A, Reguant C, Esteve-Zarzoso B, Bordons A, Rozès N(2008) Microbial population dynamics during the processing of Arbequina table olives. Food Res Int 41(7):738-744.

Hutkins RW(ed)(2006) Introduction in microbiology and technology of fermented foods, Blackwell Publishing, Ames, Iowa, USA.

Jayani RS, Saxena S, Gupta R(2005) Microbial pectinolytic enzymes: a review. J Food Biochem 40: 2931-2944.

Jayaram VB, Cuyvers S, Lagrain B, Verstrepen KJ, Delcour JA, Courtin CM(2013) Mapping of *Saccharomyces cerevisiae* metabolites in fermenting wheat straight-dough reveals succinic acid as pH-determining factor. Food Chem 136(2):301-308.

Jayaram VB, Cuyvers S, Verstrepen KJ, Delcour JA, Courtin CM(2014) Succinic acid in levels produced by yeast(*Saccharomyces cerevisiae*) during fermentation strongly impacts wheat bread dough properties. Food Chem 151:421-428.

Kapsenberg ML(2003) Dendritic-cell control of pathogen-driven T-cell polarization. Nat Rev Immunol 3(12):984-993.

Kariluoto S, Vahteristo L, Salovaara H, Katina K, Liukkonen KH, Piironen V(2004) Effect of baking method and fermentation on folate content of rye and wheat breads. Cereal Chem 81(1):134-139.

Kariluoto S, Aittamaa M, Korhola M, Salovaara H, Vahteristo L, Piironen V(2006) Effects of yeasts and bacteria on the levels of folates in rye sourdoughs. Int J Food Microbiol 106(2):137-143.

Katina K, Poutanen K(2013) Nutritional aspects of cereal fermentation with lactic acid bacteria and yeast. In: Handbook on sourdough biotechnology. Springer, USA, pp 229-244.

Katina K, Laitila A, Juvonen R, Liukkonen KH, Kariluoto S, Piironen V, Poutanen K(2007) Bran fermentation as a means to enhance technological properties and bioactivity of rye. Food Microbiol 24(2): 175-186.

Kim JY, Lee MY, Ji GE, Lee YS, Hwang KT(2009) Production of γ-aminobutyric acid in black raspberry juice during fermentation by *Lactobacillus brevis* GABA100. Int J Food Microbiol 130(1):12-16.

Kim B, Hong VM, Yang J, Hyun H, Im JJ, Hwang J, Kim JE(2016) A review of fermented foods with beneficial effects on brain and cognitive function. Prev Nutr Food Sci 21(4):297.

Kimaryo VM, Massawe GA, Olasupo NA, Holzapfel WH(2000) The use of a starter culture in the fermentation of cassava for the production of "kivunde", a traditional Tanzanian food product. Int J Food Microbiol 56(2):179-190.

Kingcha Y, Tosukhowong A, Zendo T, Roytrakul S, Luxananil P, Chareonpornsook K, Visessanguan W (2012) Anti-listeria activity of *Pediococcus pentosaceus* BCC 3772 and application as starter culture for Nham, a traditional fermented pork sausage. Food Control 25(1):190-196.

Kleerebezem M, Kuipers OP, Smid EJ(2017) Lactic acid bacteria—a continuing journey in science and application. FEMS Microbiol Rev 41(Supp_1):S1-S2.

Kopermsub P, Yunchalard S(2010) Identification of lactic acid bacteria associated with the production of plaasom, a traditional fermented fish product of Thailand. Int J Food Microbiol 138(3):200-204.

Korakli M,Gänzle MG,Vogel RF(2002)Metabolism by bifidobacteria and lactic acid bacteria of poly-saccharides from wheat and rye,and exopolysaccharides produced by *Lactobacillus sanfranciscensis*. J Appl Microbiol 92(5):958-965.

Kumar P,Chatli MK,Verma AK,Mehta N,Malav OP,Kumar D,Sharma N(2017)Quality,functional-ity,and shelf life of fermented meat and meat products:a review. Crit Rev Food Sci Nutr 57(13):2844-2856.

Kumura H,Tanoue Y,Tsukahara M,Tanaka T,Shimazaki K(2004)Screening of dairy yeast strains for probiotic applications. J Dairy Sci 87(12):4050-4056.

Lacerda CHF,Hayashi C,Soares CM,Boscolo WR,Kavata LCB(2005)Replacement of corn Zea mays L. by cassava *Manihot esculenta* crants meal in grass-carp *Ctenopharyngodon idella* fingerlings diets. Acta Sci Anim Sci 27(2):241-245.

Ladero V,del Rio B,Linares DM,Fernandez M,Mayo B,Martin MC,Alvarez MA(2014)Genome se-quence analysis of the biogenic amine-producing strain *Lactococcus lactis* subsp. *cremoris* CECT 8666(for-merly GE2-14). Genome Announc 2(5):e01088-e01014.

Lamontanara A,Orrù L,Cattivelli L,Russo P,Spano G,Capozzi V(2014)Genome sequence of *Oeno-coccus oeni* OM27,the first fully assembled genome of a strain isolated from an Italian wine. Genome An-nounc 2(4):e00658-e00614.

Landete JM(2017)A review of food-grade vectors in lactic acid bacteria:from the laboratory to their application. Crit Rev Biotechnol 37(3):296-308.

LeBlanc JG,Milani C,de Giori GS,Sesma F,Van Sinderen D,Ventura M(2013)Bacteria as vitamin suppliers to their host:a gut microbiota perspective. Curr Opin Biotechnol 24(2):160-168.

Lee JS,Heo GY,Lee JW,Oh YJ,Park JA,Park YH,Ahn JS(2005)Analysis of kimchi microflora using denaturing gradient gel electrophoresis. Int J Food Microbiol 102(2):143-150.

Lefeber T,Papalexandratou Z,Gobert W,Camu N,De Vuyst L(2012)On-farm implementation of a starter culture for improved cocoa bean fermentation and its influence on the flavour of chocolates produced thereof. Food Microbiol 30:379-392.

Leite AMO,Mayo B,Rachid CTCC,Peixoto RS,Silva JT,Paschoalin VMF,Delgado S(2012)Assess-ment of the microbial diversity of Brazilian kefir grains by PCR-DGGE and pyrosequencing analysis. Food Microbiol 31(2):215-221.

Leroy F,De Vuyst L(2004)Lactic acid bacteria as functional starter cultures for the food fermentation industry. Trends Food Sci Technol 15(2):67-78.

Leroy F,Verluyten J,De Vuyst L(2006)Functional meat starter cultures for improved sausage fermen-tation. Int J Food Microbiol 106(3):270-285.

Limsowtin GKY,Powell IB,Parente E(1996)Types of starters. In:Cogan TM,Accolas JE(eds)Dairy starter cultures. VCH,New York,pp 101-129.

London LEE,Chaurin V,Auty MAE,Fenelon MA,Fitzgerald GF,Ross RP,Stanton C(2015)Use of *Lactobacillus mucosae* DPC 6426,an exopolysaccharide-producing strain,positively influences the techno-functional properties of yoghurt. Int Dairy J 40:33-38.

Lortal S,Chapot-Chartier MP(2005)Role,mechanisms and control of lactic acid bacteria lysis in cheese. Int Dairy J 15(6):857-871.

Magalhães KT,Pereira GDM,Dias DR,Schwan RF(2010)Microbial communities and chemical changes during fermentation of sugary Brazilian kefir. World J Microbiol Biotechnol 26(7):1241-1250.

Malisorn C, Suntornsuk W (2008) Optimization of β-carotene production by *Rhodotorula glutinis* DM28 in fermented radish brine. Bioresour Technol 99(7):2281-2287.

Marco ML,Heeney D,Binda S,Cifelli CJ,Cotter PD,Foligne B,Smid EJ(2017)Health benefits of fermented foods:microbiota and beyond. Curr Opin Biotechnol 44:94-102.

Martín B,Jofré A,Garriga M,Pla M,Aymerich T(2006)Rapid quantitative detection of *Lactobacillus sakei* in meat and fermented sausages by real-time PCR. Appl Environ Microbiol 72(9):6040-6048.

Masoud W,Jespersen L(2006)Pectin degrading enzymes in yeasts involved in fermentation of *Coffea arabica* in East Africa. Int J Food Microbiol 110:291-296.

Matthews A,Grimaldi A,Walker M,Bartowsky E,Grbin P,Jiranek V(2004)Lactic acid bacteria as a potential source of enzymes for use in vinification. Appl Environ Microbiol 70(10):5715-5731.

Maturano YP,Nally MC,Toro ME,De Figueroa LIC,Combina M,Vazquez F (2012) Monitoring of killer yeast populations in mixed cultures:influence of incubation temperature of microvinifications samples. World J Microbiol Biotechnol 28(11):3135-3142.

Mauriello G, Casaburi A, Blaiotta G, Villani F (2004) Isolation and technological properties of coagulase negative staphylococci from fermented sausages of Southern Italy. Meat Sci 67(1):149-158.

McGovern PE,Zhang J,Tang J,Zhang Z,Hall GR,Moreau RA,Cheng G(2004)Fermented beverages of pre-and proto-historic China. Proc Natl Acad Sci U S A 101(51):17593-17598.

McSweeney PL,Sousa MJ(2000)Biochemical pathways for the production of flavour compounds in cheeses during ripening:a review. Lait 80(3):293-324.

Michaylova M,Minkova S,Kimura K,Sasaki T,Isawa K(2007)Isolation and characterization of *Lactobacillus delbrueckii* ssp. *bulgaricus* and *Streptococcus thermophilus* from plants in Bulgaria. FEMS Microbiol Lett 269(1):160-169.

Mohammadi R,Sohrabvandi S,Mohammad Mortazavian A(2012)The starter culture characteristics of probiotic microorganisms in fermented milks. Eng Life Sci 12:399-409.

Mokoena MP(2017)Lactic acid bacteria and their bacteriocins:classification,biosynthesis and applications against uropathogens:a mini-review. Molecules 22(8):1255.

Montaño A,Sánchez AH,Casado FJ,de Castro A,Rejano L(2003)Chemical profile of industrially fermented green olives of different varieties. Food Chem 82:297-302.

Montel MC,Buchin S,Mallet A,Delbes-Paus C,Vuitton DA,Desmasures N,Berthier F(2014)Traditional cheeses:rich and diverse microbiota with associated benefits. Int J Food Microbiol 177:136-154.

Moslehi-Jenabian S,Lindegaard L,Jespersen L(2010)Beneficial effects of probiotic and food borne yeasts on human health. Forum Nutr 2(4):449-473.

Mukdsi MCA,Haro C,González SN,Medina RB(2013)Functional goat milk cheese with feruloyl esterase activity. J Funct Foods 5(2):801-809.

Newberry MP, Phan-Thien N, Larroque OR, Tanner RI, Larsen NG (2002) Dynamic and elongation rheology of yeasted bread doughs. Cereal Chem 79(6):874.

Nguyen TTT, Loiseau G, Icard-Vernière C, Rochette I, Trèche S, Guyot JP (2007) Effect of fermentation by amylolytic lactic acid bacteria, in process combinations, on characteristics of rice/soybean slurries: a new method for preparing high energy density complementary foods for young children. Food Chem 100(2):623–631.

Nielsen DS, Teniola OD, Ban-Koffi L, Owusu M, Andersson TS, Holzapfel WH (2007) The microbiology of Ghanaian cocoa fermentations analysed using culture-dependent and culture-independent methods. Int J Food Microbiol 114:168–186.

Nout MR(2003)17 Traditional fermented products from Africa, Latin America and Asia. In: Boekhout T, Robert V (eds) Yeasts in Food-Beneficial and Detrimental Aspects. Behr's-Verlag GmbH & Co. KG, Hamburg, Germany pp 451–473.

Ogunremi OR, Sanni AI, Agrawal R(2015) Probiotic potentials of yeasts isolated from some cereal-based Nigerian traditional fermented food products. J Appl Microbiol 119(3): 797–808.

Oguntoyinbo FA, Tourlomousis P, Gasson MJ, Narbad A(2011) Analysis of bacterial communities of traditional fermented West African cereal foods using culture independent methods. Int J Food Microbiol 145(1):205–210.

Ong L, Henriksson A, Shah NP(2006) Development of probiotic cheddar cheese containing *Lactobacillus acidophilus*, *Lb. casei*, *Lb. paracasei* and *Bifidobacterium* spp. and the influence of these bacteria on proteolytic patterns and production of organic acid. Int Dairy J 16(5):446–456.

Padilla B, Manzanares P, Belloch C(2014) Yeast species and genetic heterogeneity within *Debaryomyces hansenii* along the ripening process of traditional ewes' and goats' cheeses. Food Microbiol 38: 160–166.

Páez-Lerma JB, Arias-García A, Rutiaga-Quiñones OM, Barrio E, Soto-Cruz NO(2013) Yeasts isolated from the alcoholic fermentation of *Agave duranguensis* during mezcal production. Food Biotechnol 27(4): 342–356.

Papalexandratou Z, De Vuyst L(2011) Assessment of the yeast species composition of cocoa bean fermentations in different cocoa-producing regions using denaturing gradient gel electrophoresis. FEMS Yeast Res 11(7):564–574.

Paramithiotis S, Chouliaras Y, Tsakalidou E, Kalantzopoulos G(2005) Application of selected starter cultures for the production of wheat sourdough bread using a traditional three-stage procedure. Process Biochem 40(8):2813–2819.

Parente E, Cogan TM(2004) Starter cultures: general aspects. In: Fox PF, McSweeney PLH, Cogan TM, Guinee TP (eds) Cheese: chemistry, physics and microbiology, 3rd edn. Elsevier, London, pp 123–148.

Park KB, Oh SH(2006) Isolation and characterization of *Lactobacillus buchneri* strains with high γ-aminobutyric acid producing capacity from naturally aged cheese. Food Sci Biotechnol 15:86–90.

Patel A, Shah N, Prajapati JB(2013) Biosynthesis of vitamins and enzymes in fermented foods by lactic acid bacteria and related genera-A promising approach. Croat J Food Sci Technol 5(2):85–91.

Patrignani F,Lucci L,Vallicelli M,Guerzoni ME,Gardini F,Lanciotti R(2007)Role of surface-inoculated *Debaryomyces hansenii* and *Yarrowia lipolytica* strains in dried fermented sausage manufacture. Part 1: evaluation of their effects on microbial evolution, lipolytic and proteolytic patterns. Meat Sci 75: 676–686.

Petrova PM,Petrov KK(2011)Antimicrobial activity of starch degrading *Lactobacillus* strains isolated from boza. Biotechnol Biotechnol Equip 25:114–116.

Petrova P, Petrov K, Stoyancheva G (2013) Starch-modifying enzymes of lactic acid bacteria-structures,properties,and applications. Starch-Stärke 65(1–2):34–47.

Pistarino E,Aliakbarian B,Casazza AA,Paini M,Cosulich ME,Perego P(2013)Combined effect of starter culture and temperature on phenolic compounds during fermentation of Taggiasca black olives. Food Chem 138:2043–2049.

Poutanen K,Flander L,Katina K(2009)Sourdough and cereal fermentation in a nutritional perspective. Food Microbiol 26(7):693–699.

Powell IB,Broome MC,Limsowtin GKY(2011)Cheese: starter cultures: specific properties. In: Fuquay JW,Fox PF,McSweeney PLH(eds)Encyclopedia of dairy sciences. Elsevier Academic, Amsterdam, pp 559–566.

Psani M,Kotzekidou P(2006)Technological characteristics of yeast strains and their potential as starter adjuncts in Greek-style black olive fermentation. World J Microbiol Biotechnol 22(12):1329–1336.

Purriños L,Carballo J,Lorenzo JM(2013)The influence of *Debaryomyces hansenii*,*Candida deformans* and *Candida zeylanoides* on the aroma formation of dry-cured 'lacón'. Meat Sci 93:344–350.

Rad AH,Khosroushahi AY,Khalili M,Jafarzadeh S(2016)Folate bio-fortification of yoghurt and fermented milk: a review. Dairy Sci Technol 96(4):427–441.

Rai AK,Jeyaram K(2015)Health benefits of functional proteins in fermented foods. In: Tamang JP (ed)Health benefits of fermented foods and beverages. CRC Press,London,New York,pp 455–474.

Ray RC,Sivakumar PS(2009)Traditional and novel fermented foods and beverages from tropical root and tuber crops. Int J Food Sci Technol 44(6):1073–1087.

Ray M,Ghosh K,Singh S,Mondal KC(2016)Folk to functional: an explorative overview of rice-based fermented foods and beverages in India. J Ethn Foods 3(1):5–18.

Reddy G,Altaf MD,Naveena BJ,Venkateshwar M,Kumar EV(2008)Amylolytic bacterial lactic acid fermentation—a review. Biotechnol Adv 26(1):22–34.

Rhee SJ,Lee JE,Lee CH(2011)Importance of lactic acid bacteria in Asian fermented foods. Microb Cell Factories 10(1):S5.

Romano P,Capece A,Jespersen L(2006)Taxonomic and ecological diversity of foods and beverage yeasts. In: Querol A,Fleet GH(eds)Yeasts in food and beverages. Springer,Berlin,pp 13–54.

Ruiz-Rodríguez L,Bleckwedel J,Eugenia Ortiz M,Pescuma M,Mozzi F(2017)Lactic Acid Bacteria. In: Wittmann C,Liao JC(eds)Industrial Biotechnology: Microorganisms. Wiley-VCH Verlag GmbH & Co. KGaA,Weinheim,Germany,pp 395–451.

Rul F,Zagorec M,Champomier-Vergès MC(2013)Lactic acid bacteria in fermented foods. In：Proteomics in foods. Springer,USA,pp 261–283.

Saarela M,Mogensen G,Fondén R,Mättö J,Mattila-Sandholm T(2000)Probiotic bacteria：safety,functional and technological properties. J Biotechnol 84(3)：197–215.

Saithong P,Panthavee W,Boonyaratanakornkit M,Sikkhamondhol C(2010)Use of a starter culture of lactic acid bacteria in plaa-som,a Thai fermented fish. J Biosci Bioeng 110(5)：553–557.

Sanchez AH,Rejano L,Montano A,de Castro A(2001)Utilization at high pH of starter cultures of lactobacilli for Spanish-style green olive fermentation. Int J Food Microbiol 67(1–2)：115–122.

Sánchez-Molinero F, Arnau J(2008)Effect of the inoculation of a starter culture and vacuum packaging during the resting stage on sensory traits of dry-cured ham. Meat Sci 80：1074–1080.

Santivarangkna C,Kulozik U,Foerst P(2007)Alternative drying processes for the industrial preservation of lactic acid starter cultures. Biotechnol Prog 23(2)：302–315.

Saubade F,Hemery YM,Guyot JP,Humblot C(2017)Lactic acid fermentation as a tool for increasing the folate content of foods. Crit Rev Food Sci Nutr 57：3894–3910.

Sauer U(2001)Evolutionary engineering of industrially important microbial phenotypes. Adv Biochem Eng Biotechnol 73：129–170.

Selhub EM,Logan AC,Bested AC(2014)Fermented foods,microbiota,and mental health：ancient practice meets nutritional psychiatry. J Physiol Anthropol 33(1)：2.

Seok JH,Park KB,Kim YH,Bae MO,Lee MK,Oh SH(2008)Production and characterization of kimchi with enhanced levels of γ-aminobutyric acid. Food Sci Biotechnol 17(5)：940–946.

Sicard D,Legras JL(2011)Bread,beer and wine：yeast domestication in the *Saccharomyces* sensu stricto complex. C R Biol 334(3)：229–236.

Silva CF,Vilela DM,de Souza Cordeiro C,Duarte WF,Dias DR,Schwan RF(2013)Evaluation of a potential starter culture for enhance quality of coffee fermentation. World J Microbiol Biotechnol 29：235–247.

Singracha P,Niamsiri N,Visessanguan W,Lertsiri S,Assavanig A(2017)Application of lactic acid bacteria and yeasts as starter cultures for reduced-salt soy sauce(moromi)fermentation. LWT Food Sci Technol 78：181–188.

Smid EJ,Kleerebezem M(2014)Production of aroma compounds in lactic fermentations. Annu Rev Food Sci Technol 5：313–326.

Smit G,Smit BA,Engels WJ(2005)Flavour formation by lactic acid bacteria and biochemical flavour profiling of cheese products. FEMS Microbiol Rev 29(3)：591–610.

Sodini I,Lucas A,Oliveira MN,Remeuf F,Corrieu G(2002)Effect of milk base and starter culture on acidification,texture,and probiotic cell counts in fermented milk processing. J Dairy Sci 85(10)：2479–2488.

Speranza B, Bevilacqua A, Corbo MR, Sinigaglia M(eds)(2016)Starter cultures in food production. Wiley,Hoboken.

Steinkraus KH(2002)Fermentations in world food processing. Compr Rev Food Sci Food Saf 1(1)：

23-32.

Takeshima K, Yamatsu A, Yamashita Y, Watabe K, Horie N, Masuda K, Kim M(2014) Subchronic toxicity evaluation of γ-aminobutyric acid(GABA) in rats. Food Chem Toxicol 68:128-134.

Tamang JP, Fleet GH(2009) Yeasts diversity in fermented foods and beverages. In: Yeast biotechnology: diversity and applications. Springer, Netherlands, pp 169-198.

Tamang JP, Kailasapathy K(eds)(2010) Fermented foods and beverages of the world. CRC Press, New York.

Tamang JP, Tamang B, Schillinger U, Franz CM, Gores M, Holzapfel WH(2005) Identification of predominant lactic acid bacteria isolated from traditionally fermented vegetable products of the Eastern Himalayas. Int J Food Microbiol 105(3):347-356.

Tamang JP, Watanabe K, Holzapfel WH(2016) Diversity of microorganisms in global fermented foods and beverages. Front Microbiol 7:377.

Tamime AY, Thomas L(eds)(2017) Probiotic dairy products. Wiley, Hoboken.

Tapsell LC(2015) Fermented dairy food and CVD risk. Br J Nutr 113(S2):S131-S135.

Taskila S(2016) Industrial production of starter cultures. In: Speranza B, Bevilacqua A, Corbo MR, Sinigaglia M(eds.) Starter Cultures in Food Production. John Wiley & Sons. , Chichester, United States, pp 79-100.

Teniola OD, Odunfa SA(2001) The effects of processing methods on the levels of lysine, methionine and the general acceptability of ogi processed using starter cultures. Int J Food Microbiol 63(1-2):1-9.

Tornadijo ME, Fresno JM, Sarmiento RM, Carballo J(1998) Study of the yeasts during the ripening process of Armada cheeses from raw goat's milk. Lait 78(6):647-659.

Treven P, Trmčić A, Matijašić BB, Rogelj I(2014) Improved draft genome sequence of probiotic strain *Lactobacillus gasseri* K7. Genome Announc 2(4):e00725-e00714.

Tsai JS, Lin YS, Pan BS, Chen TJ(2006) Antihypertensive peptides and γ-aminobutyric acid from prozyme 6 facilitated lactic acid bacteria fermentation of soymilk. Process Biochem 41(6):1282-1288.

Udomsil N, Rodtong S, Choi YJ, Hua Y, Yongsawatdigul J(2011) Use of *Tetragenococcus halophilus* as a starter culture for flavor improvement in fish sauce fermentation. J Agric Food Chem 59(15):8401-8408.

Valyasevi R, Rolle RS(2002) An overview of small-scale food fermentation technologies in developing countries with special reference to Thailand: scope for their improvement. Int J Food Microbiol 75(3):231-239.

Viljoen BC(2001) The interaction between yeasts and bacteria in dairy environments. Int J Food Microbiol 69(1):37-44.

Viljoen B(2006) Yeast ecological interactions. Yeast' yeast, yeast' bacteria, yeast' fungi interactions and yeasts as biocontrol agents. In: Yeasts in food and beverages. Springer, Berlin, pp 83-110.

Vrancken G, De Vuyst L, Van der Meulen R, Huys G, Vandamme P, Daniel HM(2010) Yeast species composition differs between artisan bakery and spontaneous laboratory sourdoughs. FEMS Yeast Res 10(4):471-481.

Wacher C, Cañas A, Bárzana E, Lappe P, Ulloa M, Owens JD(2000) Microbiology of Indian and Mestizo pozol fermentations. Food Microbiol 17(3):251−256.

Wah TT, Walaisri S, Assavanig A, Niamsiri N, Lertsiri S(2013)Co-culturing of *Pichia guilliermondii* enhanced volatile flavor compound formation by *Zygosaccharomyces rouxii* in the model system of Thai soy sauce fermentation. Int J Food Microbiol 160(3):282−289.

Welman AD, Maddox IS(2003)Exopolysaccharides from lactic acid bacteria: perspectives and challenges. Trends Biotechnol 21(6):269−274.

Wood BJ(2012)Microbiology of fermented foods. Blackie Academic & Professional, London.

Xiong T, Li X, Guan Q, Peng F, Xie M(2014)Starter culture fermentation of Chinese sauerkraut: growth, acidification and metabolic analyses. Food Control 41:122−127.

Yépez L, Tenea GN(2015)Genetic diversity of lactic acid bacteria strains towards their potential probiotic application. Rom Biotechnol Lett 20(2):10191−10199.

Zhang ZY, Liu C, Zhu YZ, Wei YX, Tian F, Zhao GP, Guo XK(2012)Safety assessment of Lactobacillus plantarum JDM1 based on the complete genome. Int J Food Microbiol 153(1):166−170.

Zhao L, Li Y, Jiang L, Deng F(2016)Determination of fungal community diversity in fresh and traditional Chinese fermented pepper by pyrosequencing. Microbiol Lett 363(24):fnw273.

第 3 章　微生物发酵和发酵食品研究进展

摘　要　发酵很久以前就用于人类消费和食品生产。发酵过程不仅有利于延长食品、饮料和粥的保质期，而且可以安全有效地提高营养价值。如今，现代发酵技术用于工业食品生产。考虑到这些，有必要对自然产生的微生物进行鉴定和优化，作为强化发酵剂可确保发酵过程一致性和商业可行性，提高产品安全性、质地和风味。主要功效是改善健康，预防大肠癌、肥胖症和骨质疏松症等疾病。

关键词　细菌素；饮料；疾病；发酵；益生菌

前言

发酵食品普遍宣传为健康食品，包括各种营养和能量含量差异很大的食品（Slavin 和 Lloyd，2012）。流行的发酵食品有酒精食品/饮料、发酵牛奶、奶酪、酸奶、香肠、醋、腌制蔬菜、植物蛋白/氨基酸/肽酱、发酵面包、酸面团及带有肉类风味的糊状物（Liu et al.，2011）。近年来，由于发酵产品满足了许多功能性食品的需要，发酵食品越来越受欢迎并迅速增长（German et al.，2009）。发酵食品相对容易食用，营养成分丰富，脂肪含量低，风味、香气和质地各异（Swain et al.，2014）。传统的发酵食品在人类饮食中约占三分之一。这些食品经过益生菌菌群和/或微生物发酵剂的发酵。发酵的目的是改善食品的保质期、口感、质地或营养质量。发酵食品弥补了世界上一些地区人们的饮食，提供粮食安全，改善营养，消除原材料中不可接受的（有毒）因素，创造收入和就业，而且减少了原料的数量（Praagman et al.，2015）。

自从消费者进一步认识到健康和饮食之间的联系以来，对发酵食品的需求得到了提振。发酵食品的健康功能/益处包括抗便秘、抗肥胖、抗癌、促进结直肠健康、降低胆固醇、抗氧化和纤维溶解作用、抗衰老特性，以及促进免疫和皮肤健康（Slavin 和 Lloyd，2012）。具有安全发酵产品的商品和食品是当前公众饮食建议的重点，旨在改善人们的整体健康（German et al.，2009）。

饮食对低收入国家的影响

在过去的几十年里，研究表明饮食发生了快速的变化。加工食品、快餐、含糖饮料已成为现代化名义下的主流商品。因此，推广既能提供足够的食物营养，又能促进健康和预防疾病（如肥胖、糖尿病、心血管疾病、癌症等）的食品变得更加重要。如今，"西化"食品在世界各地都能买得到，导致了传统食品体系的衰落，降低了发酵食品的使用。然而，传统发酵食品由于其与肠道微生物区系的综合作用为健康提供了益处，饮食从复杂的碳水化合物转变为高脂肪、高蛋白和低纤维。经济发展带来了更好的粮食安全和健康。营养转型对健康的不利影响包括儿童肥胖率。

微生物发酵及其终产物

　　胃肠道（GI）的不同区域被微生物种群定殖。微生物种群的主要物种（在结肠中）表现出与宿主的真正共生关系，是维持消费者健康和福祉的关键（Roberfroid et al.，2010）。大量的人类干预研究证明了食用某些发酵食品/饮料会导致肠道微生物区系组成发生一定的变化，这与益生菌的概念是一致的。益生菌效应现在是一个确凿的科学事实。人们更多地认识到微生物区系组成的变化，主要是双歧杆菌和/或乳杆菌的增加，积累数量越多的微生物越可以被视为肠道健康的标志（Roberfroid et al.，2010）。人体结肠内容物中具有代谢活性的细菌种类（结肠微生物区系），其微生物数量为 $10^{11} \sim 10^{12}$ CFU/g（Slavin，2013）。具有独特糖解代谢潜力的结肠微生物群（如乳酸菌和双歧杆菌）在很大程度上为防止病原微生物群侵袭消化道提供了屏障（Slavin，2013）。几千年来，乳酸菌在发酵产品的生产中一直扮演着重要的角色，可合成抗微生物化合物（细菌素）和维生素并将其内容物释放到发酵产品中（Panda et al.，2009）。乳酸菌与降低血清胆固醇水平有关。Ray 和 Bhunia（2008）指出，LAB 促进结肠中膳食胆固醇和去结合胆盐的代谢并抑制在肝脏中吸收，从而降低血清中的胆固醇水平。

　　LAB 作为益生菌、发酵剂、抗菌剂、维生素、酶和胞外多糖（EPS）的来源，可以满足消费者对与健康有关的天然产品和功能性食品日益增长的需求。

益生菌

　　发酵食品含有适当浓度的活微生物，有助于肠道微生物平衡。粮食及农业组织（粮农组织）/世界卫生组织（世卫组织）将益生菌定义为"活的微生物区系，当给予足够量时，可为宿主带来健康益处"（Florou-Paneri et al.，2013）。商业益生菌的优势菌群主要是乳杆菌属（*Lactobacillus*），已识别的种类有 100 多种，其中包括乳杆菌属、嗜酸乳杆菌、鼠李糖乳杆菌、干酪乳杆菌、保加利亚乳杆菌、雷特氏乳杆菌、瑞士乳杆菌和德布鲁克乳杆菌。乳杆菌通常认为是安全的（GRAS）生物（Argyri et al.，2013）。发酵食品含有 $10^{6} \sim 10^{7}$ CFU/g（益生菌计数）的种群，并确定能达到治疗量（da Cruz et al.，2009）。酸奶已经证明是一种很好的载体，特别是当它含有益生菌菌群的时候。益生菌菌群对环境压力非常敏感，包括氧气、温度和酸度。近年来，衍生益生菌疗法/药物旨在治疗和预防人类疾病（Veena et al.，2010）。此外，益生菌群还调节多种功能和生理活动，包括刺激免疫反应、产生抗菌物质和对抗有害微生物。益生菌菌群抑制食源性病原体如弯曲杆菌和沙门氏菌，并有助于改善消费者的表现和健康状况（Sanders，2009）。

发酵剂

"发酵剂培养"是将微生物制剂引入原料/底物以提高成品发酵产品和食品质量（Vijayendra 和 Halami，2015；Daragh et al.，2017）。从长远来看，LAB 一直被用作发酵剂培养物，因为可以改善发酵食品和饮料的营养、感官、技术和货架期特性（Li et al.，2006）。Panda et al.（2007 年）以富含 β-胡萝卜素的土豆为原料，利用乳酸菌进行乳酸发酵制备含乳酸菌的菜。抗噬菌体发酵剂的使用也为乳制品工业中的噬菌体污染提供了一种解决方案（Li et al.，2006）。所需的功能性发酵剂可以从野生型生物中获得，也可以通过基因工程获得，为消费者提供了更好的发酵过程控制和健康食品（Li et al.，2006）。

细菌素

细菌素是一组不同的核糖体合成的抗菌剂，主要来源于细菌和古生菌（Perez et al.，2014）。它们具有杀菌活性，用于食品保存和保健（Udhayashree et al.，2012）。细菌素通常是一种阳离子多肽/蛋白类毒素，具有两亲性，作用于相似或密切相关菌株的细菌膜上（Rajaram et al.，2010）。最近，来自 LAB 的细菌素引起了研究人员的好奇，因为它是一种重要的、潜在的抗生素，用于控制一些病原体和食品腐败生物（Abdhul et al.，2015）。例如，乳球菌乳酸亚种产生的乳链菌素（细菌素）。乳制品中的乳酸已被广泛研究，并已被批准用作食品防腐剂，因为其对食物中毒和非食源性菌株有抑制作用（Udompijitkul et al.，2012）。

维生素

维生素是对所有生物新陈代谢至关重要的微量营养素（Capozzi et al.，2012）。它们对多细胞生物的正常生长和发育是必不可少的，并与细胞新陈代谢和细胞呼吸等几项必要功能混合在一起。人类不能合成大部分维生素，必须从其他来源/饮食中获得。然而，一些肠道菌群/细菌（如 LAB），在奶酪、酸奶和其他发酵食品的生产/发酵过程中形成维生素［如钴胺（或维生素 B_{12}）、醌（维生素 K_2）、维生素 B_2

和维生素 B_1]（LeBlanc et al.，2013）。LAB 产生的维生素有很大的不同，是一种特定的物种或具有依赖于菌株的特性（Turroni et al.，2014）。例如，高水平的 B 族维生素如叶酸和维生素 B_2，是由双歧杆菌产生的（LeBlanc et al.，2013）。许多重要的工业 LAB 如乳酸杆菌和嗜热链球菌，都能合成叶酸（或维生素 B_{11}）（Arena et al.，2014）。

酶

发酵食品中的微生物发酵/微生物产生酶，将复杂的化合物分解成简单的生物分子。几种酶（芽孢杆菌属）如淀粉酶、纤维素酶、过氧化氢酶等负责发酵食品的生产。LAB 产生的酶特别是淀粉酶，用于制作酸面团面包并改善其质地和感官特性（Katina et al.，2006）。由乳酸菌亚种产生的某些肽可以改善奶酪的感官品质。酶在葡萄酒酿造中也起着重要作用。此外，淀粉类作物，如红薯，在酿酒过程中需要糖化/酶处理将淀粉转化为糖（Ray et al.，2012；Panda et al.，2015）。葡萄的酒精发酵主要来自 LAB 产生酶的活性作用。

生物活性肽

从发酵食品中提取的生物活性肽对人体的生理作用超出其营养价值（Udenigwe 和 Aluko，2012）。各种发酵乳制品如开菲尔（Quirós et al.，2005）、马奶酒（Chen et al.，2010）、酸奶（Papadimitriou et al.，2007）、发酵骆驼奶（Moslehishad et al.，2013）、发酵鱼产品（Harnedy 和 Fitzgerald，2012）可形成活性多肽，对健康有益（Udenigwe 和 Aluko，2012）。在奶酪成熟和牛奶发酵过程中，益生菌如德氏乳杆菌和嗜热链球菌，参与蛋白质产生生物活性肽和氨基酸，对健康有好处（Erdmann et al.，2008）。例如，在发展中国家和发达国家，高血压是一种发病率较高的疾病。最近，人们对可以降低高血压患者血压的活性肽产生了极大的兴趣（Fitzgerald et al.，2004；Udenigwe 和 Aluko，2012）。

胞外多糖（EPS）

许多 LAB 可以生产称为 EPS 的长链糖聚合物，用作天然增稠剂并使产品（发酵食品）具有合适的黏度（Patel et al.，2014）。生产 EPS 的 LAB 与酸奶、奶酪、酸奶油和其他培养的乳制品有关（Patel et al.，2014）。据称 EPS 对消费者的健康有有益的生理作用。EPS 的存在促进了益生菌在胃肠道中的增殖（Smith et al.，2017）。

发酵食品的营养成分及其对人体健康的影响

发酵食品和饮料可以通过丰富蛋白质、氨基酸、必需脂肪酸和维生素含量来增强人体营养。发酵食品可预防和治疗某些对人体健康安全的疾病（表3.1）。下面介绍一些已经获得专利的发酵食品。

表 3.1　不同的发酵食品及其健康益处

发酵食品/功能食品	微生物	健康益处	参考文献
功能面包	*Lactobacillus lacti* subsp. ; *cremoris* strain NZ9000	维生素 B$_2$/核黄素	Burgess 等（2004）
面包和面食	*L. plantarum*	维生素 B$_2$/核黄素	Capozzi 等（2011）
酸面包	*Weissella cibaria*；*Leuconostoc citreum*	预防腹腔疾病	Corona 等（2016）
乳制品和非乳制品	*L. plantarum* 86；*W. cibaria* 142/92；*P. parvulus* AI1	抗菌活性	Patel 等（2014）
酸奶	*Lactobacillus delbrueckii* subsp. *bulgaricus* γ10. 13；*Streptococcus thermophilus* γ10. 7	降低心血管疾病和高血压的风险	Papadimitriou 等（2007）
发酵乳粉	*Lactobacillus helveticus*	降低升高的血压	Aihara 等（2005）

奶制品

有许多发酵制品具有未描述的微生物区系，已使用基于序列的分析对人类健康有用的微生物区系进行了表征。这些发酵乳制品有 Matsoni（亚美尼亚原产）和 Kule Naoto（肯尼亚原产）（Bokulich et al.，2015）。市场上销售的一种名为 Shubat（哈萨克原产）的益生菌发酵骆驼奶目前已被证明可以改善某些 2 型糖尿病大鼠的降糖活性（Manaer et al.，2015）。另一种发酵牛奶饮料（Raabadi）也被研究出具有低胆甾醇活性，含有大量益生乳酸菌（Yadav et al.，2016）。重要的是安全使用已知的发酵剂培养物以获得有益于健康的产品。在肯尼亚，牛奶在牛奶场发酵，最终产物是乙醇和乙醛，这两种物质是食道癌的病因。

茶

茶的发酵是使用各种益生菌来减少有毒的终产物如有机酸和多酚的含量。益生菌发酵积累了维生素，减少了咖啡因和单宁，增加支气管扩张的治疗价值（Wu et al.，2010）。发酵茶证明对沙门氏菌和链球菌属等病原体具有抗菌活性。Kwack 等（2011）报道了一种利用从韩国发酵食品中分离的芽孢杆菌制备发酵茶的新方法，声称具有改善风味、安全性和营养价值作用。

大米和酱油

如今，大多数素食者更喜欢发酵的主食作为乳制品的替代食物来源，特别是对于乳糖不耐受的人。这些需求可以通过大豆和大米等广泛种植的主食来满足。由于最重要的光化学物质异黄酮的存在，这些粮食作物为人类提供了健康益处可能包括减少与年龄和激素相关的疾病。当大豆发酵时，异黄酮糖苷前体染料木素和大豆苷元发生化学转化并分别转化为活性异黄酮染料木素和大豆黄素（Borrsen et al.，2012）。Nair（2011）对两种常见发酵产品 HAELAN951® 和 SoyLac™的加工过程进行了概述。健康益处从营养不良和情绪相关疾病，到代谢综合征和慢性病，不一而足。发酵大豆提取物是一种健康产品包括乳杆菌菌株和酵母菌（Borjab，2006）。发酵大豆提取物研究为了解其在预防和/或治疗炎症性疾病（如癌症、感染、自身免疫和哮喘）方面的效用提供了保证。其他以植物为基础的产品如发酵大米和米糠，已证明可以预防/治疗疾病。大米经红曲霉和红酵母发酵后，其营养成分包括不饱和脂肪酸、甾醇、维生素 B 复合体和具有抗氧化特性的抑制剂。

研究也显示/证明了胆固醇、Ⅱ 型糖尿病、心血管疾病的治疗及癌症的预防。Zhang 等（2000）开发了红曲大米的方法和组合物，将其用作膳食补充剂，改善血脂饮食组合。需要对红曲米的生物利用度和临床结果进行进一步研究，以提供关于改善人类健康的具体结论。在中国，食用红曲米已经有几个世纪的历史了，红曲是另一种发酵大米产品，用于增香和医疗。在现代，用来预防重大疾病如心血管疾病、癌症和阿尔茨海默氏症。另外还有一个好消息，就是没有明显的副作用，副作用是目前用于治疗年龄相关疾病的药物的主要担忧。

米蕈是以膳食纤维成分水溶性米糠为主要原料开发的米糠功能食品，与免疫调节有关，认为可以提高健康和生活质量。在布氏酵母发酵的米糠中发现了具有生物活性的代谢物。对米糠作用的新证据显示了在发酵存在和不存在的情况下的光化学多样性，可能会讨论其抗病活性（Ghoneum 和 Maeda，1996）。

可可发酵

分析食品化学和分子生物学中的证据表明，加工的可可豆和可可制品可能含有一些微生物和真菌来源的化合物，对人体健康非常有益（Ivan 和 Yuriy，2016）。一个新的名字"COCOBIOTA"，已经在发酵技术领域打开了大门。COCOBIOTA 是可可豆采后自然发酵的真菌和细菌的特定单位，通过可可粉和黑巧克力中存在的各种真菌-细菌来源的初级和次级代谢物对健康产生一定的影响。过量的可可豆发酵和微生物过度生长会减少抗氧化剂和黄烷醇/多酚的含量，需要进一步研究开发可可豆的受控发酵工艺以防止精华（黄烷醇/多酚/抗氧化剂）的损失。醋酸菌产生的脂多糖（LPS）具有免疫调节活性，影响肿瘤坏死因子和一氧化氮（NO）的产生。同样，LAB 显示出降低胆固醇和显著的抗真菌活性，并促进短链脂肪酸的形成。

在可可发酵过程中，LAB 会产生甘露醇，可以改变肠道微生物区系。Petyaev 等（2014）表明不同商业品牌的巧克力，含有各种具有众所周知生物活性的细菌代谢物。这些代谢物添加了完整的 LPS 及其片段、丙酸和丁酸，以及两种调节线粒体氧化的短链脂肪酸。最近的研究表明，桔青霉是发酵可可豆中发现的一种主要真菌，能产生新的耐热生物碱和青霉碱-A，具有显著的抗肿瘤和抗转移活性。曲霉家族合成大量的洛伐他汀，是一种有效的胆固醇生物合成抑制剂。事实表明新发现的真菌代谢物在一定程度上发挥了许多科学家已经揭示的可可粉、黑巧克力的抗肿瘤、抗动脉粥样硬化和抗菌特性。

天然益处和疗效

发酵食品可以预防西方疾病的发展包括糖尿病、心血管疾病、结肠癌和肥胖症（Owsus-Kwarteng et al.，2015）。从那时起，对纤维的定义和发酵食品消费的健康益处的研究一直在进行。

对胃肠道疾病和失眠的保护

除了牛奶中用于酸化的乳酸外，酸奶的酸度及其乳糖含量也有重要的疗效（Sawada et al.，1990）。凝乳对那些患有胃肠道疾病的患者非常有益，包括慢性便秘和腹泻（Beniwal et al.，2003）。凝乳还通过模拟盐酸（HCl）、胃蛋白酶和肾素的分泌来减少胃干燥和胃气（Gillland，1990）。在结肠炎、胃溃疡和痢疾的情况下使用酪乳，并已经取得了有益的结果（Danone，2001）。失眠症患者应该服用大量的凝乳，并在头上按摩，会有益睡眠（Parvez et al.，2006）。

预防早衰、肝炎和黄疸

凝乳一直认为与长寿有关。在日常饮食中摄入足够的凝乳可以防止过早衰老

（Danone，2001）。氨（NH_3）过量释放是肝炎昏迷的主要原因之一，适度使用凝乳可以避免这种情况的发生。凝乳中的乳酸对 NH_3 的形成起到了抑制作用（Solga，2003）。

防止皮肤病

使用奶油牛奶形式的凝乳在治疗牛皮癣和湿疹等顽固性皮肤病方面非常有益（Isolauri et al.，2000）。使用酪乳敷料后，强烈的皮肤刺激性通常很快就会消失（Mc Farland，2000；Isolauri，2004）。它主要的好处是作为钙、维生素和矿物质的良好来源，对降低胆固醇和间接减少饮食中的饱和脂肪非常重要（Ouwehandd et al.，2002）。它还有助于根除动物的阴道感染、结肠癌和动物肿瘤，就像在大鼠身上所做的研究（Marteau et al.，2001；Sanders 和 Klaenhammer，2001）。

预防腹腔疾病

乳糜泻（CD）是人体对小麦的部分醇溶蛋白、黑麦醇溶蛋白、大麦醇溶蛋白和燕麦醇溶蛋白的反应（Murray，1999）。CD 只能通过服用"无麸质"食物或完全避免麸质摄入来治疗（Pruska-Kędzior et al.，2008）。"酸面团面包"是一种替代品，被证明可以改善全谷物和富含纤维的产品的质地和适口性，并可以稳定或提高被认为是"无麸质"食品中生物活性化合物的水平（Rizzello et al.，2010；Gobbetti et al.，2014；Behera 和 Ray 2015）。

预防高血压和心脏病

大多数发酵食品证明是抗高血压的，并通过动物模型和临床试验进行了验证（Chen et al.，2009）。含有三肽的奶制品（如 Ile-Pro-Pro 和 Val-Pro-Pro）是降低血压的最佳例子，已在临床试验中得到证实（Jauhiainen et al.，2010）。食用发酵大豆食品、开菲尔、卡尔皮和日本发酵酸奶已显示出降压效果。

预防癌症

在过去的几十年里，癌症已经成为一个严重的全球健康问题。有几个流行病学证据支持益生菌对癌症的保护作用。含有益生菌培养物的发酵乳/乳制品具有预防结直肠癌（CRC）的作用（Saikali et al.，2004）。这些效应归因于诱变活性的抑制和与致癌物、诱变剂或肿瘤促进剂的产生有关的几种酶的减少（Kumar et al.，2010）。然而，发酵乳/乳制品具有抗突变特性的证据并不是决定性的，还需要更多的进一步研究来确立这一概念。

预防糖尿病

发酵食品含有膳食纤维，纤维摄入量与肥胖症和糖尿病的发病率较低有关。含有益生菌（即嗜酸乳杆菌和干酪乳杆菌）的低脂（2%～5%）达希酸奶的补充饮食可广泛延缓高血糖、糖耐量低减、高胰岛素血症、血脂异常和氧化应激，表明患糖尿病及其并发症的风险较低（Yadav et al.，2007）。

缓解乳糖吸收不良

发酵食品是使用益生菌乳酸菌加工的，是对牛奶蛋白不耐受或过敏的消费者的替代品（Nychas et al.，2002）。

发酵食品健康风险

发酵食品中高水平（>100mg/kg）的生物胺（BA）（例如组胺和酪胺）可能对人类健康产生不利影响（Behera 和 Ray，2016；Tamang et al.，2016）。生物胺是由微生物对其前体氨基酸进行脱羧反应或通过醛酮转氨基反应形成的低分子量有机化合物（Tamang et al.，2016），存在于一些发酵食品中如酸菜、鱼制品、奶酪、葡萄酒、啤酒、干香肠等（Zhai et al.，2012）。

发酵食品安全性

在发酵食品的安全性方面，研究人员认为发酵通过抑制病原菌的生长、毒素的降解、提高食品原料的保质期和消化率来提高食品安全。LAB 的防腐性通过营养竞争和细菌抑制来阻止病原微生物的生长。一些抑制剂包括过氧化氢、有机酸和细菌素。过氧化氢对大多数致病菌都有很强的氧化作用，因此乳酸和醋酸尤其能抑制革兰氏阴性细菌的生长。

数千年来，通过发酵延长食品和饮料的保质期一直是有效形式。通常食品是通过自然发酵来保存的。现在大规模生产通常使用不同的菌种发酵剂系统，以确保最终产品的一致性和质量（图3.1）。Ross 等（2002）研究了 LAB 在发酵食品的广泛应用和品质改良方面的应用。LAB 产生范围广泛的具有侵略性的初级和次级代谢物，如有机酸、双乙酰、二氧化碳，以及由乳杆菌产生的抗生素如瑞特环素。此外，LAB 成员还能产生种类繁多的细菌素，很少有细菌素对食源性致病菌有作用，如单核细胞增生李斯特菌和肉毒梭菌。事实上，细菌素乳酸菌链球肽正作为一种有用的生物防腐剂用于一些乳制品中。最近发现的一些细菌素如乳酸菌素 3147，在许多食品应用中显示出越来越大的应用前景。这种天然产生的化合物在延长各种发酵食品的保质期和提高安全性方面具有巨大的潜力。

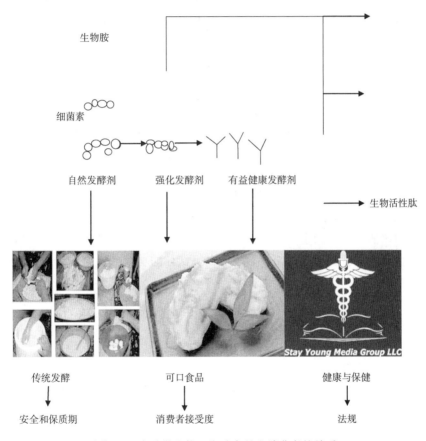

图 3.1　发酵微生物、发酵产品和消费者的关系

微生物的作用会产生一系列代谢物，会抑制食品中不需要的微生物群的生长，加速发酵过程。无论是发展中国家还是工业化国家都越来越多地意识到发酵食品对健康的好处，对这些食品在现代生活中的重要性与日俱增，不仅是为了保存和安全，也是因为优良的感官特性。

发酵可能是减少食品细菌污染的有效策略。这种保存方法有助于减少腹泻疾病。发酵技术既可以生产食品，也可以保存食品，是一种非常经济和低成本的技术。Bomenweg 和 Wageningen（1994）提交了一份关于发酵食品与新鲜或替代加工食品相关的风险因素的评估报告。食用新鲜奶酪、香肠、发酵鱼和发酵谷类食品会引起微生物食源性感染。微生物食品中毒的发生是由于原料中的霉菌毒素污染、细菌毒素产生或真菌接种剂可能产生的霉菌毒素，这是另一个危险因素。此外，发酵副产物还会产生氨基甲酸酯和生物胺类化合物。从食品加工的角度来看，食品工业面临着各种各样的挑战，比如使用受污染的原材料、缺乏巴氏杀菌及使用控制不善的自然发酵。如果发酵剂不够理想、储存不足及在没有事先烹调成熟的情况下食用，可能会降低发酵食品的安全性。除了确保适当的加工条件外，开发具有抗病原微生物和降解有毒物质能力的无毒发酵剂还需继续关注。

结论与展望

由于一些有益健康的微生物存在，几乎所有的发酵食品和饮料对健康有好处。创新过程通常涉及客户需求。从客户需求来看，企业需要大力实施传统工艺中涉及的所有工业步骤，并对现有发酵技术方案进行调整，优化所有阶段的质量和工艺一致性，从而扩大生产规模。对发酵食品的测试参数进行实验室分析（如有机酸和典型的香气化合物），对于保持安全、质量和消费者的可接受性是必不可少的。而且，感官属性的评估有助于确定可能吸引客户的一些重要属性。此外，必须鼓励对临床实验和动物健康进行验证，以便具有经过良好认证的功能性微生物群的新发酵食品进入国际食品市场。

参考文献

Abdhul K, Ganesh M, Shanmughapriya S, Vanithamani S, Kanagavel M, Anbarasu K et al(2015) Bacteriocinogenic potential of a probiotic strain Bacillus coagulans［BDU3］from Ngari. Int J Biol Macromol 79:800-806.

Aihara K, Kajimoto O, Hirata H, Takahashi R et al(2005) Effect of powdered fermented milk with Lactobacillus helveticus on subjects with high-normal blood pressure or mild hypertension. J American Coll Nutr 24(4):257-265.

Arena MP, Russo P, Capozzi V, López P, Fiocco D et al(2014) Probiotic abilities of riboflavin-overproducing Lactobacillus strains: a novel promising application of probiotics. Appl Microbiol Biotechnol 98 (17):7569.

Argyri AA, Zoumpopoulou G, Karatzas KA, Tsakalidou E et al(2013) Selection of potential probiotic lactic acid bacteria from fermented olives by in vitro tests. Food Microbiol 33(2):282-291.

Behera SS,Ray RC(2015)Sourdough bread. In: Rosell CM,Bajerska J,El Sheikha AF(eds)Bread fortification for nutrition and health. CRC Press,Boca Raton,pp 53−67.

Behera SS,Ray RC(2016)Microbial linamarase in cassava fermentation. In: Ray RC, Rossell CM (eds.)Microbial enzyme technology,ISBN 978−1−4987−4983−1.

Beniwal RS,Arena VC,Thomas L,Narla S,Imperiale TF et al(2003)A randomized trial of yoghurt for prevention of antibiotic-associated diarrhoea. Dig Dis Sci 48(10):2077−2082.

Bokulich NA,Amiranashvill L,Chitchyan K et al(2015)Microbial biogeography of the transnational fermented milk matsoni. Food Microbiol 50:12−19.

Bomenweg HD,Wageningen IN(1994)The Netherlands fermented foods and food safety. Food Res Int 21:291−298.

Borjab GS(2006)Lactobacillus delbrueckii sp. Bulgaricus strain and composition. US7901925.

Borrsen EC,Henderson AJ,Kumar A et al(2012)Fermented foods: patented approaches and formulations for nutrition supplementation and health promotion. Recent Pat Food Agric 4(2):134−140.

Burgess C,O'Connell-Motherway M,Sybesma W et al(2004)Riboflavin production in Lactococcus lactis: potential for in situ production of vitamin-enriched foods. Appl Environ Microbiol 70(10): 5769−5777.

Capozzi V,Menga V,Digesu AM,De Vita P,van Sinderen D et al(2011)Biotechnological production of vitamin B2-enriched bread and pasta. J Agric Food Chem 59(14):8013−8020.

Capozzi V,Russo P,Dueñas MT et al(2012)Lactic acid bacteria producing B-group vitamins: a great potential for functional cereals products. Appl Microbiol Biotechnol 96:1383−1394.

Chen ZY,Peng C,Jiao R,Wong YM et al(2009)Anti-hypertensive nutraceuticals and functional foods. J Agric Food Chem 57(11):4485−4499.

Chen Y,Wang Z,Chen X,Liu Y,Zhang H,Sun T(2010)Identification of angiotensin I-converting enzyme inhibitory peptides from koumiss,a traditional fermented mare's milk. J Dairy Sci 93(3):884−892.

Corona O,Alfonzo A,Ventimiglia G,Nasca A et al(2016)Industrial application of selected lactic acid bacteria isolated from local semolinas for typical sourdough bread production. Food.

Microbiol 31(59):43−56 da Cruz AG,Buriti FC,de Souza CH et al(2009)Probiotic cheese: hetealth benefits,technological and stability aspects. Trends Food Sci Technol 20(8):344−354.

Danone SA(2001)Fermented foods and healthy digestive functions. Danone Publications, John Libbey,Eurotext,France.

Daragh H,Ivan S,Elke A et al(2017)Recent advances in fermentation for dairy and health. F1000 Res 6:751.

Erdmann K,Cheung BW,Schröder H(2008)The possible roles of food-derived bioactive peptides in reducing the risk of cardiovascular disease. J Nutr Biochem 19(10):643−654.

FitzGerald RJ,Murray BA,Walsh DJ(2004)Hypotensive peptides from milk proteins. J Nutr 134(4): 980−988.

Florou-Paneri P,Christaki E,Bonos E(2013)Lactic acid bacteria as source of functional ingredients. In: Lactic acid bacteria-R & D for food,health and livestock purposes. InTech.

German JB, Gibson RA, Krauss RM, Nestel P, Lamarche B, Van Staveren WA(2009) A reappraisal of the impact of dairy foods and milk fat on cardiovascular disease risk. Eur J Nutr 48(4):191-203.

Ghoneum MH, Maeda H(1996) Immunopotentiator and method of manufacturing the same. 5560914.

Gilliland SE(1990) Health and nutritional benefits from lactic acid bacteria. FEMS Microbiol Lett 87 (1-2):175-188.

Gobbetti M, Rizzello CG, Di Cagno R et al (2014) How the sourdough may affect the functional features of leavened baked goods. Food Microbiol 37:30-40.

Harnedy PA, FitzGerald RJ(2012) Bioactive peptides from marine processing waste and shellfish: a review. J Funct Foods 4(1):6-24.

Isolauri E(2004) Dietary modification of atopic disease: use of probiotics in the prevention of atopic dermatitis. Curr Allergy Asthma Rep 4:270-275.

Isolauri E, Arvola T, Sutas Y et al(2000) Probiotics in the management of atopic eczema. Clin Exp Allergy 30:1604-1610.

Ivan MP, Yuriy KB(2016) Cocobiota: implications for human health. J Nutr Metab 2016:7906927.

Jauhiainen T, Rönnback M, Vapaatalo H, Wuolle K et al(2010) Long-term intervention with Lactobacillus helveticus fermented milk reduces augmentation index in hypertensive subjects. Eur J Clin Nutr 64 (4):424-431.

Katina K, Salmenkallio-Marttila M, Partanen R et al(2006) Effects of sourdough and enzymes on staling of high-fibre wheat bread. LWT Food Sci Technol 39(5):479-491.

Kumar M, Kumar A, Nagpal R, Mohania D, Behare P et al(2010) Cancer-preventing attributes of probiotics: an update. Int J Food Sci Nutr 61(5):473-496.

Kwack I, Lee B, Oh Y et al(2011) Method for preparing fermented tea using Bacillus sp. Strains(as Amended) US201 10250315A.

LeBlanc JG, Milani C, de Giori GS, Sesma F et al(2013) Bacteria as vitamin suppliers to their host: a gut microbiota perspective. Curr Opin Biotechnol 24(2):160-168.

Li YL, Lu X, Chen XH et al(2006) Lactic acid bacteria as functional starter cultures for the food fermentation industry. Zhonggue Rupin Gongye 34(1):35.

Liu SN, Han Y, Zhou ZJ(2011) Lactic acid bacteria in traditional fermented Chinese foods. Food Res Int 44(3):643-651.

Manaer T, Yu L, Zhang Y et al(2015) Anti-diabetic effects of shubat in type 2 diabetic rats induced by combination of high-glucose-fat diet and low-dose streptozotocin. J Ethnopharmcol 169:269-274.

Marteau P, de Vrese M, Cellier CJ et al(2001) Protection from gastrointestinal diseases with the use of probiotics. Am J Clinic Nutri 73:430-436.

Mc Farland LV (2000) Beneficial microbes: health or hazard. Eur J Gastroenterol Hepatol 12: 1069-1071.

Moslehishad M, Ehsani MR, Salami M, Mirdamadi S et al(2013) The comparative assessment of ACE-inhibitory and antioxidant activities of peptide fractions obtained from fermented camel and bovine milk by Lactobacillus rhamnosus PTCC 1637. Int Dairy J 29(2):82-87.

Murray JA(1999)The widening spectrum of celiac disease. American J Clin Nut 69(3):354-353 Nair V(2011)Fermented soy nutritional supplements including mushroom components. US20110206721A1.

Nychas GJE,Panagou EZ,Parker ML et al(2002)Microbial colonization of naturally black olives during fermentation and associated biochemical activities in the cover brine. Lett Appl Microbiol 34:173-177.

Ouwehand AC,Salminen S,Isolauri E(2002)Probiotics:an overview of beneficial effects Antonie Van Leeuwenhoek. Int J Gen Mole Biol 82:279-289.

Owsus-Kwarteng J,Tano-Debrah K,Akabanda F et al(2015)Technological properties and probiotic potential of Lactobacillus fermentum strains isolated from West African fermented millet dough. BMC Microbiol 15:261.

Panda SH,Parmanick M,Ray RC(2007)Lactic acid fermentation of sweet potato(Ipomoea batatas L.)into pickles. J Food Process Preserv 31(1):83-101.

Panda SH,Naskar SK,Sivakumar PS et al(2009)Lactic acid fermentation of anthocyanin-rich sweet potato(Ipomoea batatas L.)into lacto-juice. Int J Food Sci Technol 44(2):288-296.

Panda SK,Panda SH,Swain MR,Ray RC,Kayitesi E(2015)Anthocyanin rich sweet potato(*Ipomoea batatas* L.)beer:technology,biochemical and sensory evaluation. J Food Process Preserv 39(6):3040-3049.

Papadimitriou CG,Vafopoulou-Mastrojiannaki A,Silva SV,Gomes AM,Malcata FX,Alichanidis E(2007)Identification of peptides in traditional and probiotic sheep milk yoghurt with angiotensin I-converting enzyme(ACE)-inhibitory activity. Food Chem 105(2):647-656.

Parvez S,Malik KA,Ah Kang S et al(2006)Probiotics and their fermented food products are beneficial for health. J Appl Microbiol 100(6):1171-1185.

Patel A,Prajapati JB,Holst O et al(2014)Determining probiotic potential of exopolysaccharide producing lactic acid bacteria isolated from vegetables and traditional Indian fermented food products. Food Biosci 5:27-33.

Perez RH,Zendo T,Sonomoto K(2014)Novel bacteriocins from lactic acid bacteria(LAB):various structures and applications. Microb Cell Factories 13(1):3.

Petyaev IM,Dovgalevsky PY,Chalyk NE et al(2014)Reduction in blood pressure and serum lipids by lycosome formulation of dark chocolate and lycopene in prehypertension. Food Sci NutrI 2(6):744-750.

Praagman J,Dalmeijer GW,van der Schouw YT,Soedamah-Muthu SS et al(2015)The relationship between fermented food intake and mortality risk in the European Prospective Investigation into Cancer and Nutrition-Netherlands cohort. British J Nutr 113(3):498-506.

Pruska-Kędzior A,Kędzior Z,Gorcy M,Pietrowska K et al(2008)Comparison of rheological,fermentative and baking properties of gluten-free dough formulations. Eur Food Res Technol 227(5):1523-1536.

Quirós A,Hernández-Ledesma B,Ramos M et al(2005)Angiotensin-converting enzyme inhibitory activity of peptides derived from caprine kefir. J Dairy Sci 88(10):3480-3487.

Rajaram G,Manivasagan P,Thilagavathi B,Saravanakumar A(2010)Purification and characterization of a bacteriocin produced by Lactobacillus lactis isolated from marine environment. Adv J Food Sci Technol

2(2):138−144.

Ray B, Bhunia A (2008) Fundamental food microbiology, 4th edn. CRC Press, Boca Raton, pp 165−168.

Ray RC, Panda SK, Swain MR et al(2012) Proximate composition and sensory evaluation of anthocyanin-rich purple sweet potato(Ipomoea batatas L.) wine. Int J Food Sci Technol 47(3):452−458.

Rizzello CG, Nionelli L, Coda R et al (2010) Effect of sourdough fermentation on stabilisation, and chemical and nutritional characteristics of wheat germ. Food Chem 119(3):1079−1089.

Roberfroid M, Gibson GR, Hoyles L, McCartney AL, Rastall R et al (2010) Prebiotic effects: metabolic and health benefits. British J Nutr 104(2):1−63.

Ross RP, Morgan S, Hill C (2002) Preservation an fermentation: past, present, future. Int J Food Microbiol 79:3−16.

Saikali J, Picard C, Freitas M et al(2004) Fermented milks, probiotic cultures, and colon cancer. Nutr Cancer 49(1):14−24.

Sanders ME(2009) How do we know when something called "probiotic" is really a probiotic? A guideline for consumers and health care professionals. Funct Food Rev 1:3−12.

Sanders ME, Klaenhammer TR(2001) Invited review: the scientific basis of Lactobacillus acidophilus NCFM functionality as a probiotic. J Dairy Sci 84:319−331.

Sawada H, Furushiro M, Hiral K et al(1990) Purification and characterization of an anthlhypertensive compound from Lactobacillus casei. Agric Biol Chem 54:3211−3219.

Slavin J(2013) Fiber and prebiotics: mechanisms and health benefits. Nutrition 5(4):1417−1435.

Slavin JL, Lloyd B (2012) Health benefits of fruits and vegetables. Adv Nutr Int Rev J 3(4):506−516.

Smith EE, Gui-Cheng H, John OI et al(2017) Some current applications, limitations and future perspectives of lactic acid bacteria as probiotics. Food Nutr Res 61:1318034.

Solga SF(2003) Probiotics can treat hepatic encephalopathy. Med Hypotheses 61:307−313.

Swain MK, Marimuthu A, Ray CR et al(2014) Fermented fruits and vegetables of Asia: a potential source of probiotics. Biotechnol Res Int 2014:250424.

Tamang JP, Shin DH, Jung SJ et al (2016) Functional properties of microorganisms in fermented foods. Front Microbiol 7:578.

Turroni F, Ventura M, Buttó LF, Duranti S et al(2014) Molecular dialogue between the human gut microbiota and the host: a Lactobacillus and Bifidobacterium perspective. Cell Mol Life Sci 71(2):183.

Udenigwe CC, Aluko RE(2012) Food protein-derived bioactive peptides: production, processing, and potential health benefits. J Food Sci 77(1):11−24.

Udhayashree N, Senbagam D, Senthilkumar B et al(2012) Production of bacteriocin and their application in food products. Asian Pac J Trop Biomed 2(1):406−410.

Udompijitkul P, Paredes-Sabja D, Sarker MR(2012) Inhibitory effects of nisin against Clostridium perfringens food poisoning nonfood-borne isolates. J Food Sci 77(1):51−56.

Veena V, Shriner KA et al (2010) Regulatory oversight and safety of probiotic use. Emerg Infect Dis

16(11):1661-1665.

Vijayendra SVN,Halami PM(2015)Health benefits of fermented vegetable products. Health benefits of fermented foods and beverages. CRC Press/Taylor & Francis Group,Boca Raton,pp 325-342.

Wu YY,Ding L,Xia HL et al(2010)Analysis of the major chemical compositions in Fuzhuan brick tea and its effect on activities of pancreatic enzymes in vitro. Afr Biotechnol 9(40):6748-6754.

Yadav H,Jain S,Sinha PR(2007)Antidiabetic effect of probiotic dahi containing Lactobacillus acidophilus and Lactobacillus casei in high fructose fed rats. Nutrition 23(1):62-68.

Yadav R,Puniya AK,Shukla P(2016)Probiotic properties of *Lactobacillus plantarum* RYPR1 from an indigenous fermented beverage Raabadi. Front Microbiol 2(7):1683.

Zhai H,Yang X,Li L et al(2012)Biogenic amines in commercial fish and fish products sold in southern China. Food Control 3:190-193.

Zhang M,Peng C,Zhou Y(2000)Methods and compositions employing red rice fermentation products. US60460220.

第4章 新型食品发酵技术的研究进展

摘 要 发酵作为食品加工的重要程度和重点方面的相关性怎么强调都不为过，因为它增强了有益成分并确保安全性。发酵技术不断发展，有效应对与传统食品发酵过程相关的挑战。多年来，齐心协力、深入的科学研究和现代精密设备的出现解决了这些挑战，并开发了食品发酵的新方法，从而促进了新型食品的交付。基于创新性、成本削减措施、利润、对工艺改进、更高产量和优质产品的可理解愿望，行业参与者之间的竞争力进一步推动了这些进步。本章介绍了可以改进食品发酵过程的重大进步和技术应用，适用于提供更好、更安全和更具成本效益的食品。

关键词 发酵；混合培养；碳水化合物；新加工技术；食品代谢组学；纳米技术

前言

在过去的几年里，开发粮食生产的适当技术的责任和紧迫性不断增加。虽然传统的食品加工技术在传统饮食的配方中仍然发挥着重要作用，但消费者对高质量、营养和安全产品的需求不断增加，促使该行业寻求改进工艺。发酵仍然是一种由来已久的食品加工技术，甚至在了解相关的潜在过程之前就已经实践。这一过程中涉及的技术和相关知识通常代代相传，随后在当地社区内传承（Adebo et al.，2017a）。

最近，对发酵食品作为功能性食品的潜在来源的需求有所增加（Adebo et al.，2017a，b；Adebiyi et al.，2018）。为了满足消费者的需求，必须用先进的发酵技术来改进传统的技术，以确保所需的发酵食品具有持续更好的质量、感官属性和营养效益。因此，本章概述了用于交付新型食品的发酵技术的现状、潜在的发展和进步。涉及的方面包括使用多菌种发酵剂进行发酵、新的发酵工艺、用于改进工艺的碳水化合物，以及有助于促进新型发酵食品开发的其他技术应用。

混合微生物发酵

虽然大多数本土发酵过程仍然在很大程度上依赖于不受控制的发酵技术（自发发酵和回流发酵），但使用发酵剂培养物（酵母、细菌和真菌）是可取的，以确保一致性、保持卫生、提高质量、保证恒定的感官质量和成分。随着消费者对具有更强有益特性的产品需求的增加，发酵行业正在不断探索选择、开发和使用这些发酵剂的方法以改进工艺。用于发酵剂培养选择的一般顺序如图 4.1 所示。然而商业发酵剂不一定是以这种方式选择的，而是基于快速酸化和抗噬菌体能力（Leroy 和 De

Vuyst，2004）。

　　发酵剂培养可区分为单菌株（一个物种的一个菌株）、多个菌株（单个物种的多个菌株）或多个菌株的混合培养（来自不同物种的菌株）（Mäyrä-Mäkinen 和 Bigret，1998；Bader et al.，2010）。虽然使用单菌种培养已经成为标准，并用于许多食品，但使用多菌种和混合菌种已经显示出不同于单菌种使用的优势。据报道，与不同的微生物相比，单一菌种发酵食品的独特性、性质和特性的丧失面临挑战（Caplice 和 Fitzgerald，1999），这归因于食品中有限的微生物区系。因此，考虑到发酵食品是通过不同微生物的竞争作用和由此自然产生的不同代谢途径，建议使用多重培养。不同代谢途径协同利用的潜力，多种生物转化，提高产量，更好的感官特性，大量理想的代谢物、酶和抗菌剂，以及丰富的生物多样性是使用混合培养的额外优势（Meyer 和 Stahl，2003；Brenner et al.，2008；Bader et al.，2010）。

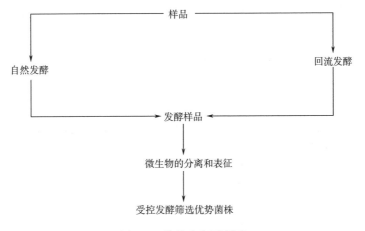

图 4.1　菌种选育原理图

　　因此，混合培养提供了更好的复杂代谢活动，并提高了对食物环境的适应能力。在这种复杂的条件下，固有底物的降解、蛋白水解、聚合和代谢是通过接种菌株的联合代谢活动进行的。表 4.1 总结了混合培养在新型食品发酵和交付中的应用实例。因此，通过改善交流、代谢物的交换、分子信号的交换、组合任务之间的分工，可以体验到更好的通用性和稳健性（Meyer 和 Stahl，2003；Brenner et al.，2008；Bader et al.，2010）。然而，一种菌株的生长可能会被另一种微生物的活动促进或抑制，因此初级和次级代谢物的产生可能会增加或减少（Keller 和 Surette，2006；Bader et al.，2010）。尽管如此，这些培养物仍然在增加酸化、加速发酵过程，以及改善功能性、营养质量和促进健康的成分方面发挥着潜在的作用。

　　同样重要的还有胆固醇、生物胺的减少，以及 γ-氨基丁酸的产生（Ratanaburee et al.，2013；Kantachote et al.，2016），这些都是通过菌株之间互惠、寄生、竞争、偏害共栖和共生的不同互动模式引发的。通过结合和产生代谢物，酵母菌和 LAB 发酵剂也被报道可以解毒霉菌毒素（Adebo et al.，2017c）。在发酵过程中使用共培养/混合发酵剂将在很大程度上确保微生物区系的多样性，将为发酵食品提供广泛的有益成分。然而，需要深入了解多种菌株在食品系统中的作用机制，就需要在这方面进行进一步的研究。

表 4.1　混合培养物用于食品发酵

产品	原料	发酵剂	参考文献
面包	小麦粉、盐、糖和水	*S. cerevisiae*，*Torulaspora delbrueckii* and *Pichia anómala*	Wahyono 等（2016）
卡伊姆（一种南美酒精饮料）	米饭、木薯	*L. plantarum*；*Torulaspora delbrueckii*；*L. acidophilus*；*T. delbrueckii*	Freire 等（2017）
发酵牛奶	牛奶	*C. kefyr*；*L. lactis*	Mufandaedza 等（2006）
发酵花生奶	花生奶	*L. delbrueckii* ssp. *bulgaricus* *Streptococcus salivarius* ssp. *thermophilus*	Isanga 和 Zhang（2007）
发酵香肠	猪肉	*P. pentosaceus*，*L. sakei*，*S. xylosus*，*S. carnosus*；*Dabaryomyces hansenula*；*P. pentosaceus*；*S. xylosus*；*L. sakei* and *S. xylosus*	Wang 等（2015）
羊奶酪	巴氏杀菌全脂牛奶	*Lactococcus lactis*；*L. casei*；*Leuconostoc cremoris*；*L. lactis*，*L. casei*；*Enterococcus durans*；*L. lactis*，*L. casei*，*E. durans*；*Leuc. cremoris*	Litopoulou-Tzanetaki 等（1993）
功能饮料	花生豆浆	*Saccharomyces cerevisiae*；*Pediococcus acidilactici*；*S. cerevisiae*；*Lactobacillus acidophilus*；*P. acidilactici*；*L. acidophilus*；*S. cerevisiae*，*P. acidilactici*；*L. acidophilus*	Santos 等（2014）
开啡尔	牛奶	*Candida kefyr*，*Lactobacillus* sp.，*Kluyveromyces* sp.；*Saccharomyces* sp.	Lopitz-Otsoa 等（2006）
醪	酱油	*Tetragenococcus halophilus*；*Zygosaccharomyces*；*T. halophilus*；*Z. rouxii*；*T. halophilus*，*Z. rouxii*；*Meyerozyma*（*Pichia*）*guilliermondii*	Singracha 等（2017）

续表

产品	原料	发酵剂	参考文献
泰国香肠	猪肉	*P. pentosaceus and L. namurensis*	Ratanaburee 等（2013）和 Kantachote 等（2016）
益生菌饮料	谷类食品	*L. plantarum and L. acidophilus*	Rathore 等（2012）
萨拉米香肠	肉	*L. plantarum and L. curvatus*	Dicks 等（2004），Todorov 等（2007），and Bohme 等（1996）
		L. sake and Micrococcus sp.；*L. curvatus and Micrococcus* sp.；*L. sake*，*L. curvatus and Micrococcus* sp.	
酸鱼	鱼	*L. plantarum*，*Stap. xylosus* and *S. cerevisiae*；*L. plantarum*，*Stap. xylosus* and *S. cerevisiae*；*P. pentosaceus*；*Stap. xylosus* and *S. cerevisiae*	Zheng 等（2013）
中东辣香肠	肉	*Staphylococcus carnosus* and *P. pentosaceus*；*Stap. carnosus* and *L. sakei*；*Stap. carnosus*，*P. entosaceus* and *L. sakei*	Bingol 等（2014）
发酵粥	高粱	*L. harbinensis* and *P. acidilactici*；*L. reuteri* and *L. fermentum*；*L. harbinensis* and *L. coryniformis*；*L. plantarum* and *L. parabuchneri*；*L. casei* and *L. plantarum*	Sekwati-Monang 和 Gänzle（2011）
葡萄酒	葡萄浆	*S. cerevisiae* and *Starmerella bacillaris*	Tofalo 等（2016）
发酵酒精饮料	木薯	*S. cerevisiae* and *L. fermentum*；*T. delbrueckii* and *L. fermentum*；*P. caribbica* and *L. fermentum*	Freire 等（2015）

碳水化合物在发酵中的应用

碳水化合物的性质和类型影响固有的微生物和酶作用，以及随后对底物的修饰作用（Paulová et al.，2013）。多糖结构成分的复杂性导致降解菌表达大量的碳水化合物活性酶（CAZymes）（Lombard et al.，2014），专门修饰或切割特定类型的糖链（Boutard et al.，2014）。描述相互作用的模型和阐明机制、方法的研究已经在文献中记录（Lynd et al.，2002；Boutard et al.，2014；Lombard et al.，2014；Lü et al.，2017）。

特别是，发酵技术中碳水化合物的重要进展被用于采取措施改善酶对活性部位的可及性，从而提高发酵过程中底物的消化率（Taherzadeh 和 Karimi，2008；Alvira et al.，2010；Lü et al.，2017）。预处理可以使用化学方法和物理方法来完成。化学方法包括用水预处理和蒸汽爆炸，前者使底物适合于酶解和随后的发酵，后者因为高温很容易去除木质素，不过可能会损害微生物的活动（Taherzadeh 和 Karimi，2008；Thirmal 和 Dahman，2012）。常用的主要物理预处理方法是碾磨（Thirmal 和 Dahman，2012），此方法会增加碳水化合物的表面积并改善底物对发酵微生物区系的可及性（Taherzadeh 和 Karimi，2008；Thirmal 和 Dahman，2012；Lü et al.，2017）。

同样重要的是不可消化的寡糖（NDO），是低分子量碳水化合物，具有介于单糖和多糖之间的中间性质。膳食纤维是这一类的重要成员，由于其良好的血糖反应，在饮食中起到益生素的作用。用 NDO 富集发酵底物为增加肠道中的细菌数量、生物化学图谱和随后有益的生理效应提供了途径（Mussatto 和 Mancilha，2007）。NDO 可通过从天然来源、化学过程和多糖水解直接提取或利用各种碳水化合物通过酶促作用和利用二糖进行化学合成（Mussatto 和 Mancilha，2007）。因此，NDO 在益生元配方和共生产品（包含益生菌和益生寡糖）中迅速得到工业应用（Mussatto 和 Mancilha，2007）可用于不同的发酵食品以提供所需的健康益处。

新型食品发酵技术

近年来，新兴的食品发酵加工技术越来越受到人们的关注。大致分为非热过程和热过程。现有的新型非热处理工艺有高压处理（HPP）、超声辐照（US）[伽马辐照（γ辐照）、微波辐照（MI）和脉冲电场（PEF）]。热处理包括欧姆加热（OH）、射频（RF）和微波加热（MH）。前者可加速化学反应（氧化、聚合、缩合、酯化）和发酵，用于监测发酵和巴氏杀菌；后者可用于延长货架期，灭活病原菌和有害微生物，提高代谢活性和酶的产量，缩短发酵过程。这些技术最近得到了广泛的描述（Garde-Cerdán et al.，2016；George 和 Rastogi，2016；Koubaa et al.，2016a，b；Ojha et al.，2016、2017）。表 4.2 汇总了这些技术使用情况的现有研究。

HPP 通常应用于食品，作为已经包装的、不能进行热处理的产品的最终缓和步骤（Bajovic et al.，2012）。作为一种消除发酵食品中病原体的技术受到相当大的关注，尽管结果喜忧参半。一些研究表明，HPP 可能并不可取（Marcos et al.，2013；Omer et al.，2015），而其他国家则鼓励在发酵食品中潜在使用 HPP（表 4.2）。据报道，发酵食品的微生物负荷显著减少和消除（Omer et al.，2010；Gill 和 Ramaswamy，2008；Avila et al.，2016），其他研究表明 HPP 缩短了葡萄酒陈酿时间并增强了成分（Oey et al.，2008；Tchabo et al.，2017）。

表 4.2　发酵食品使用新加工技术的研究总结

发酵产品	加工技术	评论	参考文献
啤酒	US	提高乙醇产量	Choi 等（2015）
韩国腌海鲜	γ-照射	降低微生物水平，提高化学稳定性并提高整体接受度	Jo 等（2004）
咖啡	RF	发酵过程中行为的识别和表征	Correa 等（2014）
晒干的里脊	US	干熟肉块中更快更好的蛋白水解变化	Stadnik 等（2014）
发酵汁	OH	保留养分，灭活微生物	Profir 和 Vizireanu（2013）
发酵乳	HPP	减少念珠菌腐败酵母的存活数量	Daryaei 等（2010）
发酵胡椒粉	HPP	更低水平的生物胺，更低的微生物水平，更好的感官品质	Li 等（2016）
发酵香肠	γ-照射	控制不良和病原微生物的发生，减少大肠杆菌 O157：H7 负荷	Johnson 等（2000），Chouliara 等（2006），and Lim 等（2008）
发酵豆酱	γ-照射	减少生物胺	Kim 等（2003）
全脂酸奶	US	更高的持水能力、黏度、更低的脱水收缩和发酵减少	Hongyu 等（2000）
苦椒酱	OH	在不降低质量的情况下进行更好的巴氏杀菌	Cho 等（2016）
朝鲜泡菜	γ-照射	控制老化并提高泡菜的保质期、产品杀菌、质地软化和更好的感官质量	Song 等（2004）和 Park 等（2008）
康普茶类似物	PEF	灭活来自康普茶联合体的醋酸菌	Vazquez-Cabral 等（2016）
莫尔肠，萨拉米香肠	HPP	减少大肠杆菌 O103：H25 和大肠杆菌 O157 计数	Gill、Ramaswamy（2008）和 Omer 等（2010）
葡萄浆	HPP	减少/消除野生微生物，尤其是酵母	Bañuelos 等（2016）
葡萄浆	MI	发酵时间减少高达 40%，酒精产量更高	Kapcsándi 等（2013）
桑黄菌丝发酵	US	改善多糖生产，加速营养物质和代谢物的转移	Zhang 等（2014）
萨拉米香肠	HPP	单核细胞增生李斯特菌、大肠杆菌 O157：H7、沙门氏菌和/或 *T. spiralis* 幼虫的灭活	Proto-Fett 等（2010）

续表

发酵产品	加工技术	评论	参考文献
腌制和发酵鱿鱼	γ-照射	充分的鱿鱼发酵，防止腐败和延长货架稳定性	Byun 等（2000）
车前草种子	MH	提高增值多糖的产量	Hu 等（2013）
半硬奶酪	HPP	酪丁酸梭菌植物细胞的灭活及缺陷的预防	Avila 等（2016）
甘蔗浆	γ-照射	减少污染细菌数量，降低酸度，提高乙醇产量	Alcarde 等（2003）
甜乳清	US	缩短发酵时间，提高活菌数	Barukcic 等（2015）
葡萄酒	γ-照射	缩短陈酿时间，改善黄酒缺陷，生产更高的口感品质	Chang（2003）和 Chang（2004）
葡萄酒	HPP	增加酯类、醛类、酮类、萜烯类、内酯类和呋喃类的含量，缩短发酵时间	Buzrul（2012）and Tchabo 等（2017）
葡萄酒	US	缩短老化时间	Chang and Chen（2002）, Chang（2004）, and Liu 等（2016）
葡萄酒	PEF	增加颜色强度、花青素和总酚、更好地提取生物活性化合物、更高的黄酮醇和酚类物质、减少发酵过程时间、停止发酵的替代技术（而不是使用 SO_2）	Lopez 等（2008）, Donsi 等（2010）, Puértolas 等（2010）, El Darra 等（2013）, Abca and Evrendilek（2015）, Delsart 等（2015）, Mattar 等（2015）, and El Darra 等（2016）
葡萄酒	HVEF	缩短葡萄酒成熟过程	Zeng 等（2008）
葡萄酒	RF	传统葡萄酒制造的监控和质量控制	Song 等（2015）
酵母发酵	US	可能与产品和过程质量相关的过程的标志的捕获	Hoche 等（2016）
酸奶	MH	延长保质期	Turgut（2016）
酸奶	US	酸奶发酵阶段的质量控制与监测	Alouache 等（2015）

注：HVEF 高压电场。

据报道，在生产干发酵意大利辣香肠之前对肉类进行辐照（剂量高达 3 kGy）可以降低大肠杆菌 O157∶H7 的微生物负荷，所产生的产品具有完整的质量参数（Johnson et al.，2000；Chouliara et al.，2006）。微波辐射和加热的使用也同样如此，应用于杀菌、材料处理和缩短加工时间，引起了极大的关注（Rasmussen et al.，2001；Hoai et al.，2011；Kapcsandi et al.，2013）。US 的使用提高了微生物和/或酶的活性，确保了高质量的产品和安全性（Alouache et al.，2015），从而在葡萄酒和牛奶（Nguyen et al.，2009、2012）的长期保存过程中通过酯化反应产生更多的酯，通过氧化反应产生更多的酸，通过缩合反应产生更多的酯类（Tchabo et al.，2017）。

未来应用的可能性，以及 OH 在发酵和增值产品生产中的大量使用是有希望的（Cho et al.，2016）。OH 已成功应用于微生物的电穿孔（Sastry，2005；Loghavi et al.，2008，2009）。与传统加热相比，Cho 等（1996）证明了 OH 的滞后发酵阶段减少，表明是一种更好的黏性食品巴氏杀菌和灭菌技术（Cho et al.，2016）。已经报道了 PEF 在发酵相关过程中的几种应用（表 4.2），证明了可改善酚类物质和花青素的分泌（Puértolas et al.，2010）、减少发酵时间、改善褐变和酵母的代谢（Delsart et al.，2015；Mattar et al.，2015 ）。

关于 RF 在发酵过程中使用的研究有限，其中一项观察到的结果是，使用 RF 可以提高酸奶的均匀性，保留重要微生物并且不会对酸奶的储存稳定性产生不利影响（Siefarth et al.，2014）。新技术的局限性可能与高昂的投资成本、过程中的其他变量、过程的标准化、优化所需的法规有关。已报道的应用大多数是在实验室条件下进行的，需要在工业条件下进行模拟，以充分理解并便于随后的实施。

其他食品发酵技术

虽然已经讨论了促进发酵过程的其他主要技术，但本章的这一部分还重点介绍了其他潜在技术，例如封装、代谢组学和使用极端微生物来发酵新型发酵食品。

用于运送新型发酵产品的胶囊

胶囊化是一种将活性物质包埋在载体材料中以改善所需成分进入食品中的技术，可以确保固有物质（如敏感生物活性材料）免受极端环境的影响，稳定成分，在发酵过程中固定细胞和酶，并有可能掩盖令人不快的感官品质。与非胶囊化发酵剂相比，胶囊化发酵剂在食品中表现出极好的应用。它们确保了发酵和生产热处理期间培养物的稳定性和缓慢释放（Bilenler et al.，2017），在储存期间有更高的存活率（Peredo et al.，2016），提高发酵效率和促进微生物更好地生存（de Prisco 和 Mauriello 2016；Simo et al.，2017）。

因此，胶囊化已被有效地用于生物活性化合物的运送和功能性发酵食品的开发。通过海藻酸盐和甘露醇包裹的 LAB（Divya 和 NampoThiri，2015），增加了富含叶酸的功能性食品；功能性酸奶因其包裹生物活性化合物也被成功研制出来（Comunian et al.，2017）。生物活性化合物也可以被纳米包裹，从而提高被用作抗氧化剂和抗菌剂的潜力，以确保对发酵食品中的机会性致病微生物的安全性（Cushen et al.，2012）。纳米包裹法已应用于提高稳定性、防止营养食品降解、提高生物利用度和确保向潜在消费者提供功能性成分（Dasgupta et al.，2015）。

极端微生物发酵

极端微生物是已知在压力、pH、辐射、盐度、温度、高水平化学物质和渗透屏障极端条件下茁壮成长的微生物。由于能够在这样的条件下茁壮成长，具有如此适应能力的酶在生物技术不同领域具有潜在应用（Gomes 和 Steiner，2004；Adebo et al.，2017e）。来自极端微生物的酶可以有效地应用于生产新型发酵食品，主要是因为它们对食品加工过程中的剧烈变化和反应具有天然抵抗力。具有潜在应用的这种极端酶的例子包括淀粉酶、纤维素酶、蛋白酶、过氧化氢酶、木糖酶、角蛋白酶、果胶酶、酯酶、脂肪酶、植酸酶和过氧化物酶（Gome 和 Steiner，2004）。冷活性 β−半乳糖苷酶已用于生产无乳糖牛奶和奶酪（Khan 和 Sathya，2017），丝氨酸蛋白酶用于将蛋白质水解成肽（Mayr et al.，1996；de Carvalho，2011）。极端脂肪酶和酯酶可以水解甘油和脂肪酸，有可能在发酵食品中产生有益健康的多不饱和脂肪酸（Schreck 和 Grunden，2014）。同样的还有嗜压极端胞外酶，对需要高压过程的发酵食品也很有价值（Zhang et al.，2015）。

食品代谢组学对新产品的促进

食品代谢组学促进了测定复杂成分食品时综合特征和表征的同时测定（Adebo et al.，2017d）。复杂食品代谢组（如发酵食品的代谢组）的定性和定量测定在技术上似乎具有挑战性，现在可以在先进的分析设备和化学计量工具的可用性之后进行。这种分析技术提供了深入了解发酵食品的成分、与发酵食品中嵌入的功能和营养潜力相关的代谢相互作用的巨大潜力。通过这种应用技术，深入了解发酵对开发功能性和新型发酵食品的影响是可行的。除此之外，还可以更好地了解发酵，以及如何影响产品质量、功能性和所需特性。

展望和结论

毫无疑问，发酵是开发新型食品不可缺少的重要加工技术。在过去的几年里，在改进发酵过程所需的有效技术方面取得了重大进展。不同的先进技术涌现出来，新的食品加工技术和食品产品的成功开发也同样得到了发展。然而，随着饮食习惯的不断变化，消费者对更好质量的需求、严格的监管、不断改进的需求是不可避免的。本章重点介绍的技术的使用似乎对现代工业流程很有希望。然而在大规模实施之前，可能还需要进行更详细的研究和优化。

致谢　感谢约翰内斯堡大学（UJ）授予主要作者（Adebo, O. A.）的全球卓越和地位（GES）奖学金的财务支持。这项工作也得到了国家研究基金会（NRF）研究和技术基金（RTF），以及国家设备计划（NEP）赠款的部分支持。

参考文献

Abca EE, Evrendilek GA (2015) Processing of red wine by pulsed electric fields with respect to quality parameters. J Food Process Preserv 39:758-767.

Adebiyi JA, Obadina AO, Adebo OA, Kayitesi E (2018) Fermented and malted millet products in Africa: expedition from traditional/ethnic foods to industrial value added products. Crit Rev Food Sci Nutr 58: 463-474.

Adebo OA, Njobeh PB, Adebiyi JA, Gbashi S, Phoku JZ, Kayitesi E (2017a) Fermented pulse-based foods in developing nations as sources of functional foods. In: Hueda MC (ed) Functional food-improve health through adequate food. InTech, Croatia, pp 77-109.

Adebo OA, Njobeh PB, Mulaba-Bafubiandi AF, Adebiyi JA, Desobgo ZSC, Kayitesi E (2017b) Optimization of fermentation conditions for*ting* production using response surface methodology. J Food Proc Preserv. In Press. 10. 11/jfpp. 13381.

Adebo OA, Njobeh PB, Gbashi S, Nwinyi OC, Mavumengwana V (2017c) Review on microbial degradation of aflatoxins. Crit Rev Food Sci Nutr 57:3208-3217.

Adebo OA, Njobeh PB, Adebiyi JA, Gbashi S, Phoku JZ, Kayitesi E (2017d) Food metabolomics: a new frontier in food analysis and its application to understanding fermented foods. In: Hueda MC (ed) Functional food-improve health through adequate food. InTech, Croatia, pp 211-234.

Adebo OA, Njobeh PB, Sidu S, Adebiyi JA, Mavumengwana V (2017e) Aflatoxin B_1 degradation by culture and lysate of a *Pontibacter* specie. Food Cont 80:99-103.

Alcarde AR, Walder JMM, Horii J (2003) Fermentation of irradiated sugarcane must. Sci Agric 60: 677-681.

Alouache B, Touat A, Boutkedjirt T, Bennamane A(2015) Monitoring of lactic fermentation process by ultrasonic technique. Phys Procedia 70:1057-1060.

Alvira P, Tomás-Pejó E, Ballesteros M, Negro M(2010) Pretreatment technologies for an efficient bio-ethanol production process based on enzymatic hydrolysis: a review. Bioresour Technol 101:4851-4861.

Avila M, Gomez-Torres N, Delgado D, Gaya P, Garde S(2016) Application of high pressure processing for controlling *Clostridium tyrobutyricum* and late blowing defect on semi-hard cheese. Food Microbiol 60:165-173.

Bader J, Mast-Gerlach E, Popovic MK, Bajpal R, Stahl U(2010) Relevance of microbial coculture fermentations in biotechnology. J Appl Microbiol 109:371-387.

Bajovic B, Bolumar T, Heinz V (2012) Quality considerations with high pressure processing of fresh and value added meat products. Meat Sci 92:280-289.

Bañuelos MA, Loira I, Escott C, Del Frenzo JM, Morata A, Sanz PD et al(2016) Grape processing by high hydrostatic pressure: effect on use of non-saccharomyces in must fermentation. Food Bioprocess Technol 9:1769-1778.

Barukcic I, Jakopovic KL, Herceg Z, Karlovic S, Bozanic R (2015) Influence of high intensity ultrasound on microbial reduction, physico-chemical characteristics and fermentation of sweet whey. Innov Food Sci Emerg Technol 27:94-101.

Bilenler T, Karabulut I, Candogan K(2017) Effects of encapsulated starter cultures on microbial and physicochemical properties of traditionally produced and heat treated sausages(*sucuks*). LWT—Food Sci Technol 75:425-433.

Bingol EB, Ciftcioglu G, Eker FY, Yardibi H, Yesil O, Bayrakal GM et al(2014) Effect of starter cultures combinations on lipolytic activity and ripening of dry fermented sausages. Ital J Anim Sci 13:776-781.

Bohme HM, Mellet FD, Dicks LMT, Basson DS(1996) Production of salami from ostrich meat with strains of *Lactobacillus sake*, *Lactobacillus curvatus* and *Micrococcus* sp. Meat Sci 44:173-180.

Boutard M, Cerisy T, Nogue PY, Alberti A, Weissenbach J, Salanoubat M et al(2014) Functional diversity of carbohydrate-active enzymes enabling a bacterium to ferment plant biomass. PLOS Genet 10:1-12.

Brenner K, You L, Arnold FH(2008) Engineering microbial consortia: a new frontier in synthetic biology. Trends Biotechnol 26:483-489.

Buzrul S (2012) High hydrostatic pressure treatment of beer and wine: a review. Innov Food Sci Emerg Technol 13:1-12.

Byun MW, Lee KH, Kim DH, Kim JH, Yook HS, Ahn HJ(2000) Effects of gamma radiation on sensory qualities, microbiological and chemical properties of salted and fermented squid. J Food Protec 63:934-939.

Caplice E, Fitzgerald GF(1999) Food fermentations: role of microorganisms in food production and preservation. Int J Food Microbiol 50:131-149.

Chang AC(2003) The effects of gamma irradiation on rice wine maturation. Food Chem 83:323-327.

Chang AC (2004) The effects of different accelerating techniques on maize wine maturation. Food Chem 86:61-68.

Chang AC, Chen FC (2002) The application of 20 kHz ultrasonic waves to accelerate the aging of different wines. Food Chem 79:501-506.

Cho HY, Yousef AE, Sastry SK (1996) Growth kinetics of *Lactobacillus acidophilus* under ohmic heating. Biotechnol Bioeng 49:334-340.

Cho WI, Yi JY, Chung MS (2016) Pasteurization of fermented red pepper paste by ohmic heating. Innov Food Sci Emerg Technol 34:180-186.

Choi EJ, Ahn H, Kim M, Han H, Kim WJ (2015) Effect of ultrasonication on fermentation kinetics of beer using six-row barley cultivated in Korea. J Inst Brew 121:510-517.

Chouliara I, Samelis J, Kakouri A, Badeka A, Savvaidis IN, Riganakos K et al (2006) Effect of irradiation of frozen meat/fat trimmings on microbiological and physicochemical quality attributes of dry fermented sausages. Meat Sci 74:303-311.

Comunian TA, Chaves IE, Thomazini M, Moraes ICF, Ferro-Furtado R, de Castro IA, Favaro-Trindade CS (2017) Development of functional yogurt containing free and encapsulated echium oil, phytosterol and sinapic acid. Food Chem 237:948-956.

Correa EC, Jiménez-Ariza T, Díaz-Barcos V, Barreiro P, Diezma B, Oteros R et al (2014) Advanced characterisation of a coffee fermenting tank by multi-distributed wireless sensors: spatial interpolation and phase space graphs. Food Bioprocess Technol 7:3166-3174.

Cushen M, Kerry J, Morris M, Cruz-Romero M, Cummins E (2012) Nanotechnologies in the food industry-recent developments, risks and regulation. Trends Food Sci Technol 24:30-46.

Daryaei H, Coventry J, Versteeg C, Sherkat F (2010) Combined pH and high hydrostatic pressure effects on *Lactococcus* starter cultures and *Candida* spoilage yeasts in a fermented milk test system during cold storage. Food Microbiol 27:1051-1056.

Dasgupta N, Ranjan S, Mundekkad D, Ramalingam C, Shanker R, Kumar A (2015) Nanotechnology in agro-food: from field to plate. Food Res Int 69:381-400.

De Carvalho CCCR (2011) Enzymatic and whole cell catalysis: finding new strategies for old processes. Biotechnol Adv 29:75-83.

De Prisco A, Mauriello G (2016) Probiotication of foods: a focus on microencapsulation tool. Trends Food Sci Technol 48:27-39.

Delsart C, Grimi N, Boussetta N, Sertier CM, Ghidossi R, Peuchot MM et al (2015) Comparison of the effect of pulsed electric field or high voltage electrical discharge for the control of sweet white must fermentation process with the conventional addition of sulfur dioxide. Food Res Int 77:718-724.

Dicks LMT, Mellet FD, Hoffman LC (2004) Use of bacteriocin-producing starter cultures of *Lactobacillus plantarum* and *Lactobacillus curvatus* in production of ostrich meat salami. Meat Sci 66:703-708.

Divya JB, Nampoothiri KM (2015) Encapsulated *Lactococcus lactis* with enhanced gastrointestinal survival for the development of folate enriched functional foods. Bioresour Technol 188:226-230.

Donsi F, Ferrari G, Fruilo M, Patara G (2010) Pulsed electric field-assisted vinification of Aglianico and Piedirosso grapes. J Agric Food Chem 58:11606-11165.

El Darra N, Grimi N, Maroun RG, Louka N, Vorobiev E (2013) Pulsed electric field, ultrasound, and thermal pretreatments for better phenolic extraction during red fermentation. Eur Food Res Technol 236: 47-56.

El Darra N, Turk MF, Ducasse MA, Grimi N, Maroun RG, Louka N et al (2016) Changes in polyphenol profiles and color composition of freshly fermented model wine due to pulsed electric field, enzymes and thermovinification pretreatments. Food Chem 194:944-950.

Freire AL, Ramos CL, Schwan RF (2015) Microbiological and chemical parameters during cassava based-substrate fermentation using potential starter cultures of lactic acid bacteria and yeast. Int J Food Microbiol 76:787-795.

Freire AL, Ramos CL, de Costa Souza PN, Cardoso MGB, Schwan RF (2017) Nondairy beverage produced by controlled fermentation with potential probiotic starter cultures of lactic acid bacteria and yeast. Int J Food Microbiol 248:39-46.

Garde-Cerdán M, Arias M, Martin-Belloso O, Acin-Azpilicueta C (2016) Pulsed electric field and fermentation. In: Ojha KS, Tiwari BK (eds) Novel food fermentation technologies. Springer, Switzerland, pp 85-123.

George JM, Rastogi NK (2016) High pressure processing for food fermentation. In: Ojha KS, Tiwari BK (eds) Novel food fermentation technologies. Springer, Switzerland, pp 57-83.

Gill AO, Ramaswamy HS (2008) Application of high pressure processing to kill *Escherichia coli* O157 in ready-to-eat meats. J Food Prot 71:2182-2189.

Gomes J, Steiner W (2004) The biocatalytic potential of extremophiles and extremozymes. Food Technol Biotechnol 42:223-235.

Hoai NT, Sasaki A, Sasaki M, Kaga H, Kakuchi T, Satoh T (2011) Synthesis, characterization, and lectin recognition of hyperbranched polysaccharide obtained from 1, 6-anhydro-D-hexo-furanose. Biomacromolecules 12:1891-1899.

Hoche S, Krause D, Hussein MA, Becker T (2016) Ultrasound-based, in-line monitoring of anaerobe yeast fermentation: model, sensor design and process application. Int J Food Sci Technol 51:710-719.

Hongyu W, Hulbert GJ, Mount JR (2000) Effects of ultrasound on milk homogenization and fermentation with yogurt starter. Innov Food Sci Emerg Technol 1:211-218.

Hu JL, Nie SP, LiC FZH, Xie MY (2013) Microbial short-chain fatty acid production and extracellular enzymes activities during in vitro fermentation of polysaccharides from the seeds of *Plantago asiatica* L. treated with microwave irradiation. JAgric Food Chem 61:6092-6101.

Isanga J, Zhang GN (2007) Biologically active components and nutraceuticals in peanuts and related products: review. Food Rev Int 23:123-140.

Jo C, Kim DH, Kim HY, Lee WD, Lee HK, Byun MW (2004) Studies on the development of low-salted, fermented, and seasoned *Changran Jeotkal* using the intestines of *Therage chalcogramma*. Radiation Phys Chem 71:121-124.

Johnson SC, Sebranek JG, Olson DG, Wiegand BR (2000) Irradiation in contrast to thermal processing of pepperoni for control of pathogens: effects on quality indicators. J Food Sci 65:1260-1265.

Kantachote D, Ratanaburee A, Sukhoom A, Sumpradit T, Asavaroungpipop N(2016) Use of γ-aminobutyric acid producing lactic acid bacteria as starters to reduce biogenic amines and cholesterol in Thai fermented pork sausage (Nham) and their distribution during fermentation. LWT-Food Sci Technol 70:171-177.

Kapcsandi V, Nemenyi M, Lakatos E(2013) Effect of microwave treatment of the grape must fermentation process. In: food science conference Budapest, 2013-with research for the success Darenyi. Program 11:7-8.

Keller L, Surette MG (2006) Communication in bacteria: an ecological and evolutionary perspective. Nat Rev Microbiol 4:249-258.

Khan M, Sathya TA(2017) Extremozymes from metagenome: potential applications in food processing. Crit Rev Food Sci Nutr. In Press. https://doi. org/10. 1080/10408398. 2017. 1296408.

Kim JH, Ahn HJ, Kim DH, Jo C, Yook HS, Park HJ et al(2003) Irradiation effects on biogenic amines in Korean fermented soybean paste during fermentation. J Food Sci 68:80-84.

Koubaa M, Barba-Orellana S, Rosello-Soto E, Barba FJ (2016a) Gamma irradiation and fermentation. In: Ojha KS, Tiwari BK (eds) Novel food fermentation technologies. Springer, Switzerland, pp 143-153.

Koubaa M, Rosello-Soto E, Barba-Orellana S, Barba FJ (2016b) Novel thermal technologies and fermentation. In: Ojha KS, Tiwari BK (eds) Novel food fermentation technologies. Springer, Switzerland, pp 155-163.

Leroy F, De Vuyst L(2004) Lactic acid bacteria as functional starter cultures for the food fermentation industry. Trends Food Sci Technol 15:67-78.

Li J, Zhao F, Liu H, Li R, Wang Y, Liao X(2016) Fermented minced pepper by high pressure processing, high pressure processing with mild temperature and thermal pasteurization. Innov Food Sci Emerg Technol 36:34-41.

Lim DG, Seol KH, Jeon HJ, Jo C, Lee M (2008) Application of electron-beam irradiation combined with antioxidants for fermented sausage and its quality characteristic. Radiation Phys Chem 77:818-824.

Litopoulou-Tzanetaki E, Tzanetakis N, Vafopoulou-Mastrojiannaki A(1993) Effect of the type of lactic starter on microbiological, chemical and sensory characteristics of feta cheese. Food Microbiol 10:31-41.

Liu L, Loira I, Morata A, Suarez-Lepe JA, Gonzalez MC, Rauhut D (2016) Shortening the ageing on lees process in wines by using ultrasound and microwave treatments both combined with stirring and abrasion techniques. Eur Food Res Technol 242:559-569.

Loghavi L, Sastry SK, Yousef AE(2008) Effect of moderate electric field frequency on growth kinetics and metabolic activity of Lactobacillus acidophilus. Biotechnol Prog 24:148-153.

Loghavi L, Sastry SK, Yousef AE(2009) Effects of moderate electric field frequency and growth stage on the cell membrane permeability of Lactobacillus acidophilus. Biotechnol Prog 25:85-94.

Lombard V, Golaconda RH, Drula E, Coutinho PM, Henrissat B (2014) The carbohydrate-active enzymes database(CAZy) in 2013. Nucleic Acids Res 42:490-495.

Lopez N, Puértolas E, Condón S, Álvarez I, Raso J (2008) Effects of pulsed electric fields on the extraction of phenolic compounds during the fermentation of must of Tempranillo grapes. Innov Food Sci Emerg Technol 9:477-482.

Lopitz-Otsoa F, Rementeria A, Elquezabal N, Garaizar J (2006) Kefir: a symbiotic yeasts-bacteria community with alleged healthy capabilities. Rev lberoam Micol 23:67-74.

Lü F, Chai L, Shao L, He P (2017) Precise pretreatment of lignocellulose: relating substrate modification with subsequent hydrolysis and fermentation to products and by-products. Biotechnol Biofuels 10:88.

Lynd LR, Weimer PJ, van Zyl WH, Pretorius IS (2002) Microbial cellulose utilization: fundamentals and biotechnology. Microbiol Mol Biol Rev MMBR 66:506-577.

Marcos B, Aymerich T, Garriga M, Arnau J (2013) Active packaging containing nisin and high pressure processing as post-processing listericidal treatments for convenience fermented sausages. Food Cont 30:323-330.

Mattar JR, Turk MF, Nonus M, Lebovka NI, El Zakhem H, Vorobiev E (2015) *S. cerevisiae* fermentation activity after moderate pulsed electric field pre-treatments. Biochemist 103:92-97.

Mayr J, Lupas A, Kellermann J, Eckersforn C, Baumeister W, Peters J (1996) A hyperthermostable protease of the subtilisin family bound to the surface layer of the Archaeon *Staphylothermus marinus*. Curr Biol 6:739-749.

Mäyrä-Mäkinen A, Bigret M (1998) Industrial use and production of lactic acid bacteria. In: Salminen S, von Wright A (eds) Lactic acid bacteria: microbiology and functional aspects. Marcel Dekker Inc, New York, pp 73-102.

Meyer V, Stahl U (2003) The influence of co-cultivation on expression of the antifungal protein in-*Aspergillus giganteus*. J Basic Microbiol 43:68-74.

Mufandaedza J, Viljoen BC, Feresu SB, Gadaga TH (2006) Antimicrobial properties of lactic acid bacteria and yeast-LAB cultures isolated from traditional fermented milk against pathogenic *Escherichia coli* and *Salmonella enteritidis* strains. Int J Food Microbiol 108:147-152.

Mussatto SI, Mancilha IM (2007) Non-digestible oligosaccharides: a review. Carbohydr Polym 68:587-597.

Nguyen TMP, Lee YK, Zhou W (2009) Stimulating fermentative activities of Bifidobacteria in milk by high intensity ultrasound. Int Dairy J19:410-416.

Nguyen TMP, Lee YK, Zhou W (2012) Effect of high intensity ultrasound on carbohydrate metabolism of Bifidobacteria in milk fermentation. Food Chem 130:866-874.

Oey I, Lille M, Van Loey A, Hendrickx M (2008) Effect of high-pressure processing on colour, texture and flavour of fruit-and vegetable-based food products: a review. Trends Food Sci Technol 19:320-328.

Ojha KS, O'Donnell CP, Kerry JP, Tiwari BK (2016) Ultrasound and food fermentation. In: Ojha KS, Tiwari BK (eds) Novel food fermentation technologies. Springer, Switzerland, pp 125-142.

Ojha KS, Mason TJ, O'Donnell CP, Kerry JP, Tiwari BK (2017) Ultrasound technology for food fermentation applications. Ultrason Sonochem 34:410-417.

Omer MK, Alvseike O, Holck A, Axelsson L, Prieto M, Skjerve E, Heir E (2010) Application of high pressure processing to reduce verotoxigenic *E. coli* in two types of dry-fermented sausage. Meat Sci 86: 1005-1009.

Omer MK, Prieto B, Rendueles E, Alvarez-Ordonez A, Lunde K, Alvseike O, Prieto M(2015) Microbiological, physicochemical and sensory parameters of dry fermented sausages manufactured with high hydrostatic pressure processed raw meat. Meat Sci 108:115-119.

Park JG, Kim JH, Park JN, Kim YD, Kim WG, Lee JW et al(2008) The effect of irradiation temperature on the quality improvement of *Kimchi*, Korean fermented vegetables, for its shelf stability. Radiat Phys Chem 77:497-502.

Paulová L, Patáková P, Brányik T(2013) Engineering aspects of food biotechnology. CRC Press, Boca Raton, pp 89-110.

Peredo AG, Beristain CI, Pascual LA, Azuara E, Jimenez M(2016) The effect of prebiotics on the viability of encapsulated probiotic bacteria. LWT-Food Sci Technol 73:191-196.

Profir A, Vizireanu C(2013) Effect of the preservation processes on the storage stability of juice made from carrot, celery and beetroot. J Agroaliment Proc Technol 19:99-104.

Proto-Fett ACS, Call JE, Shoyer BE, Hill DE, Pshebniski C, Cocoma GJ et al(2010) Evaluation of fermentation, drying, and/or high pressure processing on viability of *Listeria monocytogenes*, *Escherichia coli* O157:H7, *Salmonella* spp. , and *Trichinella spiralis* in raw pork and Genoa salami. Int J Food Microbiol 140:61-75.

Puértolas E, López N, Saldaña G, Álvarez I, Raso J(2010) Evaluation of phenolic extraction during fermentation of red grapes treated by a continuous pulsed electric fields process at pilot-plant scale. J Food Eng 98:120-125.

Rasmussen MJ, Rea RF, Tri JL, Larson TR, Hayes DL(2001) Use of a transurethral microwave thermotherapeutic device with permanent pacemakers and implantable defibrillators. Mayo Clin Proc 76: 601-603.

Ratanaburee A, Kantachote D, Charernjiratrakul W, Sukhoom A (2013) Enhancement of γ-aminobutyric acid(GABA) in *Nham*(Thai fermented pork sausage) using starter cultures of *Lactobacillus namurensis* NH2 and *Pediococcus pentosaceus* HN8. Int J Food Microbiol 167:170-176.

Rathore S, Salmeron I, Pandiella S(2012) Production of potentially probiotic beverages using single and mixed cereal substrates fermented with lactic acid bacteria cultures. Food Microbiol 30:239-244.

Santos CC, Libeck-Bda S, Schwan RF(2014) Co-culture fermentation of peanut-soy milk for the development of a novel functional beverage. Int J Food Microbiol 186:32-41.

Sastry SK(2005) Advances in ohmic heating and moderate electric field(MEF) processing. In: Barbosa-Canovas GV, Tapia MS, Cano MP(eds) Novel food processing technologies. CRC Press, Boca Raton.

Schreck SD, Grunden AM (2014) Biotechnological applications of halophilic lipases and thioesterases. Appl Microbiol Biotechnol 98:1011-1021.

Sekwati-Monang B, Gänzle MG (2011) Microbiological and chemical characterisation of*ting*, a sorghum-based sourdough product from Botswana. Int J Food Microbiol 150:115-121.

Siefarth C, Bich T, Tran T, Mittermaier P, Pfeiffer T, Buettner A(2014) Effect of radio frequency heating on yoghurt,I: technological applicability,shelf-life and sensorial quality. Foods 3:318-335.

Simo G,Vila-Crespo J,Fernández-Fernández E,Ruipérez V,Rodríguez-Nogales JM(2017)Highly efficient malolactic fermentation of red wine using encapsulated bacteria in a robust biocomposite of silica-alginate. J Agric Food Chem 65:5188-5197.

Singracha P,Niamsiri N,Visessanguan W,Lertsiri S,Assavanig A(2017)Application of lactic acid bacteria and yeasts as starter cultures for reduced-salt soy sauce (moromi) fermentation. LWT-Food Sci Technol 78:181-188.

Song HP,Kim DH,Yook HS,Kim KS,Kwon JH,Byun MW(2004)Application of gamma irradiation for aging control and improvement of shelf-life of kimchi, Korean salted and fermented vegetables. Radiat Phys Chem 71:55-58.

Song H,Choi J,Park CW,Shin DB,Kang SS,Oh SH,Hwang K(2015)Study of quality control of traditional wine using it sensing technology. J Korean Soc Food Sci Nutr 44:904-911.

Stadnik J,Stasiak DM,Dolatowski ZJ(2014)Proteolysis in dry-aged loins manufactured with sonicated pork and inoculated with Lactobacillus casei ŁOCK 0900 probiotic strain. Int J Food Sci Tech 49: 2578-2584.

Taherzadeh MJ,Karimi K(2008)Pretreatment of lignocellulosic wastes to improve ethanol and biogas production: a review. Int J Mol Sci 9:1621-1651.

Tchabo W,MaY KE,Zhang H,Xiao L,Tahir HE(2017)Aroma profile and sensory characteristics of a sulfur dioxide-free mulberry (Morus nigra) wine subjected to non-thermal accelerating aging techniques. Food Chem 232:89-97.

Thirmal C,Dahman Y(2012)Comparisons of existing pretreatment,saccharification,and fermentation processes for butanol production from agricultural residues. Can J Chem Eng 90:745-761.

Todorov SD,Koep KSC,Van Reenen CA,Hoffman LC,Slinde E,Dicks LMT(2007)Production of salami from beef,horse,mutton,Blesbok(Damaliscus dorcas phillipsi) and Springbok(Antidorcas marsupialis) with bacteriocinogenic strains of Lactobacillus plantarum and Lactobacillus curvatus. Meat Sci 77:405-412.

Tofalo R,Patrignani F,Lanciotti R,Perpetuini G,Schirone M,Gianvito D et al(2016)Aroma profile of Montepulciano d'Abruzzo wine fermented by single and co-culture starters of autochthonous Saccharomyces and non-Saccharomyces yeasts. Front Microbiol 7:1-12.

Turgut T(2016)The effect of microwave heating on some quality properties and shelf life of yoghurt. Kafkas Univ Vet Fak Derg 22:809-814.

Vazquez-Cabral D,Valdez-Fragoso A,Rocha-Guzman NE,Moreno-Jimenez MR,Gonzalez-Laredo RF, Morales-Martinez PS et al(2016)Effect of pulsed electric field(PEF)-treated kombucha analogues from Quercus obtusata infusions on bioactives and microorganisms. Innov Food Sci Emerg Technol 34:171-179.

Wahyono A,Lee SB,Kang WW,Park HD(2016)Improving bread quality using co-cultures of Saccharomyces cerevisiae,Torulaspora delbrueckii JK08,and Pichia anomala JK04. Ital J Food Sci 28:298-313.

Wang X,Ren H,Wang W,Zhang Y,Bai T,Li J et al(2015)Effects of inoculation of commercial starter cultures on the quality and histamine accumulation in fermented sausages. J Food Sci 80:377-383.

Zeng AA,Yu SJ,Zhang L,Chen XD(2008)The effects of AC electric field on wine maturation. Innov

Food Sci Emerg Tech 9:463-468.

Zhang H, Ma H, Liu W, Pei J, Wang Z, Zhou H, Yan J (2014) Ultrasound enhanced production and antioxidant activity of polysaccharides from mycelial fermentation of *Phellinus igniarius*. Carbohydr Polym 113:380-387.

Zhang Y, Li X, Bartlett DH, Xiao X (2015) Current developments in marine microbiology: high-pressure biotechnology and the genetic engineering of piezophiles. Curr Opin Biotechnol 33:157-164.

Zheng X, Xia W, Jiang Q, Yang F (2013) Effect of autochthonous starter cultures on microbiological and physico-chemical characteristics of *Suan yu*, a traditional Chinese low salt fermented fish. Food Cont 33:344-351.

第 5 章 啤酒、葡萄酒和烈性酒行业技术进步和新产品开发

摘　要　2017 年的餐饮趋势主要归因于千禧一代购买力和消费需求的上升和影响。随着对正宗和本地产品的渴望，蒸馏酒厂以及同样需要蒸馏的啤酒厂迅速崛起；混合酒精产品正在消除传统饮料类别之间的障碍；白酒等发酵产品正在进入新的区域。对便利性的渴望体现在单一服务包装的兴起，以及无数创新的葡萄酒和烈性酒包装的选择。健康意识反映在低度酒精啤酒和不含酒精啤酒的销量增加上。啤酒塑料六罐包装环等产品解决了消费者对环境的担忧。质量、产品完整性、透明度、可追溯性、营养和卡路里含量的标签是占领千禧一代市场的关键。

关键词　酒精饮料；啤酒；工艺；创新；低度；营销；包装；烈性酒；葡萄酒

前言

虽然酒精饮料的生产是一项古老的工艺，并已利用几千年来发展和完善，但它也是一个仍在开发工艺创新的行业，确保了产品质量的一致性和提高了生产的经济性。2017 年的趋势主要归因于千禧一代购买力和消费需求的上升和影响。消费者重视健康、环境和便利性，这些趋势转化为从原材料到交付给消费者的整个制造过程中，朝着更多单一服务包装创新、酒精含量更低的酒精饮料、优质、可追溯性和透明度的方向发展。工艺蒸馏的迅速兴起，类似于几年前在手工酿造中看到的情况（并且仍在发生）。人们对发酵饮料的家庭生产越来越感兴趣，使用各种专为家庭使用而设计的创新设备类型，并且价格适合家庭酿酒商。

混合饮品的不寻常结合

混合饮料的兴起正在消除传统类别之间的壁垒，导致啤酒、葡萄酒和烈性酒之间的类别模糊。这些饮料混合了来自多个饮料类别的成分，并有了新的类别名称如 Speers（烈性啤酒）和 Spiders（烈性苹果酒）。

传统上存在于烈酒行业的预混鸡尾酒行业正在寻找新的吸引力。区分预混鸡尾酒并确定零售店中鸡尾酒的基料是啤酒、苹果酒、葡萄酒还是烈酒变得越来越具有挑战性。此类别中的单份服务邀请消费者尝试在货架上占主导地位的各种产品。产品供应的快速扩张使得品牌更难区分，除非利用创新的包装、社交媒体或非传统概念来帮助脱颖而出。

例如，苏格兰威士忌等传统饮料通过引入罐装鸡尾酒即饮产品（RTD）来扩大

其消费群。荣获 2017 年世界饮料创新奖"最佳成人饮料类别"的苏格兰 Finnieston Distillery Company 提供一系列使用苏格兰威士忌制成的 RTD 罐装鸡尾酒（一种罐装鸡尾酒的成分是苏格兰威士忌、姜汁啤酒、香草和草莓）。生产公司表示"我们认为人们应该按照自己的意愿喝'苏格兰威士忌'，而不是按照他们的指示。"

无醇和低醇啤酒

这一不断增长的细分市场越来越受欢迎，反映出千禧一代消费者对更健康的生活方式选择的兴趣，其中包括酒精和糖分水平较低的产品。大品牌已经发现这个市场有很高的增长潜力。百威英博（AB InBev）表示，其目标是到 2025 年，低度啤酒或无醇啤酒至少占其全球啤酒销量的 20%。这些公司还在调查中国、巴西、阿根廷和墨西哥等庞大的市场，那里有大量戒酒的消费者群体，有机会以创新的低酒精或无酒精产品瞄准这些不断增长的消费者群体。

随着消费者远离高糖苏打水，一些低度啤酒现在正被生产商作为软饮料的替代品进行销售。在德国等国，低度啤酒被定位为运动饮料，标语为"提神等渗恢复饮料"。

过去的无酒精和低度啤酒有各种缺陷（例如甜味、令人厌烦的味道、酵母味、缺乏适当的口感）。当试图与主流啤酒相匹配时，这些风味问题正在以有创意的方式慢慢解决，人们可以期待在未来看到风味更好的低度啤酒进入市场，因为现代技术的应用使酯和其他风味特征得到更好的接受和管控。

根据英敏特全球新产品数据库（GNPD）的数据，中国目前在推出创新的低酒精或无酒精产品方面处于领先地位。2016 年，在中国推出的啤酒中，超过四分之一（29%）被列为低酒精度（ABV 低于 3.5%）或不含酒精。相比之下，西班牙（12%）、德国（11%）、波兰（9%）和英国（7%）推出的产品较低。

每个国家都制定了自己的法律法规，规定什么是无酒精产品，什么是低酒精产品，但许多国家使用的指导方针是，"无酒精"产品的酒精含量不超过 0.05%，"低酒精"产品的酒精含量不超过 1.2%。

有几种方法可以生产不含酒精的啤酒。可以在啤酒酿造之后除去酒精，或者在酒精生产之前且风味化合物已经生产之后，或者它们的某种组合之后停止发酵。在各种可以用来去除酒精含量的技术中，最简单的是用加热来去除酒精，但这会对啤酒的风味产生负面影响（许多微妙的风味化合物会因为热处理而受损）。真空蒸馏去除酒精，由于采用较低的加热温度，最终产品要好得多。反渗透是一种更温和的酒精去除技术，因为这是一种不使用热处理的技术，但它是一个更慢、劳动密集型的过程。

Alfa Laval 公司率先推出了全自动脱醇模块，可在低温和压力下将酒精含量降至 0.05% 以下，只需将产品通过垂直汽提柱即可。通过组合使用热交换器，使用的公用设施更少。该模块首先对啤酒进行脱气，将可凝结的挥发物返回到啤酒中，然后在接近真空的情况下在特殊的汽提塔中使用蒸汽向上流动来除去酒精。酒精以蒸汽的形式从塔中出来，被冷凝收集用于其他目的。

手工蒸馏兴起

千禧一代消费者对当地的"从农场到酒杯"的产品有着强烈的吸引力。精酿烈酒类似于精酿啤酒，倾向于以高价销售，宣传真实性、工艺和"喝得少但喝得更好"的理念。目前美国有 1300 多家手工酿酒厂，从 2010 年到 2015 年，烈性酒的销售额以每年 28% 的惊人速度增长。美国手工艺烈性酒协会报告称，手工酿酒市场目前占烈性酒市场份额的 3%。通过社交媒体进行营销，就像精酿啤酒一样，是该产品成功的主要驱动力之一。

精酿啤酒蒸馏

为什么现在有很多精酿啤酒厂也可以蒸馏？答案很简单。酿酒厂已经拥有了蒸馏过程前端所需的生产用于发酵麦芽浆的所有设备。到发酵结束，过程是相似的。主要的区别是，蒸馏器的麦芽汁不是用啤酒花调味的，也不是煮沸的。一些酿酒商在现场合作，在一家酿酒厂旁边建了另一家蒸馏厂。其他人则将蒸馏厂建在离酿酒厂更远的地方（通常是由于当地关于建造酿酒厂的规定），并将部分完成的饮料从酿酒厂运输到第二个地点，在那里可以进行蒸馏和陈化步骤。

随着禁止蒸馏的法律正在放宽松或正在演变为更灵活，酿酒厂正在大量建立。根据目前的市场需求，小型酿酒厂的设备选择在数量上有所增加，但在价格和规模上都有所下降，以适应相当数量的初创工艺酿酒商。从微型到大型酿酒厂，可用的蒸馏设备的选择从未像现在这样多。可以配置任何类型的蒸馏器并允许生产多种风格的烈酒的一体式系统非常受欢迎。

家庭工艺酿造和蒸馏的兴起

Pico 是一家美国公司，提供几种台式啤酒机，从起始机"PicoBrew"到更先进的更大的"Zymatic"台式啤酒制造商。这些啤酒机的开发目的是简化家庭酿酒商的酿造过程。Zymatic 是联网的，过程中每一步都提供温度数据，并在准备好时传输麦汁。"设置它,忘掉它的程序",这样初学者每次都可以生产出一批可以接受的啤酒,机械化和标准化是成功的关键。Zymatic 设备的价格接近 2000 美元,虽然不便宜,但价格与高端卡布奇诺咖啡机相似。其他受欢迎的家用冲泡机包括新西兰的"GrainPart"和德国的"Braumeister"。

人们对手工家庭蒸馏非常感兴趣,Pico 发起的 Kickstarter 活动 PicoStil 就证明了这一点,该活动在短短两周内就筹集了 80 多万美元,到目前为止,它是有史以来最成功的十大美食 Kickstarter 众筹活动之一! PicoStil 是一种蒸馏附件,与该公司上述酿造技术兼容,可以用来蒸馏啤酒花油、水、精油和烈性酒,尽管根据地点的不同,烈性酒可能需要适当的许可证。

Keurig-型酿造和蒸馏系统

有许多机器正在开发中,类似于 Keurig 咖啡机的概念,可用于在家中酿造啤酒。2016 年,一家领先的汽水制造商(SodaStream)在德国和瑞士推出了自制啤酒系统(The Beer Bar),该系统使用汽水和浓缩啤酒混合,最终产品是 4.5% 的酒精。一家美国公司(Pat's Backcountry Beverages)与一家汽水公司(Sparkling Drink Systems)合作,使用其浓缩液生产一种自制啤酒产品。此外,还有一种产品是为不想携带沉重瓶装啤酒的露营者销售的。一种获得专利的浓缩啤酒是由 Pat's Backcountry Beverages 发明者所说的"独特的劳动密集型工艺"生产的。在户外探险时,这种浓缩液可以与泉水混合,生产出消费者反馈相当好的最终产品。

有没有可能用技术来缩短烈酒陈化时间?

威士忌和朗姆酒等烈性酒可能会迅速陈化创新技术的诱惑,长期以来一直是一个难以捉摸的目标,但有许多公司正在积极追求这一概念,使用各种不同的方法。如果多年陈化产生的产品味道可以复制,生产者能够迅速将产品推向市场,并节省陈化仓库的费用,这是一个有吸引力的经济命题。

许多美国公司都在积极探索快速陈化技术这一新兴领域。南卡罗来纳州的 Terressentia 公司利用他们的 TerrePURE 系统(超声波能量和充氧的组合)开发了一项技术,目标是减少不需要的刺激性同系物,并通过快速陈化过程将刺激味道的酸转化为令人愉快味道的酯。

俄亥俄州的克利夫兰威士忌(使用包括温度和压力循环的过程)的产品在行业比赛中获得了金牌,在 2016 年柏林国际烈性酒大赛上被评为年度威士忌创新者。他们的专利陈化技术似乎正在为市场生产非常适合饮用的创新产品。

在西班牙，研究人员将白兰地通过漏斗进入含有美国橡木片的玻璃管，同时对白兰地进行超声波处理，获得了令人振奋的结果。报告说生产出了一种令人愉快的产品，虽然不是一模一样的，但接近于存放了两年的白兰地。据推测超声波处理会导致木屑中的空化，将木质组织中的同系物释放到酒中（Delgado-González 等 2017）。

加州的 Lost Spirits 有一种最初由布莱恩·戴维斯为朗姆酒开发的工艺，其中包括所说的目标超酯化陈化（橡木棒的热驱动酯化和光催化聚合物降解）。2017 年，Lost Spirits 推出了两款产品，使用了苏格兰新制造的白酒和快速陈化的 Thea 技术，使用了美国橡木棒（烘烤/烧焦）。这些产品的价格很高，是以 H. G. Wells 的 "莫罗医生之岛"（The Island Of Doctor Moreau）中的章节命名的——令人厌恶的 "美洲狮的哭泣" 和令人厌恶的 "律法的说话者"（The Sayers Of The Law）。瓶子上没有使用 "威士忌" 这个名称，只是写着 "烈性酒由 100% 的麦芽大麦蒸馏而成，配以晚收的雷司令调味美国橡木棒"。

由于各自国家的标签立法，创新者在许多情况下将不被允许在商业化时将快速陈化的产品称为白兰地或威士忌，而是必须将产品作为不同的产品进行营销，如前面提到的 Lost Spirits。

上面描述的各种快速陈化技术，虽然并不是所有的技术都完善到可以创造完美的产品，但都对研究和产品开发非常有用。例如，用不同的木材进行实验，可以洞察使用新木材可能产生的风味结果，这通常不是制造商传统工艺的一部分，而不必等待多年才能品尝到实验产品。可以预期，产品陈化加速将是一项继续引起业界极大兴趣的技术，将导致许多未来的创新产品。

消费者偏好改变葡萄酒包装

罐装葡萄酒：市场

过去的葡萄酒行业在包装创新方面一直不是领先者，在很大程度上依赖于传统的玻璃瓶。在过去的几年里，随着包装葡萄酒扩大到罐装，这种情况正在改变（Forbes，2016）。2017 年，罐装葡萄酒的销售出现了明显的繁荣，一些商店很难将产品保持在货架上。罐装葡萄酒满足了消费者对单一服务产品和便携包装选择的渴望。千禧一代尤其是女性，是第一个接受这种概念的市场消费群体，这种较淡的葡萄酒意味着可以冷饮，并包装在罐中。人们对罐装高端精酿啤酒的熟悉和接受，有助于罐装葡萄酒更容易被千禧一代消费者接受。一些营销活动甚至利用罐头带来的杠杆作用，将其作为推广罐装葡萄酒的方式。

罐装葡萄酒：技术

尽管瓶子制造商已经开发出更轻、更坚固的玻璃，足以承受二次发酵产生的二氧化碳的影响，但在许多市场玻璃不是一种选择，因为瓶子被禁止或不切实际。与玻璃和 PET 相比，铝罐的全球回收率非常高，比标准瓶子轻近 17 倍，不仅提高了运输效率，还减少了因破损而造成的浪费。

在罐装中葡萄酒受到很好的保护，不受氧气的影响，随着时间的推移，氧气是耐储性的主要罪魁祸首。虽然对于口感明亮清新的葡萄酒来说，氧气的保护是理想的，但对于一些葡萄酒来说，这种完全排除氧气的做法可能会造成一个问题：风味曲线中包含微量氧气的影响，即随着时间的推移氧气会通过软木塞进入葡萄酒。

在现代背景下，罐装葡萄酒不再需要考虑金属的味道。罐内的环氧树脂涂层（不含双酚 A）确保铝不会接触到饮料。

当人们希望轻薄易拉罐减少碳足迹时，易碎性是一个令人担忧的问题。碳酸饮料在这方面更容易适应，因为罐内的二氧化碳压力，就像罐装啤酒一样，使其能够承受挤压。对于非起泡葡萄酒饮料可以使用液氮。当注入罐时，液氮在升温时变成气体，以气体的形式比液体占据更多的空间挤压罐壁，使其具有更强的抗碎性。

利乐包装葡萄酒

葡萄酒的利乐包装并不是一种新的包装，但它的市场份额正在增长。消费者希望在包装大小方面有更多的选择，从单一服务到大的可再密封纸箱。纸箱的技术涉及三种材料，纸板、聚乙烯和铝。这三种材料用热和压力压缩，形成对产品的六层保护，由此产生的包装能够阻挡光线、空气和湿气。这种包装的主要缺点是，没有传递出高端葡萄酒的营销信息，即使里面的产品很可能是非常高端的。

盒装葡萄酒

盒装葡萄酒并不是一个新概念，由于其实用的储存方式和易用性越来越受欢迎。更大的包装尺寸导致更低的运输成本，意味着葡萄酒可以更低的价位提供，在消费者心目中是一个明显的好处。箱内袋子的概念使用了一种复杂的系统，是由不同的挤塑塑料组成的多层结构。密封的喷嘴不允许空气进入包装，通过阻止葡萄酒与氧气的接触，将新鲜度延长到第一杯倒酒后的 4 周（最多甚至 6 周）。虽然一些葡萄酒消费者看不起这种包装，但一些营销公司利用这一事实扭转局面，嘲笑葡萄酒鉴赏家的伪装，强调这只是杯子里葡萄酒的味道，而不是包装赋予的所谓地位。

在过去的两年里，人们对袋装葡萄酒的态度发生了变化，现在被认为是一种"聪明的休闲"产品。尽管曾经盒装葡萄酒不是屡获殊荣的美酒，但这种情况最近几年也发生了变化。这种包装在有环保意识消费者中的流行推动了对更高质量葡萄酒的需求，一些酒厂现在正在使用这种包装交付一些顶级产品。

餐厅桶装葡萄酒

解决了罐装葡萄酒需要解决的许多相同问题（单一服务，可以尝试多个不同的玻璃杯，而不需要尝试一整瓶），餐馆的桶装葡萄酒正在寻找一个不断增长的市场。与啤酒一样，使用不锈钢和 PET 小桶，因为无须保留退货和再灌装系统，使 PET 得以发展，从而降低了长途运输的成本。

过去进入的一个主要障碍是缺乏一个结构化的灌装、退货和再灌装系统，类似于啤酒行业多年来已经存在的系统。酒桶需要 304 型不锈钢和特殊软管，以防止氧气进入（氧气屏障管）。不能使用 303 型不锈钢，因为黄铜在酒的 pH 值下会腐蚀，导致产生硫磺和污染的味道。将葡萄酒推向水龙头的气体是一种混合气体（例如 75% 的氮气和 25% 的二氧化碳）。

一个 20 L 的 PET 桶代替了 27 个玻璃瓶，避免了因软木塞污染而造成的浪费、腐烂和破损，因此，PET 桶中的现成葡萄酒是一个很受欢迎的选择。棕色酒桶的颜色可以保护葡萄酒免受紫外线的伤害，公司还采用了自己的氧气屏障技术限制氧气进入，减少二氧化碳的损失。在灌装之前用氮气喷出酒桶，并使用氮气从酒桶的顶部空间去除氧气以保护葡萄酒。例如，未开发的 PetainerKeg 有 9~12 个月的保质期，开封后有 2 个月的保质期。PET 桶为餐厅提供了更多选择葡萄酒的机会，并允许提供各种玻璃杯大小的葡萄酒，使其更容易为顾客提供小规模的品尝，增强了葡萄酒选择体验。

科技中的葡萄酒——强化包装

葡萄酒也开始出现在技术强化包装中，比如 Kuvée 系统。在创新包装方面，与产品信息技术配对。Kuvée 系统包括一个允许你更换进出酒罐的系统，从系统倒至酒瓶后，它会密封酒瓶使其保持新鲜，并允许同时打开多个酒瓶，每个酒瓶最长可保持 30 天的新鲜度。罐子插入的容器会点亮前面的屏幕，上面有葡萄酒标签和背景故事，食物搭配的建议和瓶子里还剩多少酒的信息，消费者都可以看到。消费者还可以（直接从瓶子中嵌入的软件）订购续杯，并通过 Kuvée 电子商店自动发货。

可回收玻璃杯的葡萄酒

酒杯形状的可回收容器是 Zipz 新包装技术的另一个例子。他们的单次服务包括再密封玻璃杯，其由环保 PET 和专利包装技术组成，以阻止氧气进入和防止溢出，直到玻璃从盖子上拉开拉链。一旦拉开拉链，盖子就会形成玻璃杯的底座。这款

PET 酒杯因为便捷性和可带入不能使用玻璃场所的能力，获得了 2015 年度世界饮料功能奖（Beverage World Functional Award）。

配酒系统

具有吸引力的大型系统可容纳多瓶葡萄酒，具有触摸屏功能、温度和音量控制（例如 Envate 系统可以在一个单元中容纳 16 瓶葡萄酒），并允许葡萄酒通过气体系统（使用氮气或氩气防止葡萄酒氧化）直接从瓶子吸至玻璃杯。这款酒在开瓶后保持了 3 个多星期的特性，尝起来就像刚开瓶一样。它提供了对一杯葡萄酒进行品尝测试的吸引力。此外，该系统还可以设置一张酒卡，允许顾客自助服务（例如在没有现场调酒师在场的精品酒店酒吧）。这些系统在消费者中也很受欢迎，他们喜欢冒险品尝不同葡萄酒，而不是在尝试不同的葡萄酒时与葡萄酒管家或调酒师打交道。

家庭鸡尾酒系统

保乐力加（Pernod Ricard）正在开发一项类似于葡萄酒分配系统的家庭鸡尾酒系统技术（"智能酒吧"名称 OPN）设计，于 2018 年推出。这个概念是一种智能饮料机，有六种不同的酒盒（取代了传统的瓶子）和智能技术，可以让人调制出完美的鸡尾酒。它还将监控和订购供应品，以确保您不会用完，并可以向您发送促销优惠和产品更新。它被设计成一个外观漂亮的系统，可以放在桌子上，代替通常在家制作鸡尾酒所需的一组瓶子和混合物。技术方面还解决了消费者对连接到互联网的智能技术产品的需求。

标签和包装罐

瓶子标签生产技术的进步是一个有趣而有创意的创新领域。例如对各种元素（温度、紫外光、水分、黑光、黑暗中的发光）起反应的标签、导电标签、全息浮雕标签、可剥离标签、可用作光障的模具标签、触觉标签，以及划痕和嗅觉标签。出于安全考虑，标签可以包含 RFID，也可以创建用于与智能手机交互的标签。在创意营销的标签选择方面，创新的水平从未像现在这样高。有些标签是可以独立存在的艺术品。漂亮的啤酒网致力于展示来自啤酒界的平面设计，浏览起来既有趣又令人愉悦。

不仅是贴在瓶子上的标签有很大的创新，而且技术也继续发展。Molson Coors 加拿大分公司与密西西比州贝茨维尔的皇冠工厂合作，于 2017 年夏天在特殊的灯罐上推出了阳光激活的墨水。这种变色油墨暴露在紫外线下时，可以看到明亮的夏日颜色，推出了六种限量版设计并仅供加拿大市场使用。此外，当罐冷却时，使用热敏墨水会使山峰图案变为蓝色（表示罐已准备好饮用）。新的罐使用了两种墨水技术，14平方英寸（约为90.32cm²）大小的热致变色墨水覆盖了迄今为止啤酒罐上最大的面积。

除了以新的方式装饰罐的油墨创新之外，还有一些罐可以提供质感和声音。麒麟推出了Hyoketsu（一种受欢迎的烈性酒和新鲜果汁的混合物），使用了一个罐，在打开的时候，一个浮雕的钻石图案会突出来，在这个过程中会发出一种声音，就像玻璃杯里的碎冰（由于罐失去了正压力）。

创新罐在市场上的发展似乎没有限制。传奇唱片公司Island Records推出了一款精酿IPA啤酒，目的是创造出与音乐主题相辅相成的啤酒。凭借"最佳罐"赢得了2017年度世界饮料创新奖（World Beverage Innovation Awards 2017）。Crown Bevcan与Island Records啤酒公司合作提供了一款啤酒罐，不仅将柔软的清漆和冰冷的手感结合在一起，而且还通过一款应用程序（Shazam）补充了消费者喝啤酒的体验，该应用程序可以扫描罐，并立即将消费者链接到Island Records在音乐流媒体服务Spotify上创建的情绪播放列表。这些罐在消费者打开和消费产品之前，就将视觉、触觉和声音体验结合在一起，然后由饮料体验的味觉和气味成分进一步补充。

六罐包装环

塑料六罐包装环，虽然方便消费者，但对海洋和其他野生动物有非常负面的环境影响。佛罗里达州的一家啤酒厂和纽约的创意机构（We Believers）共同努力，生产出一种可100%生物降解和堆肥的可食品用六罐环。这个包装环类似于咖啡店使用的可回收纸浆纤维饮料载体，由啤酒厂的残渣（小麦和大麦）制成。该产品预计将在未来6~12个月内上市，并因其在环保方面的益处已经在社交媒体上引发令人激动的反响。

其他发酵产品

康普茶

Kombucha（康普茶）是一种发酵的微起泡的加糖红茶或绿茶饮料。酒精含量通常很低，认为起源于2000多年前。传统上是一种家庭酿造的饮料，但现在已经重生为一种时髦的发酵产品，营养丰富，其生产中使用了细菌和酵母（称为SCOBY）的共生混合物。商业瓶装康普茶并不新鲜，在过去的几年里，市场表现出强劲的增长，康普茶现在已经成为美国的主流。许多康普茶生产商最初是家庭酿酒商，后来通过与全食超市（Whole Foods Market）等分销商合作将其产品商业化。康普茶现在是美国功能性饮料市场上增长最快的产品之一，但在一些州因为酒精含量标示（和随之而来的税收问题）受困，由于饮料中存在活体，可能会上升到 0.5% 以上的酒精含量。因为在某些情况下，可能会继续发酵。这种饮料有许多添加风味的选择，与寻找不同产品的消费者很好地结合在一起。这种产品被认为是比汽水更健康的选择，特别是考虑到目前人们关注的饮食对人体肠道微生物群的影响。

白酒（独特的固态发酵工艺）

随着产品的全球化，人们特别感兴趣的是中国蒸馏产品白酒，已经有 5000 多年的生产历史，主要是以高粱为底物的固态发酵工艺。这与啤酒、葡萄酒和烈性酒的传统液体系统有很大的不同。酒精不是在液态发酵罐环境中产生，而是在半固态基质中产生，然后蒸馏和陈化产品。在中国，有超过 1 万家白酒制造商使用古代传承下来的工艺生产白酒，蒸馏液在陶罐或窖池中陈化。它的生产是一个非常独特和工艺驱动的过程，其使用了数千年流传下来的技术，以及细菌和真菌培养。

虽然白酒是全球消费最广泛的烈性酒，但在中国以外很少有人熟悉它。白酒占全球烈性酒销售额约三分之一，现在是世界上最畅销的烈性酒。它的酒精含量非常高，一般在 40%~60%。"茅台"是最著名的白酒，正设法打入中国以外的市场，并在北美的时尚酒吧当作一种特殊的鸡尾酒成分，向消费者介绍时通常被称为原汁原味的"烈酒"。

Derek Sandhaus（2014）用英文写了一本优秀的书《白酒：中国烈酒精华指南》。这本书既提供了对白酒的历史和技术见解，也提供了对这种大多数西方世界都不熟悉产品的技术见解。虽然白酒肯定不是一种新产品，但就其在中国以外的消费者而言，它是一个崭新流入的产品。

蒸馏但不含酒精的饮料

另一个新进入饮料市场的是"Seedlip"，是一种铜锅蒸馏但不含酒精的饮料。它的味道是冷浸泡和蒸馏植物的混合，作为高端酒吧和餐馆的各种混合使用的优质产品销售，以创造各种不含酒精的特色饮料。营销活动使用了一句老生常谈：解决"不喝酒的时候喝什么"的两难境地。

以类似的方式，丹麦杜松子酒品牌 Herbie 最近推出了一种名为 Herbie Virgin 的不含酒精的杜松子酒。它的目标是为无酒精的替代市场生产一种具有杜松子酒味道但不含酒精的产品。刺柏、苹果、薰衣草和橙皮的风味成分是用水蒸馏的，与酒精产品使用的蒸馏设备相同，因为他们认为，与只让草药在没有蒸馏过程情况下的吸水相比，水蒸馏会产生更复杂的味道和香气。

质量和产品完整性

随着手工酿造和现在蒸馏的兴起，酿酒商和蒸馏厂过去面临的主要问题之一是：规模较小的企业负担不起昂贵的实验室设备或人员进行分析，以确保过程保持在既定的质量参数范围内。

最近，由于较小的生产商/家庭酿酒商占主导地位，已经成为一个足够大的市场，设备制造商可以为实验室开发包括一些利用智能手机数据处理能力的产品。

Anton Paar 的 EasyDens 仪器就是这类新设备的例子，是一种针对家庭和小型手工酿酒商的密度和萃取计。它与消费者的智能手机相连，仍然使用的是与大多数设备齐全啤酒厂质量控制实验室中使用的更大的工业密度计相同的振荡 U 型管的技术原理。它使酿酒商密切监控发酵进程，并在不使用比重计的情况下知道发酵何时完成。

德国 Oculyze GmbH 公司推出了另一项创新技术，解决了小型微生物学实验室中最繁琐的工作之一，那就是使用显微镜手动进行酵母活性细胞计数。它结合了"亚甲蓝"（细胞染色时最受欢迎的耐久染料）、智能手机技术和一款网络应用程序。使用图像识别软件，该产品可以在不到一分钟的时间内一次测量确定细胞浓度、萌芽细胞数量和培养物的活性分析。智能手机显微镜包括一个可拆卸的光学模块（约 400×）、一个智能手机、一个应用程序，以及与托管图像识别软件连接的服务器。用户可以从任何位置访问 Oculyze 加密云平台，查看酵母图像和结果。在对酵母进行分析之前还有一个很短的步骤，就是用染色剂稀释酵母，但对于啤酒酿造商来说，计数过程已经以非常经济高效的方式得到了简化，他们可能买不起市场上可用的更自动化但相当昂贵的细胞存活率分析计数器。

酒精产品营养和卡路里含量的透明度和标签

酒精饮料行业在标签方面一直专注于酒精含量，但生产中使用的营养信息和（或）原材料通常是缺乏的。在全球大多数市场，酒精饮料都不受营养和过敏原标签的限制。在过去的几年里，标签上显示的信息发生了变化。有时，这些变化是由于政府规则的改变，但更多的时候是因为要求更透明的产品信息，特别是千禧一代的消费者。无论标签关注的是卡路里、酒精含量、营养价值还是原料来源（即不含麸质、不含转基因），酒精饮料类别都在发生变化。2017 年 7 月，帝亚吉欧成为第一家宣布将向消费者提供标签上酒精和营养成分的全球酒精饮料公司。这种透明度是消费者所要求的，但也带来了如何在一个包装上包含所有必要信息的设计问题。随着交互式包装技术的快速发展，在未来的几年里，除了传统标签之外，将有许多选择可解决这个问题。

可追溯性

随着技术的不断进步，跟踪产品并随后与最终消费者互动的能力也在不断发展。皇冠控股公司的 CrownSecure™ 就是一个例子。代码扫描系统会给每个包裹分配一个独特的身份快速响应码（QR）。这些信息存储在 Cloud Datamatrix 数据库中，零售商或消费者可以通过扫码访问该数据库。这允许跟踪产品并验证其真实性（通过在多个位置观察多个扫描）。通过将独特的数字智能嵌入每个单独的单元中，使产品同时具有可跟踪性和交互性。

Amcor Capsules 最近发布了一款名为 Integral 的防伪智能胶囊，使用 NFC（近场通信）标签来传输瓶子之前是否被打开和重新密封的信息，以及关于饮料的进一步信息。安装在密封葡萄酒或烈性酒胶囊中的芯片与靠近瓶口的 Android 智能手机相互作用。在确认真实性的同时与消费者联系，提供生产、历史、服务等信息。产品隐藏在盖中，因此不会破坏原始包装的外观。目前的市场目标是高档葡萄酒和烈性酒，第一个采用这项技术的产品是法国庄园葡萄酒。

识别假冒液态产品的全自动技术

积极主动的打假策略不仅是为了维护品牌声誉，也是为了保障消费者的安全。已经有许多有害和潜在致命的产品（主要是高浓度甲醇）被非法替代到品牌瓶中的情况，消费者购买这些产品是因为相信其是信誉良好的品牌。

曼彻斯特大学的研究人员已经开发出第一个使用激光进行酒精饮料分析的手持工具（Ellis et al.，2017）。它可以穿透彩色玻璃和不透明塑料等材料，在 1 min 内就能对瓶内的产品分析结果。使用这项技术，能够在添加的测试样品中检测到低于 0.025% 的甲醇（一种有毒化合物）。这项技术（SOR，空间偏移拉曼光谱）最初是为探测隐藏在机场玻璃和塑料瓶中爆炸物而开发的。

苏格兰公司 Distilled Solutions 是从 M Squared Laser 公司剥离出来的，M Squared Laser 公司也在为军方开展工作。该公司正在开发一种名为调制拉曼光谱的专利技术，可以从瓶子外面非侵入性地识别瓶内的液体。他们的最终目标是开发一种可以在野外使用的手大小的仪器。一旦扫描了瓶内的液体，扫描就可以与位于生产工厂的指纹设备建立的数据集进行匹配，在生产工厂对批次进行扫描后，就会离开。生产的任何新白酒都将数据集中，并能够在现场进行匹配以确认真实性（Klaverstijn，2017）。

德国海德堡大学的一组研究人员最近发表了一篇关于他们所说的"合成舌头"的论文，这是一种使用不同荧光染料的技术。当威士忌与染料混合时，染料的亮度会有微妙的变化，让人可以看到特定威士忌的高度特定的轮廓。参考样本与测试样本一起，使人们能够明确地说出它是真正的样本还是假冒伪劣的样本（Han et al.，2017）。

展望

酒类行业面临的最大挑战之一是电子商务的崛起。当消费者不再需要亲自出现在零售环境中从陈列架上选择产品时，购买体验将发生巨大变化。新的分销渠道将如何影响消费者选择饮料的方式？产品全球化给生产者和消费者都带来了新的机遇。啤酒和烈性酒的工艺引擎将继续给市场带来许多变化，因为规模较小的生产商可以更容易地试验产品创新，并将其迅速推向市场。

然而，真实性和质量永远是赢得消费者信任和再次购买的关键。随着智能手机技术的普及，今天的消费者受过更多的教育，要求该行业在饮料生产和包装的各个方面提高透明度。

参考文献

Delgado-González MJ，Sánchez-Guillén M，García-Moreno MV et al（2017）Study of a laboratory-scaled new method for the accelerated continuous ageing of wine spirits by applying ultrasound energy. Ultrason Sonochem 36:226–235. https://doi. org/10. 1016/j. ultsonch. 2016. 11. 031.

Ellis DI，Eccles R，Xu Y et al（2017）Through-container，extremely low concentration detection of multiple chemical markers of counterfeit alcohol using a handheld SORS device. Sci Rep 7:12082. https://doi. org/10. 1038/s41598-017-12263-0.

Forbes（2016）This July 4th，drink wine in a can（or a box，or a carton）. 30 June 2016. https://www. forbes. com/sites/brianfreedman/2016/06/30/this-july-4th-drink-wine-in-a-can-or-a-box-or-a-carton/2/#39319b297da7.

Han J，Ma C，Wang B et al（2017）A hypothesis-free sensor array discriminates whiskies for brand，age，and taste. Chem 2（6）:817–824. https://doi. org/10. 1016/j. chempr. 2017. 04. 008.

Klaverstijn T（2017）Could this little black box end fake whisky? 6 July 2017. https://scotchwhisky. com/magazine/in-depth/15119/could-this-little-black-box-end-fake-whisky/.

Sandhaus D（2014）Baijiu: The essential guide to Chinese spirits. Penguin，UK.

第6章 酒精饮料：技术与下一代营销

摘 要 在过去的 10 年里，传统的营销方式已经超越了平面、广告牌、广播和电视广告。随着新技术增强方法的产生，市场营销不断发展，有了更多的选择。营销人员正在扩大识别、针对和联系各种消费群体的方式。涵盖的主题包括千禧一代的影响、社交媒体、真实性、人工智能、增强现实和虚拟现实、超个性化、身临其境的体验、忠诚度计划、感官营销、游客中心，以及品牌的声音。

关键词 酒精饮料；消费者；超个性化；营销；千禧一代；智能手机；社交媒体；技术

引言：千禧一代消费者正在改变技术在营销中的角色

千禧一代是指在 2000 年左右进入成年早期的一代。到 2016 年中旬，千禧一代已经超过婴儿潮一代，成为美国在世人数最多的一代，而这一代人中的大多数人现在是合法的饮酒年龄。千禧一代消费者往往不信任传统的广告方式，他们对国家新闻媒体的看法在过去 5 年中变得更加消极（Pew Research 2016）。与前几代人不同，千禧一代从数字世界收集信息，他们坚信数字技术的作用让生活更轻松。作为历史上互联程度最高的一代消费者，千禧一代对数字世界高度上瘾，大多数人每天使用 2~3 台科技设备（Elite Daily 2015）。千禧一代与技术的联系，以及作为购买力迅速增长的消费者群体的角色，正在改变营销行业的焦点，挑战营销人员的营销方式，以更好地解决千禧一代消费者的习惯和行为（图 6.1）。

作为伴随着星巴克长大的一代，星巴克提供了超过 8.7 万种饮料选择，千禧一代将定制产品视为一种预期的选择，而不是一种独特的、与众不同的特征。千禧一代希望品牌能在社交媒体上与他们互动，社交媒体是他们首选的沟通媒介。虽然婴儿潮一代倾向于购买上好的葡萄酒或烈性酒来饮用，以达到"简单的饮酒享受"，但千禧一代希望购买成为一种"社交饮酒体验"的一部分，并愿意支付高价购买一种成分独特或品牌故事引人入胜的饮料。事实上，数字通信的使用为营销者提供了一个在幕后提供独特体验的机会，这些体验只有在技术选择增加的情况下才能获得。千禧一代在网上发布品牌或产品信息的首要原因是希望分享他们对产品质量的看法（Elite Daily 2015）。要赢得千禧一代消费者的品牌忠诚度和品牌宣传，产品质量至关重要。

热爱科技，尤其是增强和虚拟现实

对社会和环境负责

专注于饮酒和饮食体验

想从人而不是从公司购买

珍视不寻常的饮料

乐于分享观点

寻找真实性

需要定制和超个性化

认为产品质量至关重要

寻找健康饮品观念

图 6.1　千禧一代观念

与品牌一起发声

千禧一代的消费者会寻找重视自己意见的品牌，积极寻求消费者对新产品开发反馈的品牌就是例证。虽然前几代人在做出购买决定时可能会关注便利性和价位，但千禧一代将体验的价值交织在决定中，特别是与酒精消费决定交织在一起（Fona International 2016）。

千禧一代的葡萄酒消费呈现出与过去几年消费模式不同的趋势。根据葡萄酒市场委员会的数据，美国 36% 的葡萄酒购买者是千禧一代的饮酒者，其中 17% 的千禧一代饮酒者每瓶支付费用超过 20 美元，而所有饮酒者的这一比例为 10%。这种购买葡萄酒的行为也出现在千禧一代看重高端产品并享受产品探索的其他领域，这一切都因千禧一代对各种技术和智能手机应用的喜爱而加速。

Vivino 是一个很好的例子，说明了智能手机应用程序如何影响葡萄酒购买决定。Vivino 是一款网络应用程序，可以自动跟踪、整理扫描和评级葡萄酒。它帮助发现新的葡萄酒，甚至让你看到你的选择与你朋友的选择相比排名如何。它使用简单，因为只需要用智能手机扫描标签或酒单，应用程序就会立即显示葡萄酒的评级、评论，甚至是平均定价和订购选项（图 6.2）。

Vivino 上的众包可提供未经传统葡萄酒评级专家评级的葡萄酒评级，并允许添加自己的观点。Vivino 有超过 2300 万用户，超过 1000 万的葡萄酒清单和 6500 万的收视率（Forbes，2017）。对于消费者如何理性地决定购买葡萄酒，这是一个非常不同的模式，在有如此多选择的情况下，需要非常不同的营销方法才能让特定的产品脱颖而出。

图 6.2　使用智能手机应用程序即时获取葡萄酒信息和评级

特技营销

特技营销是一种旨在吸引公众注意力的促销方式或宣传活动，主要是为了媒体报道和提高消费者对产品的认识而安排的。

龙舌兰酒喷泉：Jose Cuervo 龙舌兰酒喷泉最近将他们的 Jose Cuervo 银色龙舌兰酒放入洛杉矶的三个不同的喷泉中，以纪念全国龙舌兰酒日（7 月 24 日）。在确保路过的消费者。年龄超过 21 岁后，在中午到下午 6 点，他们可以免费喝喷泉里的龙舌兰。这突出了产品的趣味性，使其有别于其他更注重精致和一致性的龙舌兰品牌。这很容易引起媒体的兴趣，并成为一个完美的、自拍友好的、社交媒体可分享的活动。

欢迎意见活动：Laphroaig 是一家艾雷单一麦芽苏格兰威士忌，在 2014 年发起了一项巧妙而滑稽的活动，现在每年都会进行。这是他们的组织的"欢迎意见活动"，利用了该品牌"爱它或恨它"的声誉。消费者被征求提交他们的品尝笔记，有能力赢得无数奖品，并为那些被认为有最好意见的人提供前往伊斯雷的旅行。该品牌说，"无论你认为我们无与伦比的液体就像你的'舌头被咸蟹捏了一下'，还是尝一小口就'比达斯·维德的葬礼柴堆还呛人'，都可以喝一口。"这项活动的幽默很好地融入了千禧一代寻找不同寻常的产品品味的体验，并与社交媒体营销很好地结合在一起（记住，提供意见和体验是千禧一代所珍视和享受的）。

人工智能：聊天机器人

技术的进步使品牌和营销者能够通过人工智能过程提供个性化的体验。聊天机器人是由人工智能驱动的应用程序，可以与消费者进行"自然"对话，成为品牌营销者寻求更有效率和更有效果地吸引客户的强大工具。一些分析师估计，到 2022 年，聊天机器人的引入可能每年为公司节省高达 80 亿美元（Juniper Research 2017）。

技术和饮酒/饮食体验

2017 年，Bud Light 首次发布 Bud Light Touddown Glass，免费提供技术支持的眼镜，在特别标明的情况下，在一些场地和网站上出售。这款玻璃眼镜连接到移动应用程序上，每当球迷最喜欢的足球队得分时，它就会亮起，这是为了增强消费者的游戏和饮料体验。

为了给消费者带来整体的吃喝玩乐和科技感官体验，有一些活动比如 Stella Artois Sensuria 活动，目的是提高品牌的高端认知度。高端餐饮为所有五种感官提供了身临其境的体验，同时突出了饮料并发挥了千禧一代消费者价值观的所有方面。被吹捧为一生只有一次的特殊用餐体验，只有凭有限的门票方可体验。这是消费者想要在他们社交媒体网络上分享的东西。Stella Artois 的首次身临其境体验于 2015 年在多伦多举行，其中包括由米其林厨师准备的多道菜的美食大餐搭配啤酒（味觉），在弹出式投影穹顶中围绕用餐者投射 360 度电影（视觉），亲手触摸和准备一些菜肴食材（触觉），过程主题音乐（听觉），以及服务员用喷雾瓶为当晚不同阶段提供特定的香味（嗅觉）。随着感官营销被用来将产品与消费者联系起来，像这样的盛大活动，使用创造性的感官营销和快闪活动，正变得越来越常见。

2016 年，Malibu 测试了多款联网饮料杯，利用物联网（IoT）技术在酒吧开发了按需送饮系统。允许顾客通过扭动杯子底部向工作人员发出信号，简单地连接到吧台上。杯子不同闪光让客户知道订单状态。Wi-Fi 和 RFID 技术，加上智能手机应用程序，使酒吧工作人员能够将正确的饮料送到正确的人手中（Internet of Business，2016a）。使用类似的技术，马蒂尼试验了一种使用蓝牙技术的物联网冰块，可以预测饮料何时喝完，并与酒吧实时沟通以确保续杯，而不必排队或试图在吧台吸引服务员的注意（Internet of Business，2016b）。

技术和忠诚度计划

旨在奖励经常从品牌购买的客户的忠诚度计划也在经历技术驱动的演变。现代的忠诚度计划不仅仅是将折扣卡转移到在线平台，而是一个奖励忠诚消费者的机会，通过创造独特的产品，并在这个过程中更多地了解客户的行为。百威英博（AB InBev）希望通过品牌参与和对其 Busch 啤酒品牌的奖励来刺激销售并建立忠诚度。他们推出了 Busch Bucks，这是一个忠诚度计划，消费者在购买 Busch 产品时拍下收据照片并获得积分，可以换取商品。他们打出了"1. 买下 Busch。2. 获取积分。3. 获奖。"的口号。他们通过社交媒体平台提供了对该项目的额外支持，创造了关于人们如何使用 Busch Bucks 的消费者对话。消费者可以用积分换取一件 Busch 高尔夫球衫等消费礼品，还有机会赢得 100 万美元的奖金（2017 年《体育商业日报》）。通过推出数字忠诚度计划，百威英博可以接收消费者层面的购物模式数据，如频率、支付方式、门店位置、消费者年龄、联系信息、电子邮件和社交媒体账户。这使他们能够在以后联系主要目标消费者以获得更多计划。

喜力还推出了一项数字忠诚度计划，将其并入了他们配备了信标的场馆和 GPS 技术计划。通过在新西兰 120 个地点安装蓝牙信标，在 iPhone 上安装了这款移动应用程序的消费者有机会在每次路过品牌门店时赢得大额商品，如前往特殊活动的直升机交通工具和餐饮券（Mobile Marketer，2016）。从营销者的角度来看，创建一个忠诚度计划，使用 Beacon 技术为用户提供前往活动场所的积分和购买喜力产品的额外积分，将更广泛的品牌知名度与实际转换联系起来，为创建从零售到酒吧的桥梁开辟了新的天地。

游客中心和品尝之旅

长期以来，游客中心、品尝之旅和公路旅行一直是向大量感兴趣的消费者讲述品牌产品故事的有效工具。参观一些生产商并在路线上品尝产品，对消费者来说是一种越来越受欢迎的消遣方式。

这种类型的活动可以帮助消费者建立与品牌的联系，为他们提供观看产品是如何制作的体验，并品尝和了解其不同寻常或有趣的方面。都柏林的吉尼斯百货游客中心向游客讲述了爱尔兰最具标志性的品牌之一——吉尼斯啤酒的故事。2015 年，击败了埃菲尔铁塔，被评为欧洲领先的旅游景点。2016 年，接待了创纪录的 160 万游客，让每个人都感受到了吉尼斯啤酒的故事。

在美国，著名的肯塔基州波旁步道之旅成立于 1999 年，2016 年接待了 100 多万游客。肯塔基州波旁酒作坊参观之旅于 2013 年加入，旨在满足人们对酿酒厂崛起的兴趣，包括 13 家工艺酿酒厂。2016 年接待了 177228 次参观，教育消费者了解一般的波旁威士忌，了解不同的品牌及其独特的工艺（Kentucky Bourbon Trail 2017）。

苏格兰有五个不同的威士忌产区，每个产区都生产该地区独特的产品，123 家苏格兰威士忌酿酒厂中有一半以上向公众开放，2016 年吸引了超过 170 万游客。人们对酿酒工艺蒸馏的兴趣增长是非常明显的。一些人利用威士忌和食物搭配的用餐体验；另一些人在设施中提供主题公园式的游乐设施。广告中最令人向往的旅游之一是 Glenfiddich VIP 旅游——这是一种独家 VIP "幕后" 旅游，只有当你是私人飞机公司 Air Partner 的客户时才能获得。礼宾体验包括入住庄园内格兰特家族的私人住宅——这是一种真正的 "金钱买不到" 的体验（当然，您还可以将直升机降落在隔壁的 Balvenie 酿酒厂）。

技术扩大了体验式营销的选择范围，现在消费者甚至可以在建造之前就参观景点。当德舒特斯啤酒厂发起了一项建造一座价值 8500 万美元的新啤酒厂的活动时，首先开设了一家酒吧，邀请消费者品尝他们的产品，并在酒吧提供虚拟现实体验，顾客可以在那里进行一次虚拟的啤酒厂之旅（The Bulletin，2017）。

虚拟现实体验式营销不需要局限于参观工厂和生产设施，它也是一个提供来自其他地点的独特和令人难忘的体验的机会。伦敦奥德乌奇的一家豪华酒店供应有 12 年历史的达尔莫尔威士忌鸡尾酒（威士忌混合樱桃泥和西柚汁），该饮料伴随着 VR 护目镜的使用，将消费者送到酿酒厂所在的苏格兰高地地点以增强他们对鸡尾酒的享受（Vogue，2017）。

Innis&Gunn 一直在试验为消费者提供虚拟现实护目镜（三星 VR 耳机和耳机的组合），前提是当他们沉浸在 VR 地点时，会品尝到不同的啤酒味道。他们与认知神经学家乔利博士合作，创造了虚拟现实内容，将你从你所在地方的视线和声音带到不同的苏格兰远景。这样做的目的是欺骗大脑，让他们认为在苏格兰的那个地方，并用这些景象和声音作为品尝啤酒的指南来品尝啤酒。这种体验应该会触发大脑向味蕾发送新的信号，因为你不再受看到正在喝的产品的束缚。一旦你对你通常根据味觉记忆使用的线索不再敏感，理论上你的味觉就会变得更加开放，允许对这种液体进行更多冷静的分析思考，这可能会导致发现啤酒中的新味道。

顾客寻求真实性

都柏林的皮尔斯·里昂酿酒厂（Pearse Lyons Distillery）采取了一种不同的方式来推销其威士忌，将游客吸引到位于历史街区"自由区"（The Liberties）的精品酿酒厂。都柏林的这一地区曾经是 40 多家酿酒厂的所在地。这家酿酒厂于 2017 年开放参观，不同寻常的是，它建在一个遗产遗址——前圣詹姆斯教堂（St. James Church）内。翻新和设计景点所付出的关怀和爱，把它变成一个运营的酿酒厂和游客中心，对所有者来说是一次爱的旅程。

这家酿酒厂内外都令人印象深刻，翻新费用超过 2000 万美元，以其定制设计的彩色玻璃窗和明亮的玻璃尖顶向遗址的遗产致敬。历史悠久的圣詹姆斯教堂遗址为游客提供了独特的学习体验，其有趣的历史故事可以追溯到 12 世纪。参观该网站不仅是为了体验，也是为了讲述一个故事。当人们参观的时候，不仅是参观酿酒厂部分，还可以了解和参观邻近的墓地（主人自己的祖父埋葬的地方），并了解教堂的历史。旅行团规模很小，从不匆忙。每一次参观都是为了讲述威士忌的故事、自由区的故事和墓地的历史，并使之成为一次个人非常难忘的经历，最后品尝三个酿酒厂的优秀产品样品。在大多数游客中心都在利用科技加强参观的时候，这是一个背道而驰的游客中心，依靠个人故事、小旅行团，透露着真实性。对于触摸心脏、大脑和味觉的参观者来说，这次参观是一个意想不到的惊喜。

寻找不同寻常之物的顾客

地下酒吧：地下酒吧的复兴（在禁酒令时代，隐蔽酒吧被称为"地下酒吧"）。隐蔽的地下酒吧在许多城市如雨后春笋般涌现，每个都有独特的主题和难找的位置，这使得参观它成为一种非常不同的体验。这些地点以其独特的装饰吸引着消费者，他们喜欢隐藏的方面，喜欢发现地下酒吧的位置，如何进入它的乐趣以及禁酒令的历史。快闪活动也很受欢迎，经常有酿酒商提供他们产品的品尝样品，并利用这些活动通过口碑来推销他们的产品。

孟买蓝宝石杜松子酒和伟大的旅程：随着消费者越来越多地在网上购物，他们仍然渴望个性化和身临其境的体验，快闪可以提供这一点。规模和创意体现在这些快闪活动中，孟买蓝宝石杜松子酒"盛大之旅"活动就证明了这一点。孟买蓝宝石杜松子酒最近使用了一辆功能齐全的蒸汽火车来给顾客提供这样的体验。然而，火车从来没有离开车站，而是用光、声音和口味将参与者运送到不同的国家。一位米其林厨师准备了各种菜肴来搭配注入的鸡尾酒。在旅途中，人们探索了孟买蓝宝石杜松子酒中的十种植物，每种植物背后都有一种特殊的鸡尾酒和故事。这使得关于杜松子酒的深入知识能够以一种独特而令人难忘的方式传播，而且也以一种在社交媒体上非常可分享的方式呈现出来。快闪活动可以提供以品牌为中心的亲密体验，其中的规模和创造力是无限的。

居家社交：我如何创造自己的饮料或体验？

居家社交：Diageo 在其未来趋势研究中指出，技术将重新定义居家社交（Diageo 2017）。这一趋势可以从只需轻触按钮（或通过电子商务下单）的产品和体验，类似于 Keurig 类型的咖啡机技术和家庭蒸馏系统的自动化控制系统的激增中看出。顾客正在寻找各种选择，用成人酒精冰激凌（葡萄酒冰激凌和烈性冰激凌）等产品，让家里的社交体验变得"在家享受"。

居家享受：为了在家中享受，Courvoisier XO 礼包（Célébra Sensorielle）不仅包含干邑白兰地瓶装，增加了味道体验，还包括在饮用产品时点燃的香锥（蜡烛）。其目的是让体验巴黎的美丽时代的灵感，把你带回一个似乎更简单和充满优雅的时代。一种是蜜饯橙子、广藿香和烟草（让人联想到天黑后的巴黎），另一种是香草、咖啡和新鲜面包（让人联想到白天的巴黎）。这些香味的加入和描述，为饮酒场合增添了新的感官享受。

增强现实与虚拟现实技术

随着增强现实和虚拟现实成为经济现实，预计将产生巨大的整体影响。与个人电脑、互联网和智能手机带来的经济转型类似，专家们认为 AR 和 VR 技术将对行业和经济产生类似的影响（财富，2017）。这种影响还将体现在它们在酒精饮料营销的强化使用上。根据帝亚吉欧（2017）的一项研究，预计到 2018 年，活跃的 VR 用户数量将达到 1.71 亿。

增强现实（AR）技术不应与虚拟现实技术（VR）混淆，因为 VR 需要身临其境的头盔。增强覆盖将虚拟 3D 图形添加到我们的真实世界中（增强），而虚拟世界让我们沉浸在一个新的合成世界中，这个世界有 360 度视角，几乎没有来自我们实际所在世界的输入。增强技术更简单，进入门槛更低，通常只需要一个免费下载的智能手机应用程序。

增强技术已经使用了很多年，并不是一个新概念，但它现在的用途和技术方面都在扩大。一个例子是全球手机游戏现象 Pokémon Go，到目前为止，其应用程序在全球已被下载超过 7.5 亿次。玩家使用智能手机在手机传感器和摄像头的帮助下猎取覆盖在现实世界上的数字生物。这款游戏的流行表明，增强现实体验可以吸引大量观众，并将增强现实带入主流。估计 2020 年，AR 和 VR 将产生 1500 亿美元的收入。智能手机的功能越来越强大，可以将滤镜和动画添加到人们的照片（如 Snapchat）和视频中，还可以在直播流上覆盖特定于地理位置的内容，现在可以在数字世界和现实世界融合的地方创造独特的体验。

音乐和 AR 体验：Shazam 是世界上最受欢迎的免费音乐应用程序之一，歌曲识别器应用程序在 190 多个国家和地区的下载量已超过 10 亿次，Shazam 的用户每天超过 2000 万次。Shazam 一直在与公司合作，为他们的促销活动创建增强现实应用程序。2017 年春天，Shazam 宣布为其品牌合作伙伴、艺术家和全球用户推出新的增强现实（AR）平台。其中一个合作伙伴是比姆三得利，世界第三大优质烈性酒公司。新平台可以将不同的营销材料带入生活。客户使用这款应用程序扫描独特的 Shazam 代码，然后该代码将提供包括 3D 动画、产品可视化、小游戏和 360 度视频在内的 AR 体验。这一切都是关于身临其境的体验。

智能手机营销

技术已经成为千禧一代消费者购物方式中不可或缺的一部分。向精通技术的消费者群体提供方便获取的、手机友好的信息可以带来回报。虽然传统思维指出，价格和朋友/家人的推荐在过去一直是影响购买决定的最重要因素，但在线信息的作用越来越大，已经成为主要影响因素之一。移动购物应用的增长也在改变消费者的购物方式。由于对科技的喜爱，千禧一代通常比老一辈人更热衷于店前的喧嚣。消费者正在寻找易读的内容，可以随时随地阅读，使他们能够参与到产品中来，并做出快速和知情的购买决定。

社交媒体

千禧一代消费者比一般人更信任数字媒体，据估计，66% 的千禧一代信任搜索引擎作为他们的新闻和信息来源（Edelman，2016）。社交媒体活动在很大程度上已经不再是名人代言产品的传统营销方式，现在更多地专注于通过互动机会在网上制造轰动效应，并追求活动如此成功，以至于它们像病毒一样传播开来，这是一种经常被寻求但很少实现的地位。在数字营销领域，消费者在脸书、微信、推特、Instagram 及其他社交媒体平台上与观众分享他们的个人经历。千禧一代以每天至少花费 3 小时以上的程度关注着社交媒体信息。品牌并不控制这些由消费者主导的个人品牌传播，但它们对品牌既有好处，也有坏处。

营销人员正转向各种社交媒体平台，以在数字环境中与消费者建立联系，数字环境是他们日常生活的一部分。例如，Three Olives 伏特加的营销团队与约会应用 Tinder 合作，为配对情侣提供 2 美元的优惠，让他们在第一次约会时购买 Three Olives 鸡尾酒（市场营销日报 2017）。

实体店正在寻找新的方式将社交媒体引入他们的商店，因为他们知道，大多数年轻消费者表示，他们更有可能在受到社交媒体引用的影响时进行购买。

虽然不容易实现，但当社交媒体宣传活动像病毒一样传播开来时，一个强有力的创意或引人入胜的故事所能实现的消费者曝光率远远超过了典型的营销预算所能承受的媒体曝光率。例如，创意机构"我们信仰者"围绕一个可堆肥、可生物降解、可食用的啤酒罐支架环发起了一项活动，旨在取代六包啤酒和汽水罐上的传统塑料环，这一活动超出了典型营销活动的覆盖范围。他们产品创新的视频在 Facebook 上的点击量超过 2.5 亿次，全球浏览超过 80 亿次（UVAToday 2017）。

被感知的健康的酒精产品

酒精果汁是一种产品概念，结合了当前人们对健康饮料和对酒精含量的渴望，并遵循了许多健身房提供健康果汁的原则。在英国，被宣传为英国第一家含酒精果汁酒吧的零售商"超自然"，白天销售非酒精饮料，晚上销售酒精饮料。它位于健身房附近以吸引以健身房为导向的消费者。产品的例子包括一种名为 Piña Kale-ada 的朗姆酒饮料（朗姆酒、新鲜羽衣甘蓝、椰奶、羽衣甘蓝糖浆、枣汁、柑橘和熏制海盐）和一种名为 Beetrooter 的伏特加饮料（伏特加、甜菜根、苹果、生姜、龙舌兰、酸橙、蓝莓作为装饰品）。这一概念是否会扩大还有待观察，但与走向健康和独特的饮料的趋势是一致的，这是千禧一代经常表达的愿望。伴随着更健康酒精产品概念而来的是一系列被宣传和营销为"对你更健康"的产品（有机的、本地种植的、无麸质的、非转基因的、无糖或低糖含量的和低度酒精等）。

购物行为与科技

与科技的关系已经改变了千禧一代购买产品的方式。在购物时使用科技保持联系，可以很容易地联系家人和朋友寻求意见，阅读在线产品评论，比较价格，并立即在网上分享自己的经历以影响其他人。

对于将技术作用视为让生活变得更轻松的一代消费者来说，电子商务的发展正在改变营销者与消费者的联系方式。可以创造比店内体验更优越或更容易的在家购物体验。MillerCoors 和 IPG Media Lab 与按需送酒服务 Drizly 合作，为 500 名客户开发了一款品牌 Amazon Dash 按钮及一项 Amazon Alexa 技能，触发短语为 "开始Miller Time"（MediaPost 2017）。虽然仍处于试验阶段，但该项目设计目的是将啤酒1 小时轻松送到家中。

Dom Pérignon 正在美国选定的城市测试一小时送货服务。直接从其网站上提供复古产品，顾客在网站上选择想要的瓶子，输入送货地址和付款方式，订单在 1 小时内冷冻并准备好饮用（PR Newswire，2017）。

在数字时代，信息正以非同寻常的速度发现和传播，不需要成为这个行业的大玩家就可以吸引来自全国甚至世界各地的客户。闪电销售的引入也改变了一些消费者在网上购物的方式。闪电促销是电商商店提供的短期折扣或促销活动。产品数量有限，通常意味着折扣更高，而且有时间限制（通常是 24 小时或更短）。有限的供应推动了消费者的冲动购买。闪电销售起源于实体店，是一种抛售积压商品的方式。这种方式已经转移到网上，一些公司只提供快速变化的消费者产品的闪电销售。英维诺提供每日促销活动，葡萄酒零售价最高可达七折。闪电销售缺乏一致和有保证的选择，通过提供大幅折扣的产品来弥补消费者的不足。经常直接与酒厂合作，为消费者提供购买另一种产品的选择。

创新技术提高消费者洞察力

了解消费者的需求对任何营销者来说都是至关重要的信息。通过了解消费者的需求，可以创建与消费者利益相关的产品和活动。将重点放在对目标消费者最重要的元素上，不会耗尽支持消费者不看重元素的资源，从而节省金钱、时间和精力。然而，消费者研究并不是万无一失的，因为人类行为可能很难预测。在如何利用技术进行消费者研究方面的进步，可帮助我们了解人类行为及营销人员如何更好地与目标市场建立联系。从传统的人种学研究（Diageo，2017）帮助了解购买行为，到脑扫描解释为什么相同的葡萄酒在贴上更高的价格标签时，对参与者来说味道更好（Schmidt et al.，2017），很明显，营销者可以使用许多技术。

个性化和定制化是应用 VinFusion（由产品设计和开发公司——剑桥咨询公司开发）解决的两个趋势。它允许顾客通过使用简单的术语来个性化他们的葡萄酒偏好，比如酒体丰满或清淡、干燥或甜美。然后，使用风味算法混合四种基酒，根据消费者的需求混合和调配个性化的葡萄酒（剑桥咨询公司，2017）。这一概念发展的下一个阶段是添加机器视觉技术来获得消费者的洞察力。例如，结果表明男性似乎更喜欢酒体更饱满的烈性葡萄酒，而女性更喜欢柔和、清淡的葡萄酒，这些信息是在没有采访或问卷调查的情况下获得的。当一个人品尝基于他们进入互联移动应用而混合的独特葡萄酒时，图像识别技术会通过分析品尝后立即的面部反应来评估是否喜欢这款酒。性别和年龄也是由视觉识别技术确定的，允许对结果进行额外的分析。面部识别技术会更好地理解消费者的偏好吗？它会成为营销人员未来经常使用的工具吗？这个问题很有趣。最近的出版物（He et al.，2017；Yu 和 Ko，2017）描述了使用 Noldus 的面部表情和 FaceReader 技术的实验，表明这是一项需要研究人员进一步探索的技术以确定其适用性。

超个性化：可以预见的是，在未来顾客很可能会通过网站或在酒吧间场地的品尝会（如 Vinfusion 描述的那样），在微运行中创造自己的饮料。在葡萄酒公司 Vinome 的营销方法中可以看到超个性化。他们问这样一个问题："如果可以根据您的 DNA 为您科学地挑选葡萄酒会怎样？"然后为您提供随酒购买 DNA 试剂盒的能力，以便对您的 DNA 进行特定遗传标记分析。您的 DNA 结果将告诉您某些基因的存在或不存在，可以让您了解诸如您对苦味有多敏感和您是否有遗传性甜食等特征。尽管在这个阶段，将基因和口味偏好联系起来的技术仍处于非常早期的阶段（只测试十个遗传标记），但确实让我们瞥见了未来某一天可能发生的事情。DNA 可以为我们的饮料偏好提供有趣的见解，但问题仍然是消费者是否愿意通过 DNA 分析等个人化的东西进行超个性化，若不保密可用于其他目的，如拒绝未来某些情况下的健康保险。

展望

消费者对产品的个性化程度、便利性、生态敏感性和真实性的要求越来越高。他们不能容忍在质量方面的任何妥协。即时的满足感能够成为 Instagram 上的一种体验，一种可以保留的记忆，是今天的千禧一代消费者所追求的。包装比以往任何时候都更重要，可以用来吸引精通技术的千禧一代，提供个性化的饮酒体验及展示一家公司的创新能力。好玩和优质的包装将继续具有巨大的吸引力。电子商务将成为该行业一股巨大的颠覆性力量，因为不仅是一个销售渠道，而且迅速成为一个关键的营销渠道。然而，我们也知道，消费者仍然希望与品牌接触，快闪活动等选项提供了这一点，预计这些选项将比过去看到的更具创新性。对于营销者来说，这是一个令人兴奋的时期。随着技术的更新和应用程序每天进入市场，获得客户对某一产品或品牌的忠诚度从未像现在这样困难。

参考文献

Cambridge Consultants（2017）The future of consumer insights. 11 Sept 2017. https://www. cambridgeconsultants. com/media/press-releases/future-consumer-insights.

Diageo(2017) The changing face of socializing. 18 Jan 2017. https：//www. diageo. com/en/ news-and-media/press-releases/the-changing-face-of-socialising/.

Edelman(2016) The 2016 Edelman trust barometer—slide 45. http：//www. edelman. com/insights/ intellectual-property/2016-edelman-trust-barometer/global-results/.

Elite Daily (2015) Elite Daily Millennial consumer study 2015. 19 Jan 2015. http：//elitedaily. com/ news/business/elite-daily-millennial-consumer-survey-2015/902145/.

Fona International (2016) The 2016 trend insight report. Millennials：alcoholic beverages/spirits/ beers. http：//www. fona. com/sites/default/files/Millennials_alcoholic%20beverages_0116. pdf.

Forbes(2017) The launch of Vivino market could herald a new era in wine buying. 30 Mar 2017. https：//www. forbes. com/sites/brianfreedman/2017/03/30/the-launch-of-vivino-market-could-herald-a-new-era-in-wine-buying/#1de4059b5ed1.

Fortune(2017) Augmented reality may reinvigorate these three industries. 21 Sept 2017. http：// fortune. com/2017/09/21/augmented-reality-3-industries/.

He W，Boesveldt S，Delplanque S et al(2017) Sensory-specific satiety：added insights from autonomic nervous system responses and facial expressions. Physiol Behav 170：12 – 18. https：//doi. org/10. 1016/ j. physbeh. 2016. 12. 012.

Internetofbusiness(2016a) Malibu IoT cup makes bar queues a thing of the past. 20 Oct 2016. https：//internetofbusiness. com/malibu-iot-cup-queuing-bar/.

Internetofbusiness(2016b) Martini launches IoT ice cube in bid to shake up the drinks industry. 5 Oct 2016. https：//internetofbusiness. com/martini-iot-ice-cube-drink/.

Juniper Research(2017) Chatbot conversations to deliver $ 8 billion in cost savings by 2022. 24 Jul 2017. https：//www. juniperresearch. com/analystxpress/july-2017/chatbot-conversations-to-deliver-8bn-cost-saving.

Kentucky Bourbon Trail(2017) Kentucky Bourbon Trail barrels past one million visits in 2016. 25 Jan 2017. http：//kybourbontrail. com/kentucky-bourbon-trail-barrels-past-1-million-visits-2016/.

Marketing Daily(2017) Michelob Ultra offers workout bot；Three Olives rewards Tinder users via iBotta. 3 Aug 2017. https：//www. mediapost. com/publications/article/305321/michelob-ultraoffers-workout-bot-three-olives-re. html.

MediaPost (2017) MillerCoors，IPG create one-button ordering for beer. 23 Mar 2017. https：// www. mediapost. com/publications/article/297686/millercoors-ipg-create-one-button-orderingfor-be. html.

Mobile Marketer(2016) Heineken uncaps experience-driven rewards for app users via beacons. 7 Jul 2016. http：//www. mobilemarketer. com/ex/mobilemarketer/cms/news/strategy/23183. html.

Pew Research(2016) Millennials' views of news media，religious organizations grow more negative. 4 Jan 2016. http：//www. pewresearch. org/fact-tank/2016/01/04/millennials-views-of-news-media-religious-organizations-grow-more-negative/x.

PR Newswire(2017) Dom Pérignon partners with Thirstie to launch its first on-demand delivery pilot atdomperignon. com. 27 Jul 2017. http：//www. prnewswire. com/news-releases/dom-perignon-partners-with-thirstie-to-launch-its-first-on-demand-delivery-pilot-at-domperignoncom-300495062. html.

Schmidt L,Skvortsova V,Kullen C et al(2017)How context alters value:the brain's valuation and affective regulation system link price cues to experienced taste pleasantness. Sci Rep 7(1):8098. https://doi. org/10. 1038/s41598-017-08080-0.

Scotch Whisky(2017)Scotch whisky distilleries to open in 2017. 5 Jan 2017. https://scotchwhisky. com/magazine/features/12315/scotch-whisky-distilleries-to-open-in-2017/.

Sports Business Daily(2017)Anheuser-Busch launchesBuschBucks. com as part of new marketing, loyalty campaign. 18 Apr 2017. http://www. sportsbusinessdaily. com/Daily/Issues/2017/04/18/ Marketing-and-Sponsorship/Busch. aspx.

The Bulletin (2017) Hundreds attended Deschutes Roanoke pub opening. 31 Aug 2017. http://www. bendbulletin. com/business/breweries/5557368-151/hundreds-attended-deschutes-roanoke-pub-o-pening.

The Drinks Business (2017) Brexit gives boost to Scotch whisky tourism. 8 Sept 2017. https://www. thedrinksbusiness. com/2017/09/brexit-gives-boost-to-scotch-whisky-tourism/.

UVAToday (2017) Saving sea turtles, one six-pack at a time. 28 Aug 2017. https://www. news. virginia. edu/content/saving-sea-turtles-one-six-pack-time.

Vogue(2017)There's now a virtual reality cocktail(and yes,you do get a real drink). 23 Aug 2017. https://www. vogue. com/article/virtual-reality-vr-cocktail.

Yu CY, Ko CH (2017) Applying FaceReader to recognize consumer emotions in graphic styles. Procedia CIRP 60:104-109. https://doi. org/10. 1016/j. procir. 2017. 01. 014.

第7章　益生菌、益生元和保健品研究进展

摘　要　本章介绍了与益生菌、益生元和保健品生产相关行业的技术进展。阐述了乳制品、果蔬制品、块根和块茎制品、益生菌和饮料等重要产品的新创新。此外还介绍了功能食品工业在纳米技术、微胶囊和固定化技术方面的最新技术成果。本章还介绍了食品伦理、安全、法规和功能性食品市场。

关键词　发酵食品；功能性食品；益生菌；益生元；合生菌；保健品；固定化；纳米技术；食品伦理；食品市场

引言

让食物成为你的药物，你的药物就是你的食物。——希波克拉底

生活节奏变得非常快，饮食习惯的改变也是如此。健康长寿已成为人们的新口号（意识）。某些含有生物活性化合物（对人类健康有积极影响的基质）的食品在预防许多疾病方面的健康益处已经实现（El Sohaimy，2012；Palozza et al.，2010）。这些用于促进健康的化合物或食品被归类为功能性食品或营养食品。这些食品对健康有益并作为功能性食品销售。数以万亿计的微生物在人体内定居（Martín et al.，2013），其中一些是有益的，而另一些则是有害的。有益细菌和有害细菌之间的不平衡会导致肥胖和尿路感染等疾病（Vujic et al.，2013）。因此，在日常生活活动中平衡我们肠道中的所谓有益细菌是最重要的。功能性食品通过食品补充剂来促进健康，即益生菌、益生元和合生菌，有助于改变和恢复原有的肠道菌群（Pandey et al.，2015）。

功能性食品所赋予的健康益处旨在创造一种在摄入后能在肠道内繁殖"健康"细菌的食品。到目前为止，日本是唯一一个制定了功能食品具体监管审批程序的国家。日本人创造了特定健康用途食品（FOSHU）一词，其中添加了一种功能性成分以达到特定的健康效果（Berry，2002；Kaur 和 Das，2011）。消费者日益增长的兴趣导致了现代技术的发展，以创新或干预益生菌、益生元和保健品的生产以提高人类的寿命和质量。目前，固定化、纳米技术和微囊化等创新技术正被用于益生菌、益生元和保健品的生产。

功能性食品和营养食品为改善健康、降低医疗成本和支持经济发展提供了机会（Wildman，2001；Takayuki et al.，2008）。功能性食品市场的未来很难预测，有许多挑战如国家法规、健康证明困难和食品公司创新不足（El Sohaimy，2012）。尽管功能性食品和营养食品有许多益处，但当我们食用活的生物体时，在不同的国家出

现了许多立法问题。本章概述了生产功能性食品的不同技术，即益生菌、益生元、合生菌和保健品。

历史、定义与渊源

功能食品

尽管全世界对功能性食品有不同的定义，但到目前为止还没有官方或普遍接受的定义。然而，一般说来，任何与特定健康声明相关的食品都可以被定义为功能性食品。功能食品的概念是在 20 世纪 80 年代在日本发明的，当时卫生当局意识到有必要提高生活质量和预期以降低医疗费用（de Sousa et al.，2011；El Sohaimy，2012）。它强调食物不仅对生活至关重要，而且是身心健康的源泉，有助于预防和减少几种疾病的风险因素。功能性食品对于增强生理功能和为身体提供所需营养至关重要（Cencic 和 Chingwaru，2010；Lobo et al.，2010）。

功能性食品分为（Ⅰ）含有天然生物活性物质（例如膳食纤维）的食品，（Ⅱ）添加生物活性物质（例如益生菌）的食品，（Ⅲ）通过益生菌和益生元（例如合生菌）的组合引入传统食品中的衍生食品成分（如益生菌）。益生菌、益生元、合生菌、维生素和矿物质等属于功能性食品，目前以发酵奶、酸奶、运动饮料、婴儿食品和口香糖的形式供人类消费（Figueroa-Gonzalez et al.，2011；Al-Sheraji et al.，2013）。

益生菌

益生菌与肠道健康有关，历史可以追溯到很久以前。阿尔伯特·多德莱恩（Albert Döderlein）是第一个提出微生物与人类宿主之间有益联系的人。1892 年，他假设阴道细菌会产生乳酸从而抑制病原菌的生长（Döderlein 1892）。1908 年，伊利亚·梅奇尼科夫（Ilya Metchnikoff）首先推测了乳酸菌的有益特性（Metchnikoff 1908）。柴田实（Minoru Shirota）的工作是益生菌发展的又一个里程碑，他是第一个真正培养干酪乳杆菌（Lactobacillus casei）的人，干酪乳杆菌是一种有益的肠道细菌，并于 1935 年被引入市场，在乳制品饮料中销售，这是益生菌发展的又一个里程碑（Yakult Central Institute for Microbiological Research，1999）。

关于益生菌功能的知识积累修改了益生菌的定义。"益生菌"一词源于希腊语意为"生命"，最初是用来描述一种原生动物为了另一种原生动物的利益而产生的促进生长的物质（Lilly 和 Stillwell，1965）。1974 年，Parker 将益生菌定义为"有助于肠道微生物平衡的生物体和物质"（Schrezenmeir 和 De Vrese，2001）。Fuller 后来在 1989 年将其重新定义为"添加活微生物的食品，通过改善宿主动物的肠道微生物平衡而使其受益"，这是第一个普遍接受的定义（Fuller，1989；Khan 和 Naz，2013；Panda et al.，2017）。如今，联合国粮食及农业组织（FAO）和世界卫生组织（WHO）的联合专家协商会提出了一个广泛接受的定义，将益生菌归类为"当适量食用时，赋予宿主健康益处的活微生物"（FAO/WHO 2001）。

益生菌来源和微生物

益生菌的常见来源是酸奶、酪乳和奶酪。细菌发酵食品有日本味增、啤酒、酸面团、面包、巧克力、泡菜、橄榄、泡菜、丹贝和泡菜。在这些益生菌中，占主导地位的食品仍然是酸奶和发酵奶，因为具有有利于益生菌的生存的相对较低的 pH 环境（Anandharaj et al.，2014）。乳杆菌属（*Lactobacillus*）和双歧杆菌属（*Bifidobacterium*）构成了益生菌的大部分。乳酸菌通常被用作益生菌。乳杆菌是一种不形成芽孢的杆状细菌。它们有复杂的营养需求，并且严格发酵、厌氧和嗜酸。人体肠道菌群主要由双歧杆菌组成（De Vrese 和 Schrezenmeir，2008）。一些广泛使用的益生菌是鼠李糖乳杆菌（*Lactobacillus rhamnosus*）、雷氏乳杆菌（*Lactobacillus reuteri*）、双歧杆菌（*bifidobacteria*）和某些干酪乳杆菌（*Lactobacillus casei*）、嗜酸乳杆菌（*Lactobacillus acidophilus*）、凝结芽孢杆菌（*Bacillus coagulans*）、大肠杆菌 Nissle 1917（*Escherichia coli Nissle* 1917）；某些肠球菌（*enterococci*），特别是屎肠球菌 SF68（*Enterococcus faecium SF68*）以及酵母菌（*Saccharomyces boulardii*）（Pandey et al.，2015）。其他属的乳酸菌如链球菌（*Streptococcus*）、乳球菌（*Latococcus*）、肠球菌（*Enterococcus*）、明串珠菌（*Leuconostoc*）、丙酸杆菌（*Propionibacterium*）和小球菌（*Pediococcus*），现在也包括在益生菌中（Krasaekoopt et al.，2003；Power et al.，2008）。

益生元

Gibson 和 Roberfroid 在 1995 年将益生元定义为"一种不可消化的食物成分，通过选择性刺激结肠中一种或有限数量细菌的生长和/或活性，有益于宿主从而改善宿主健康"。粮农组织/世卫组织将益生元定义为一种可行的食品成分与调节微生物区系有关，给宿主带来健康益处（FAO/WHO，2001）。理想的益生元应该能抵抗胃中的酸、胆盐和肠道中的其他水解酶的作用；不应该被上消化道吸收；应该容易被有益的肠道菌群发酵（Kuo，2013）。

益生元来源

益生元的一些来源包括生燕麦、大豆、生大麦、母乳、雪莲果、不可消化的碳水化合物、不可消化的低聚糖等。但是，只有产生双歧、不可消化的低聚糖特别是菊糖，其水解产物低聚果糖和（反式）半乳低聚糖符合益生元分类的所有标准（Pokusaeva et al.，2011）。

合生元

在 Gibson 提出益生元的概念后，他推测了益生菌与益生元结合的额外好处。这种益生菌和益生元的结合，他称之为合生元（De Vrese 和 Schrezenmeir，2008）。因此，"合生元"有益于影响宿主提高存活率，并选择性地刺激胃肠道中一种或有限数量的健康促进菌的生长和/或新陈代谢。益生菌化合物选择性地偏爱益生菌有机体的产品是真正的合生元（Cencic 和 Chingwaru，2010）。它还有助于克服益生菌可能存在的生存困难。发酵乳被认为是合生元，因为既提供了活的益生菌，也提供了可能以积极方式影响肠道微生物区系的发酵产物（益生元）（Famularo et al.，1999）。

合生元来源

对于合生元制剂，使用的益生菌包括乳杆菌（*Lactobacillus*）、双歧杆菌（*Bifidobacterium* spp.）、布氏酵母（*Saccharomyces boulardii*）、凝结芽孢杆菌（*Bacillus coagulans*）等，而使用的主要益生元包括低聚果糖（Fos）、低聚半乳糖（Gos）和低聚木糖（Xos）、菊粉、天然来源的益生元（如菊苣和雪莲根等）（Zhang 等 2010）。

保健品

"保健品"一词是 Stephen DeFelice 在 1989 年从"营养"和"药物"两个词中创造出来的。他将营养食品定义为"一种提供医疗或健康益处的食品（或食品的一部分）包括预防和/或治疗疾病"（El Sohaimy，2012）。通常以胶囊、药丸和酊剂的形式出现。保健品涵盖广泛的产品包括饮料、膳食补充剂、分离营养素、转基因设计食品、草药产品和加工食品。保健品的基本类别是膳食补充剂，功能性食品和饮料，以及营养食品配料（生矿物或油）（El Sohaimy，2012）。

加工/发酵食品中的益生菌

食品中的益生菌不仅增加了可口的感觉，还有益于健康（图 7.1）。然而，生产和储存过程中保持高度稳定性，对食品的益生菌作用贯穿整个货架期至关重要。下面就各种益生菌产品的基质进行讨论。

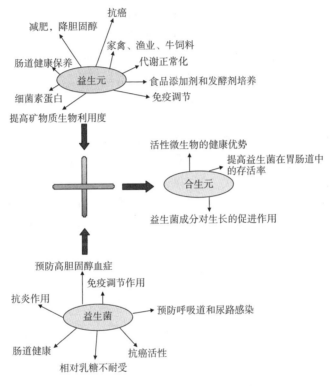

图 7.1　益生菌、益生元和合生元及其应用

乳制品

益生菌乳制品、新鲜奶酪和成熟奶酪都是久负盛名的产品。脱脂牛奶中的益生菌乳果糖增加了益生菌数量（特别是乳酸双歧杆菌）、酸化率和乳酸浓度，并缩短了发酵时间（Oliveira et al.，2010）。乳清培养是治疗炎症性肠病的有用益生素（Uchida et al.，2007）。益生菌冰淇淋早在 20 世纪 60 年代就已为人所知。益生菌发酵剂、酸奶粉和发酵奶制品被作为制作这种冰淇淋的原料添加。这种添加干酪乳杆菌和2.5%菊粉的冰淇淋表现出良好的营养和感官特性（Criscio et al.，2010）。其他发酵乳

制品的益生菌变种如酸奶、酸乳清、酸奶油、酪乳或开菲尔都不太受欢迎。在欧洲，添加益生菌的未发酵牛奶（甜酸奶、双歧乳杆菌牛奶）远不如酸奶受欢迎。

谷物产品

谷物特别是燕麦和大麦，对功能性食品的生产很重要。谷物的多种益处可以通过不同的方式加以利用，从而设计出能够针对特定人群的新型谷物食品或谷物配料。添加了糖和冷冻干燥的益生菌培养物的麦片被用作干益生菌的简单、直接运送工具（Sanders，2003）。膳食纤维赋予面包更好的感官感受、更低的可消化淀粉和更高的抗性淀粉含量（Angioloni 和 Collar，2011）。Damen 等（2012）调查了面包制作过程中益生菌阿拉伯低聚木糖的原位生产。Mitsou 等（2010）评估了大麦 β- 葡聚糖的体内益生潜力并得出结论，诱导了很强的双歧效应。

水果/蔬菜产品

发酵蔬菜产品（例如"酸菜""泡菜"或酸黄瓜）含有活乳酸菌，对健康有益生菌影响（Swain 和 Ray，2016）。乳杆菌 B-2178 用来评估发酵腰果和苹果汁的益生菌效果（Vergara et al.，2010）。Roßle 等（2010）通过应用益生菌（鼠李糖乳杆菌 GG）、益生菌低聚果糖和菊糖开发了一种潜在的合生元鲜切苹果。

以块根和块茎为原料的产品

Sinki 和 Sunki 是以萝卜为基础的发酵产品，原产于印度、尼泊尔和不丹。主要益生菌是发酵乳杆菌（Swain et al.，2014）。日本产品"sunki"是由萝卜的无盐发酵过程制成的（Battcok 和 Azam-Ali，2001），细菌群落稳定后，经 PCR 变性梯度凝胶电泳分析，德氏乳杆菌、发酵乳杆菌和植物乳杆菌在发酵过程中占主导地位（Endo et al.，2008）。

Kanji 是印度北部和巴基斯坦制造的传统产品，是用发酵的紫胡萝卜制成的。磨碎的胡萝卜在加水的情况下进行盐水腌制发酵 7~10 天，从发酵产品中分离出了两种不同的类植物乳酸杆菌和一种戊糖乳杆菌（Kingston et al.，2010）。

干益生菌产品

喷雾干燥的益生菌可以直接应用于糖果、糖果糕点和婴儿食品的制造（Corcoran et al.，2004）。奶粉（脱脂牛奶、乳清、酪乳或酸奶粉）也可以用作输送介质。对奶粉产品中益生菌稳定性的研究较少（Gardiner et al.，2000）。

饮料

一种重要的功能性食品是用维生素 A、C 和 E 或其他功能性成分强化的非酒精饮料。有许多降低胆固醇的饮料（含有 omega-3 和大豆的组合）、"眼睛保健"饮料（含有叶黄素）或"骨骼保健"饮料（含有钙和菊糖）（Keller，2006）。例如，在爱沙尼亚生产的一种强化果汁含有菊糖、L-肉碱、维生素、钙和镁作为功能性成分（Tammsaar，2007）。

功能食品的技术干预

微生物系统和功能性食品的技术方面包括许多步骤：原料的组成和加工、使用过的发酵剂培养物的生存能力以及最终食品的技术和储存条件。下面讨论的是开发功能性食品的技术干预措施。

纳米技术

纳米技术是有可能使食品系统发生革命性变化的新技术（Huang et al.，2010）。表面积较大而体积较小的纳米颗粒有利于纳米技术在食品领域的潜在应用。这项技术还涉及纳米胶囊中的营养食品、纳米胶囊增味剂（Siegrist et al.，2008；Bouwmeester et al.，2009；Sozer 和 Kokini，2009；Cushen et al.，2012；Duran 和 Maezrcato，2013）。

纳米技术与营养输送

食品中的纳米结构可以被设计成在体内有针对性地输送营养物质的高效的封装和输送系统。这项技术在食品应用中很有用，如维生素、抗菌剂、抗氧化剂、调味剂、着色剂或防腐剂的输送系统（Rizvi et al.，2010）。益生菌和益生元等生物活性化合物在食品纳米技术中有许多应用（Sozer 和 Kokini，2009；Kuan et al.，2012）。纳米技术在食品中的一些重要应用包括水溶性、热稳定性、口服生物利用度、感官属性和生理性能（Huang et al.，2010；Cushen et al.，2012）。乳清蛋白纳米球（40 nm）可用作口服营养制剂的载体以提高其生物利用度（Huang et al.，2010；Kuan et al.，2012）。

微胶囊技术

微胶囊是一种物理化学或机械过程，细菌细胞被包裹在水胶材料的涂层中，可以保护细菌免受高酸度和低 pH、胆盐和冷休克的伤害（Korbekandi et al.，2008；Wenrong 和 Griffiths，2000；Champagne，2012；Heidebach et al.，2012）。微胶囊已被用作提高发酵牛奶和胃肠道中益生菌活性的有效方法（Iravani et al.，2015）。

用海藻酸盐包裹双歧杆菌可以显著提高杆菌在冷冻冰奶中的生存能力（Iravani et al.，2015）。与游离细胞相比，牛奶中微囊化的杆菌在储存期间显示出更高的活力（Truelstrup Hansen et al.，2002）。据报道，酸奶中的芽孢杆菌（B. infantis）在冷藏期间用结冷胶-黄原胶混合物包裹细胞时存活率较高。关于冷冻冰奶中的乳酸菌在用海藻酸盐包裹后活力增加已有报道（Sheu 和 Marshall，1993）。在 4℃，6 周的储存期内，在 pH 为 4 的酸奶中用结冷胶-黄原胶混合物包裹芽孢杆菌后的胶囊工艺具有良好的效率（Iravani et al.，2015）。常用的益生菌微胶囊化技术有乳化法、挤压法、喷雾干燥法和冷冻干燥法（Iravani et al.，2015）。

微胶囊化方法

在益生菌食品的生产中有各种微胶囊化技术，下面将讨论一些重要的技术。

挤压技术

挤压技术又称液滴法，是益生菌包埋的基本技术之一。这是一种简单而经济的保持益生菌细胞良好活性的方法，特点是操作温和和细胞损伤最小化，因为在这项技术中，通常形成的微珠大小为（2~5 mm）（Iravani et al.，2015）。此外，此技术重要的缺点是微珠生产缓慢不利于大规模生产（Iravani et al.，2015）。在这项技术中，胶囊是在由脂肪、面粉和淀粉组成的塑化复合基质中完成的。将混合物添加到封装溶液中得到的糊状物（大约20%水分）在粉碎系统中破碎，直到产生直径范围为 0.5 ~ 1.5 mm 的颗粒（Mortazavie et al.，2007b；Mortazaviand Sohrabvandi，2006）。报道了海藻酸钙包埋法生产嗜酸乳杆菌发酵番茄汁的研究（E King et al.，2007）。报道称钙诱导的海藻酸淀粉包裹的乳杆菌存活率。由于对细胞的保护，将嗜酸菌和乳酸杆菌加入酸奶中后效果显著（Kailasapathy，2006）。在另一项研究中，海藻酸盐中的微胶囊化可以增强乳杆菌的抗性。干酪在 55~65℃ 温度下进行热处理（Mandal et al.，2006），可能对肉类加工有帮助。

乳化法

乳化法又称两相系统法，用于益生菌的包埋。乳化法比挤压法相对昂贵，因为乳状液的形成依赖于植物油的使用（Mortazavie et al.，2007）。在植物油（连续相）中加入少量细胞/聚合物浆料（分散相）如向日葵、大豆、玉米、轻质石蜡油等。所用微珠的直径是显著影响益生菌细胞和最终产品代谢率、感官特性和活性的重要因素。微珠在产品中的分布和分散质量也会受到影响（Mortazavie et al.，2007；Mortazavian 和 Sohrabvandi，2006）。

冷冻干燥法

冷冻干燥可用于大规模微胶囊化益生菌，但该方法使培养物暴露在极端环境条件下，关键参数对于提供高活性水平非常重要（Anal 和 Singh，2007）。应用这种方法，产品被冷冻到低于配方临界点的温度。冷冻干燥是一种两阶段的方法，在一次干燥的情况下降低室内压力，通常可提高货架温度通过升华去除游离水。然后进行二次干燥步骤，通过解吸去除结合水，最后将产品带回环境温度（Jennings，1999；Oetjen，1999）。在这种方法中，如初始细胞浓度、培养基的 pH 值、冷冻速度、温度（如液氮–196℃的使用）和保护性化合物（如碳水化合物）的含量等重要因素应该得到控制（Carvalho et al.，2004）。渗透性休克和膜损伤通常会导致细胞内结冰和重结晶造成的活性损失（Iravani et al.，2015）。

喷雾干燥

喷雾干燥技术包括将聚合物溶解在环绕着核心材料的连续相的喷雾液滴内。这对于开发粒径小且可控的不溶于水的干式微胶囊制剂非常有帮助（Picot 和 Lacroix，2003；Groboillot et al.，1994）。使用喷雾干燥的重要原因是它具有更高的稳定性，更容易处理和储存培养物，对食品的感官特性影响有限。Semyonov 等（2010）评价了喷雾冷冻干燥技术（SFD）生产干态微囊的实施情况，副干酪乳杆菌具有很高的活性。对于敏感微生物的喷雾干燥包裹，应考虑菌株的耐热特性（Mitropoulou et al.，2013）。

固定化技术

益生菌固定化技术在食品技术中迅速兴起。固定化是指将材料捕获在基质内或整个基质中，其中允许分子的双向扩散，如生长因子、氧气、营养物质的流入和废物的向外扩散（Mitropoulou et al.，2013）。根据所采用的物理机制，固定化技术包括包埋、吸附、自聚集和机械包裹四大类。细胞固定化可保护细胞因子免受物理化学变化的影响，如 pH 值、底物利用率、温度、更高的生产力和效率、更高的细胞密度和细胞负荷、无菌以及更快的发酵和成熟速率（Mitropoulou et al.，2013）。同样，Reid 等（2007）调查了在生产和储存饼干、冷冻蔓越莓汁和蔬菜汁过程中乳清分离蛋白凝胶微包埋对鼠李糖 R011 活性的影响（Mitropoulou et al.，2013）。

食品道德、安全和法规

由于功能性食品涉及的是活的生物体，与食品伦理方面的兼容性及其食用安全性是非常重要的，因此受到某些机构的监管。这些监管机构定义了某些允许的标准即功能性食品在上市前应遵守这些标准。

功能食品与伦理

人类的生存从根本上依赖于食物以求生存和福祉。此外，它还具有精神意义，也有助于维持社会关系。因此，食物与人类行为的伦理、价值观和原则息息相关。然而，全球饥饿是当今世界的主要问题。随着"功能性食品和营养食品"等健康促进食品生产创新技术的引入，食品伦理面临许多挑战（Schroeder，2007）。现代技术能生产出安全、营养、优质的食品吗？食品营销合乎道德吗？现代食品生产是否对环境有负面影响如水土流失、污染和生物多样性丧失（Mepham，1996）？如果我们真的有一种功能性食品，如何让其提供更好的健康和福祉呢？目前仍然存在两个主要障碍：第一，消费者可能不知道它的存在和/或功能；第二，消费者可能买不起或买不到它。

安全性、有效性和知晓度

近年来益生菌的功效已经确立。例如，在一项随机试验中，将益生菌添加到儿童的牛奶中，可以降低他们的呼吸道感染和疾病严重程度（Hatakka et al.，2001）。儿童腹泻也用益生菌治疗（Friedrich，2000）。这一成功引起了基因工程师的注意，以"提高"益生菌、功能食品和保健食品转基因菌株的成功应用和生产。

自 1955 年以来，养乐多一直在市场上销售，没有重大的安全问题（Heasman and Mellentin，2001）。同一种产品在两个消费者身上的作用可能不同。对一个消费者来说可能是安全和有益的，但对另一个消费者可能是危险的。因此安全问题是特定于产品或活性成分的（Schroeder，2007）。在科学研究中，功效性通常与有效性不同。功效性衡量的是稳定/理想条件下所需的效果，但有效性衡量的是在平均条件下对大量人群的影响（Plaami et al.，2001）。实现更大的公共健康效果的一个主要挑战是消费者对功能性食品的认识不足。因此，正确的、有益的健康知识以及对功能性食品的积极态度和意识是非常重要的（Schroeder，2007）。

世界各国的立法问题与立法规制

在美国，没有专门针对功能性食品的食品和药物管理监管政策。"功能性食品"是在与传统食品相同的框架下进行监管的。2006 年 12 月 5 日，FDA 报告了总会计师办公室（GAO）"在监督膳食补充剂和'功能食品'安全性方面需要改进的地方"。因此，功能性食品没有正式的定义。任何与健康和营养有关的食品标签都要遵守规定。报告指出，FDA 应该"确保功能性食品提供他们声称的功能，他们应该为他们的名字伸张正义"。安全性、有效性和人体健康等主要问题是立法辩论的主要内容。

营销方法

全球功能性食品和营养食品市场的驱动力是消费者对食品的健康益处及其对增进健康和潜在的疾病预防的营养益处的认识。如今全球市场上有各种各样的功能性食品（表7.1和表7.2）。

表7.1 市场上出售的益生菌产品一览表

品牌/商号	食品类型	微生物来源	生产公司	国家
Aciforce	冻干产品	*Lactococcus lactis*，*Lactobacillus acidophilus*，*Enterococcus faecium*，*Bifidobacterium bifidum*	Biohorma	荷兰
Actimel	益生菌酸奶饮料	*Lactobacillus casei Immunitas*	Danone	法国
Activia	奶油酸奶	*Bifidus Actiregularis*	Danone	法国
Bacilac	冻干产品	*Lactobacillus acidophilus*，*Lactobacillus rhamnosus*	THT	比利时
Bactisubtil	冻干产品	*Bacillus sp. strain IP5832*	Synthelabo	比利时
Bififlor	冻干产品	*Lactobacillus acidophilus*，*Lactobacillus rhamnosus*，*Bifidobacterium bifidum*	Eko-Bio	荷兰
Hellus	乳制品	*Lactobacillus fermentum ME-3*	Tallinna Piimatööstuse AS	爱沙尼亚
Jovita Probiotisch	益生菌酸奶	*Lactobacillus strain*	H & J Bruggen	德国
Proflora	冻干产品	*Lactobacillus acidophilus*，*Lactobacillus delbrueckii subsp. bulgaricus*，*Streptococcus thermophilus*，*Bifidobacterium*	Chefaro	比利时
Provie	水果饮料	*Lactobacillus plantarum*	Skanemejerier	瑞典
ProViva	天然果汁饮料和酸奶	*Lactobacillus plantarum*	Skanemejerier	瑞典
Rela	酸奶、发酵奶和果汁	*Lactobacillus reuteri*	Ingman Foods	芬兰
Revital Active	酸奶和酸奶饮料	*Probiotics*	Olma	捷克共和国

续表

品牌/商号	食品类型	微生物来源	生产公司	国家
Yakult	牛奶饮料	*Lactobacillus casei* Shirota	Yakult	日本
Yosa	酸奶状燕麦产品	*Lactobacillus acidophilus*，*Bifidobacterium lactis*	Bioferme	芬兰
Vifit	酸奶饮料	*Lactobacillus* strain	Campina	荷兰
Vitamel	乳制品	*Lactobacillus casei GG*，*Bifidobacterium bifidum*，*Lactobacillus acidophilus*	Campina	荷兰

来源：Siró 等（2008），Vergari 等（2010），Kaur 和 Das（2011）。

表7.2 全球益生菌食品公司

品牌/商号	生产公司	国家
Aciforce	Biohorma	荷兰
Actimel	Danone	法国
Activia	Danone	法国
Bacilac	THT	比利时
Bactisubtil	Synthelabo	比利时
Bififlor	Eko-Bio	荷兰
Gefilus	Valio	芬兰
Hellus	Tallinna Piimatööstuse AS	爱沙尼亚
Jovita Probiotisch	H & J Bruggen	德国
Proflora	Chefaro	比利时
Provie	Skanemejerier	瑞典
ProViva	Skanemejerier	瑞典
Rela	Ingman Foods	芬兰
Revital Active	Olma	捷克共和国
SOYosa	Bioferme	芬兰
SoyTreat	Lifeway	美国
Yakult	Yakult	日本
Yosa	Bioferme	芬兰
Vifit	Campina	荷兰
Vitamel	Campina	荷兰

来源：Siró 等（2008），Vergari 等（2010），Kaur 和 Das（2011）。

功能性食品市场

在全球范围内，功能食品的接受度和消费者意识的提高让亚洲、北美、西欧、拉丁美洲、澳大利亚和新西兰的市场不断增长，估计 2010 年达到约 630 亿美元，2013 年达到至少 905 亿美元（Kaur 和 Das，2011）。美国是最大的功能性食品市场，其次是日本和欧洲，这两个市场加起来占总销售额的 90% 以上。随着益生菌等新产品进入市场，北美功能性食品市场迅速增长（Evani，2009）。加拿大在这一领域经历了显著的增长，（益生菌）等功能性食品生产公司的数量增加了 32% 就证明了这一点。Menrad 回顾了 1988—1998 年推出的 1700 多种功能性食品（Heasman 和 Mellentin，2001；Menrad，2003）。据估计，印度功能食品市场的增长率为 12%~15%（Kaur 和 Das，2011）。印度的益生菌市场是一个"未来市场的主要增长部分"，2015 年之前的年增长率为 22.6%。印度益生菌销售的主要支柱是食品补充剂，占销售额的 49%，而食品和饮料仅占 4%（Kaur 和 Das，2011）。

营养食品市场综述

日本是亚洲最大的营养食品消费国。由于健康的饮食习惯在人群中快速普及，日本保健品行业生产各种各样的产品（Shimizu，2014）。在印度，人们的健康意识和购买保健品的意愿是印度营养食品市场迅速增长的主要原因（Keservani et al.，2014）。印度营养食品市场过去一直被视为以出口为重点的行业，但随着市场趋势的变化，大多数当地公司已开始在印度推出产品，并根据印度消费者的需求扩大产品线。2013 年，欧洲营养食品市场的价值为 64 亿美元，预计 2013—2018 年将以 7.2% 的年增长率增长，到 2018 年预计将达到 90 亿美元。功能性食品仍然是北美营养食品市场增长最快的部分，2007—2011 年的复合年增长率为 6.5%（M Daliri 和 Lee，2015）。目前，膳食补充剂是美国营养食品中最大的一部分。

结论

考虑到全球对益生菌、益生元和保健品的需求和意识，在过去的十年里，人们一直在不断努力满足这一需求。本章讨论了该领域最重要的发展和发明如纳米技术，对功能性食品在市场上的地位和这一细分产品的地位也进行了阐述。此外，在商业规模生产过程中确保此类产品的质量是最大的挑战，因为在生产过程中利用了活微生物。研究应该更多地关注地球上不同气候带产品的稳定性。发达国家应出面制定专门针对益生菌、益生元和保健品的质量生产实践的通用指南。一些益生菌来源限于特定的地理区域，因此，质量制造指南可以消除益生菌、益生元和保健品在不同国家和大陆之间交易的障碍（表 7.3）。

表 7.3　含有植物的益生元产品

益生元	来源
一种低分子量多糖	海藻
石莼胶聚糖	石莼（绿藻）
β-葡聚糖	侧耳属蘑菇
菊粉型果聚糖	巴戟天或印度桑树的根
低聚糖	雪莲果根；白肉和红肉火龙果（火龙果）

来源：Pandey 等（2015）。

参考文献

Al-Sheraji SH，Ismail A，Manap MY，Mustafa S，Yusof RM，Hassan FA（2013）Prebiotics as functional foods：a review. J Funct Food 5：1542–1553.

Anal AK，Singh H（2007）Recent advances in microencapsulation of probiotics for industrial applications and targeted delivery. Trends Food Sci Technol 18：240–251.

Anandharaj M，Sivasankari B，Rani RP（2014）Effects of probiotics，prebiotics，and synbiotics on hypercholesterolemia：a review. Chin J Biol 2014：Article ID 572754.

Angioloni A，Collar C（2011）Physicochemical and nutritional properties of reduced-caloric density high fibre breads. LWT Food Sci Technol 44：747–758.

Battcock M，Azam-Ali S（2001）Fermented fruits and vegetables：a global perspective. 134：43–69.

Berry C（2002）Biologic：functional foods. QJM-Int J Med 95：639–640.

Bouwmeester H，Dekkers S，Noordam MY，Hagens WI，Bulder AS，Heer CD，Voorde ECG，Wijnhoven SWP，Marvin HJP，Sips AJAM（2009）Review of health safety aspects of nanotechnologies in food production. Regul Toxicol Pharmacol 53：52–62.

Carvalho AS，Silva J，Ho P，Teixeira P，Gibbs P（2004）Relevant factors for the preparation of freeze-dried lactic acid bacteria. Int Dairy J 14：835–847.

Cencic A，Chingwaru W（2010）The role of functional foods，nutraceuticals，and food supplements in intestinal health. Forum Nutr 2（6）：611–625.

Champagne CP（2012）Microencapsulation of probiotics in food：challenges and future prospects. Ther Deliv 3：1249–1251.

Corcoran BM，Ross RP，Fitzgerald GF，Stanton C（2004）Comparative survival of probiotic lactobacilli spray-dried in the presence of prebiotic substances. J Appl Microbiol 96:1024-1039.

Criscio TD,Fratianni A,Mignogna R,Cinquanta L,Coppola R,Sorrentino E,Panfili G(2010)Production of functional probiotic,prebiotic,and synbiotic ice creams. J Dairy Sci 93:4555-4564.

Cushen M,Morris JKM,Cruz-Romero M,Cummins E(2012)Nanotechnologies in the food industry recent developments,risks and regulation. Trends Food Sci Technol 24:30-46.

Daliri EBM,Lee HB(2015)Current trends and future perspectives on functional foods and nutraceuticals. In: Liong M-T(ed)Beneficial microorganisms in food and nutraceuticals,microbiology monographs 27:221-244.

Damen B,Pollet A,Dornez E,Broekaert WF,Van Haesendonck I,Trogh I,Arnaut F,Delcour JA,Courtin CM(2012)Xylanasemediated in situ production of arabinoxylan oligosaccharides with prebiotic potential in whole meal breads enriched with arabinoxylan rich materials. Food Chem 131:111-118.

De Sousa VMC,dos Santos EF,Sgarbieri VC(2011)The importance of prebiotics in functional foods and clinical practice. Food Nutr Sci 2(2):133-144.

De Vrese M,Schrezenmeir J(2008)Probiotics,prebiotics,and synbiotics. In: Food biotechnology. Springer,Berlin,pp 1-66.

Döderlein A(1892)Das Scheidensecret und seine Bedeutung f'ur das Puerperalfieber. Centralblatt f'ur Bacteriologie 11:699-700.

Duran N,Maezrcato PD(2013)Nanobiotechnology perspectives role of nanotechnology in the food industry: a review. Int J Food Sci Technol 48:1127-1134.

El Sohaimy SA(2012)Functional foods and nutraceuticals-modern approach to food science. World Appl Sci J 20:691-708.

Endo A,Mizuno H,Okada S(2008)Monitoring the bacterial community during fermentation of sunki,an unsalted,fermented vegetable traditional to the Kiso area of Japan. Lett Appl Microbiol 47:221-226.

Evani S(2009)Trends in the US functional foods,beverages and ingredients market. Institute of Food Technologists,Agriculture and Agri-Food Canada. pp 1-14.

Famularo G,Simone C,Mettuzzi D,Pirovano F(1999)Traditional and high potency probiotic preparations for oral Bacteriotherapy. BioDrugs 12(6):455-470.

FAO/WHO(2001)Health and nutritional properties of probiotics in food including powder milk with live lactic acid bacteria-Joint Food and Agricultural Organization of the United Nationsand World Health Organization Expert Consultation Report. C'ordoba,Argentina.

Figueroa-Gonzalez I,Quijano G,Ramirez G,Cruz-Guerrero A(2011)Probiotics and prebiotics-perspectives and challenges. J Sci Food Agric 91:1341-1348.

Friedrich M(2000)A bit of culture for children: probiotics may improve health and fight disease. JAMA 284:1365-1369.

Fuller R(1989)Probiotics in man and animals. J Appl Bacteriol 66:365-378.

Gardiner G,O'Sullivan E,Kelly J,Auty MAE,Fitzgerald GF,Collins JK,Ross RP(2000)Comparative survival rates of human-derived probiotic*Lactobacillus paracasei* and *L. salivarius* strains during heat treatment and spray drying. Appl Environ Microbiol 66:2605-2616.

Groboillot AF, Boadi DK, Poncelet D, Neufeld RJ(1994) Immobilization of cells for application in the food industry. CRC Crit Rev Biotechnol 14:75-107.

Hatakka K, Savilahti E, Ponka A, Meurman JH, Poussa T, Nase L et al(2001) Effect of long term consumption of probiotic milk on infections in children attending day care centres: double blind, randomised trial. BMJ 322:1327-1333.

Heasman M, Mellentin J(2001) The functional foods revolution. Healthy people. Healthy Earthscan Publications Ltd. , London, pp 135-147.

Heidebach T, Först P, Kulozik U (2012) Microencapsulation of probiotic cells for food applications. Crit Rev Food Sci Nutr 52:291-311.

Huang Q, Yu H, Ru Q(2010) Bioavailability and delivery of nutraceuticals using nanotechnology. J Food Sci 75(1):50-57.

Iravani S, Korbekandi H, Mirmohammadi VS(2015) Technology and potential applications of probiotic encapsulation in fermented milk products. J Food Sci Technol 52(8):4679-4696.

Jennings TA(1999) Lyophilisation-introduction and basic principles. CRC press, Boca Raton.

Kailasapathy K(2006) Survival of free and encapsulated probiotic bacteria and their effect on the sensory properties of yoghurt. Food Sci Technol 39(10):1221-1227.

Kaur S, Das M(2011) Functional foods: an overview. Food Sci Biotechnol 20(4):861-875.

Keller C(2006) Trends in beverages and "Measurable Health". In Proceedings of the third functional food net meeting.

Keservani RK, Sharma AK, Ahmad F, Baig ME(2014) Nutraceutical and functional food regulations in India. Food Sci Technol 327-342. https://doi. org/10. 1016/B978-0-12-405870-5. 00019-0.

Khan RU, Naz S(2013) The applications of probiotics in poultry production. Worlds Poult Sci J 69: 621-632.

King VAE, Y Huang H, H Tsen J (2007) Fermentation of tomato juice by cell immobilized *Lactobacillus acidophilus*. Mid-Taiwan J Med 12(1):1-7.

Kingston JJ, Radhika M, Roshini PT, Raksha MA, Murali HS, Batra HV(2010) Molecular characterization of lactic acid bacteria recovered from natural fermentation of beet root and carrot Kanji. Indian J Microbiol 50:292-298.

Korbekandi H, Jahadi M, Maracy M, Abedi D, Jalali M(2008) Production and evaluation of a probiotic yogurt using *Lactobacillus casei* ssp. Int J Dairy Technol 62:75-79.

Krasaekoopt W, Bhandari B, Deeth H(2003) Evaluation of encapsulation techniques of probiotics for yoghurt. Int Dairy J 13:3-13.

Kuan CY, Fung WY, Yuen KH, Liong MT(2012) Nanotech: propensity in foods and bioactives. Crit Rev Food Sci Nutr 52:55-71.

Kuo SM(2013) The interplay between fiber and the intestinal microbiome in the inflammatory response. Adv Nutr: Intern Rev J 4(1):16-28.

Lilly DM, Stillwell RH (1965) Probiotics growth promoting factors produced by micro-organisms. Science 147:747-748.

Lobo V,Patil A,Phatak A,Chandra N(2010)Free radicals,antioxidants and functional foods: impact on human health. Pharmacogn Rev 4(8):118-126.

Mandal S,Puniya AK,Singh K(2006)Effect of alginate concentrations on survival of microencapsula-ted *Lactobacillus casei* NCDC-298. Int Dairy J 16(10):1190-1195.

Martín R,Miquel S,Ulmer J,Kechaou N,Langalla P,Bermu'dez-Humara'n LG(2013)Role of com-mensal and probiotic bacteria in human health: a focus on inflammatory bowel disease. Microb Cell Facto-ries 12:71.

Menrad K(2003)Market and marketing of functional food in Europe. J Food Eng 56:181-188.

Mepham B(1996)Ethical analysis of food biotechnologies: an evaluative framework. In: Mepham B (ed)Food ethics. Routledge,London,pp 101-119.

Metchnikoff E(1908)The prolongation of life-optimistic studies. Butterworth-Heinemann,London.

Mitropoulou G,Nedovic V,Goyal A,Kourkoutas Y(2013)Immobilization technologies in probiotics food production. J Nutr Metab 2013:1-15.

Mitsou EK,Panopoulou N,Turunen K,Spiliotis V,Kyriacou A(2010)Prebiotic potential of barley de-rived b-glucan at low intake levels: a randomized,double-blinded placebo-controlled clinical study. Food Res Int 43:1086-1092.

Mortazavian AM,Sohrabvandi S(2006)Probiotics and food probiotic products; based on dairy probiotic products. Eta Publication,Tehran.

Mortazavian AM,Razavi SH,Ehsani MR,Sohrabvandi S(2007)Principles and methods of microen-capsulation of probiotic microorganisms. Iran J Biotechnol 5:1-18.

Oetjen GW(1999)Freeze-drying. Wiley-VCH,Weinheim.

Oliveira RPDS,Florence ACR,Perego P,Oliveira MND,Converti A(2010)Use of lactulose as prebiotic and its influence on the growth,acidification profile and viable counts of different probiotics in fermented skim milk. Int J Microbiol 145:22-27.

Palozza PN,Parrone AC,Simone R(2010)Tomato lycopene and inflammatory cascade: basic interac-tions and clinical implications. Curr Med Chem 17:2547-2563.

Panda SK,Behera SK,Qaku XW,Sekar S,Ndinteh DT,Nanjundaswamy HM,Ray RC,Kayitesi E (2017)Quality enhancement of prickly pears(Opuntia sp.)juice through probiotic fermentation using *Lac-tobacillus fermentum* ATCC 9338. LWT-Food Sci Technol 75:453-459.

Pandey RK,Naik RS,Vakil VB(2015)Probiotics, prebiotics and synbiotics-a review. J Food Sci Technol 52(12):7577-7587.

Picot A,Lacroix C(2003)Effects of micronization on viability and thermo tolerance of probiotic freeze-dried cultures. Int Dairy J 13:455-462.

Plaami SP,Dekker M,van Dokkum W,Ockhuizen T(2001)Functional foods position and future per-spectives. NRLO,The Hague. report no 2000/15,2001.

Pokusaeva K,Fitzgerald GF,van Sinderen D(2011)Carbohydrate metabolism in *Bifidobacteria*. Gen Nutr 6(3):285-306.

Power DA,Burton JP,Chilcott CN,Dawes PJ,Tagg JR(2008)Preliminary investigations of the colonization of upper respiratory tract tissues of infants using a paediatric formulation of the oral probiotic *Streptococcus salivarius* K12. Eur J Clin Microbiol Infect Dis 27:1261–1263.

Reid AA, Champagne CP, Gardner N, Fustier P, Vuillemard JC (2007) Survival in food systems of *Lactobacillus rhamnosus* R011 micro entrapped in whey protein gel particles. J Food Sci 72 (1): M031–M037.

Rizvi SSH, Moraru, CI, Bouwmeester H, Kampers FWH. (2010). Nanotechnology and food safety. In E. B. Christine, S. Aleksandra, O. Sangsuk, & H. L. M. Lelieveld (Eds.), Ensuring global food safety (pp. 263–280). San Diego, CA: Academic Press.

Rößle C, Brunton N, Gormley RT, Ross PR, Butler F (2010) Development of potentially synbiotic fresh-cut apple slices. J Funct Foods 2:245–254.

Sanders ME(2003) Probiotics: considerations for human health. Nutr Rev 61:91–99.

Schrezenmeir J, de Vrese M (2001) Probiotics, prebiotics and synbiotics: approaching a definition. Am J Clin Nutr 73:361–364.

Schroeder D(2007) Public health, ethics, and functional foods. J Agric Environ Ethics. (2007) 20: 247–259.

Semyonov D, Ramon O, Kaplun Z, Levin-Brener L, Gurevich N, Shimoni E(2010) Microencapsulation of *Lactobacillus paracasei* by spray freeze drying. Food Res Int 43:193–202.

Sheu TY, Marshall RT(1993) Microentrapment of *Lactobacilli* in calcium alginate gels. J Food Sci 58: 557–561.

Shimizu M(2014) History and current status of functional food regulations in Japan. Food Sci Technol 257–263.

Siegrist M, Stampfli N, Kastenholz H, Kelleri C(2008) Perceived risks and perceived benefi ts of different nanotechnology foods and nanotechnology food packaging. Appetite 51:283–290.

Sirò I, Kàpolma E, Kàpolma B, Lugasi A(2008) Functional food. Product development, marketing and consumer acceptance-a review. Appetite 51:456–467.

Sozer N, Kokini JL(2009) Nanotechnology and its applications in the food sector. Trends Biotechnol 27(2):82–89.

Swain MR, Ray RC(2016) Nutritional values and bioactive compounds in fermented fruits and vegetables. In: Paramethioites S (ed) Lactic acid fermentation of fruits and vegetables. CRC Press, Florida, pp 37–52.

Swain MR, Anandharaj M, Ray RC, Rani RP(2014) Fermented fruits and vegetables of Asia: a potential source of probiotics. Biotechnol Res Int 2014:250424.

Takayuki S, Kazuki K, Fereidoon S (2008) Functional food and health. In the Proceedings of ACS Symposium, p 993.

Tammsaar E(2007) Estonian/Baltic functional food market. In Proceedings of the fourth international FFNet meeting on functional foods.

Truelstrup Hansen L, Allan-Wojtas PM, Jin YL, Paulson AT(2002) Survival of Ca-alginate microencapsulated *Bifidobacterium* spp. in milk and simulated gastro-intestinalconditions. Food Microbiol 19:

35-45.

Uchida M, Mogami O, Matsueda (2007) Characteristic of milk whey culture with *Propionibacterium freudenreichii* ET-3 and its application to the inflammatory bowel disease therapy. Inflammopharmacology 15 (3) :105-108.

US General Accounting Office(2000) Report to Congressional Committees. Food safety. Improvements needed in overseeing the safety of dietary supplements and functional foods.

Vergara CMAC, Honorato TL, Maia GA, Rodrigues S(2010) Prebiotic effect of fermented cashew apple (Anacardium occidentale L) juice. LWT-Food Sci Technol 43:141-145.

Vergari F, Tibuzzi A, Basile G (2010) An overview of the functional food market: from marketing issues and commercial players to future demand from life in space. Adv Exp Med Biol 698:308-321.

Vujic G, Jajac KA, Despot SV, Kuzmic VV (2013) Efficacy of orally applied probiotic capsules for bacterial vaginosis and other vaginal infections: a double-blind, randomized, placebocontrolled study. Eur J Obstet Gynecol Reprod Biol 168:75-79.

Wenrong S, Griffiths M(2000) Survival of bifidobacteria in yogurt and simulated gastric juice following immobilization in gellan-xanthan beads. Int J Food Microbiol 61:17-25.

Wildman RE(2001) Handbook of nutraceuticals and functional foods (1st) . CRC Series in Modern Nutrition. CRC Press, Boca Raton, USA.

Yakult Central Institute for Microbiological Research(1999) Lactobacillus casei Shirota-intestinal flora and human health. Yakult Honsha Co. ,Ltd. ,Tokyo.

Zhang MM, Cheng JQ, Lu YR, Yi ZH, Yang P, Wu XT(2010) Use of pre-, pro-and synbiotics in patients with acute pancreatitis: a metaanalysis. World J Gastroenterol 16(31) :3970.

第8章　益生菌乳制品：走向现代生产的发明

摘　要　在过去的十年中，关于益生菌研究的最新方法和方案的应用取得了重大进展。益生菌乳制品的设计，主要通过纳入益生菌培养物的形式。一些用于通过基因组学方法评估益生菌潜力的方案已经被开发，目前还有更多的方案正在开发中。此外，通过提高对导致感染和疾病的机制的认识，使益生菌菌株的基因工程成为可能，目的是将生物活性分子输送到特定的区域。所有这些都表明，我们正怀着巨大的期望进入一个激动人心的新时代。

关键词　益生菌；发酵剂；选育；组学；基因工程

前言

益生菌是研究人员最喜欢的概念之一，由于主题的广泛性和对健康和福祉的重要性。乳制品是全世界益生菌输送的主要载体，其他几种产品也被考虑用于这一范围，包括发酵肉制品、水果和蔬菜（Montoro et al.，2016；Park 和 Jeong，2016；Neffe-Skocinska et al.，2017）。其中很多已经在市场上可以买到。

最近的进展，特别是在分子生物学领域的进展，使一些提升得以发生。从生产的角度来看，益生菌产品的设计领域已经出现了创新。益生菌产品的生产主要包括三个步骤：一是选择发酵剂培养物，这是基于到达宿主胃肠道轨迹内的特定生态位对其进行定殖并赋予益生菌作用的能力；二是发酵剂培养物的技术评价，这是基于发酵剂培养物在工业水平上繁殖并在一系列加工步骤后保持活性和功能性的能力；三是将益生菌培养物并入产品中，可以将益生菌培养物作为发酵剂或辅料加入产品中。

近年来的研究主要集中在发酵剂的设计上。这可以通过评估野生菌株的潜力，也可以通过对大量研究过的菌株进行工程改造来实现。在第一种情况下，许多所需特性的遗传背景已经确定，从而可以通过遗传决定因素评估益生菌潜力。另一方面，对导致感染和疾病的机制的理解的提高使得益生菌菌株能够通过基因工程传递具有预防和/或治疗功能的特定生物活性分子。本章介绍并批判性地讨论了益生菌产品设计领域的最新进展。

益生菌培养物筛选

考虑到可能对消费者产生的健康益处，培养选择涉及对一种培养物的安全性、到达定居点的效率和益生菌潜力的评估。这些功能目前几乎完全是通过体外试验来预测的。分子生物学领域的最新进展使得通过应用基因组学方法来预测这些特性成为可能。

安全性传统上是通过溶血活性、抗生素耐药性、酶（如透明质酸酶、明胶酶）、毒素（如溶细胞素）和生物胺的产生来评估的。在后几年，安全性评估通常通过检测各自的基因［如编码细胞溶血素的 cyA/B、编码透明质酸酶的 hyl、编码明胶酶的凝胶、四环素耐药基因 tet（M）、tet（K）和 tet（W）等］以及几种与毒力相关的病毒来进行。尤其是后者，检测 agg（聚集蛋白）、esp（肠球菌表面蛋白）、asa1（聚集物质）、ace（胶原蛋白黏附素）和 efaAfs（细胞壁黏附素）的频率更高（Perumal 和 Venkatesan，2017；Hwanhlem et al.，2017；Motahari et al.，2017；Ojekunle et al.，2017；Guo et al.，2017）。

到达定殖点的效率是通过在寄主和定殖潜力中生存的能力来预测的。就前者而言，在胃蛋白酶（模拟胃液条件）和分别模拟胃液、肠液碱性 pH 值的条件下暴露在 pH 值为 1~3 的环境中后，维持高种群数量的能力是更常用的标准。定殖潜力主要通过评估细胞表面疏水性、细胞自聚集能力、与可溶性胶原、人或动物黏液的结合以及与不同细胞系（主要是 Caco-2 和 HT29）的黏附来预测。通过使用动物模型解决了体外试验的缺点。然而，在这种情况下还引入了包括伦理限制的其他限制，取决于动物模型的类型（Yadav et al.，2017）。虽然已经描述了几种乳酸菌的基因组，检测到益生菌特征的标记（Abriouel et al.，2017），并描述了附着在表面上的生存机制和策略（Bove et al.，2012；Arena et al.，2017），不过还没有将学理上的方法用作指标。然而，预测已经在计算机模型中进行了（Lee et al.，2000）。

益生菌培养所需的功能特性是不断更新的，包括对潜在病原微生物，特别是侵袭性革兰氏阴性病原体的拮抗活性以及一系列对宿主有益的用途，后者可能具有预防性或治疗性作用（Varankovich et al.，2015）。目前有大量关于这一主题的文献可供查阅，其中包括试探性的和已证明的积极影响。一般来说，该主题声称的健康益处包括调节免疫反应、保护黏膜屏障的功能、降低胆固醇水平、具有抗癌活性以及对抗胃肠道疾病。

益生菌培养对免疫应答的调节是指宿主通过免疫耐受/低反应、体液免疫和细胞免疫机制区分有益微生物和病原微生物的能力。Hardy 等（2013）批判性地提出并讨论了选择性反应被激活的机制。肠或黏膜屏障是指分隔腔内容物和间质组织并阻止可能对宿主产生负面影响的因子扩散的物理和免疫屏障（Hardy et al.，2013；Rao 和 Samak，2013）。上皮单层构成物理屏障，而黏液、蛋白酶抗性 IgA 和抗菌肽构成免疫屏障。益生菌的作用对这两种屏障都有积极的影响。更准确地说，据报道表明，益生菌可以上调上皮生长因子（EGF-R）和模式识别受体（TLR-2）的表达（Resta-Lenert 和 Barrett，2003；Cario et al.，2004）随着 MUC2 和 MUC3 肠黏蛋白的产生，转化生长因子 β、IL-6 和 IL-10（Rodrigues et al.，2000；Rautava et al.，2006；He et al.，2007；Sang et al.，2008）。这些功能可以通过 Papadimitriou 等（2015）最近综述中总结的各种表型分析来评估。

与宿主的相互作用甚至可以通过识别特定细菌成分或代谢物后激活反应，以益生菌培养活性无关的方式发生（Adams，2010）。事实上，干酪乳杆菌灭活的全细胞可上调 IL-12、IL-10 和 IL-2，抑制 IgE、IgG1、IL-4、IL-5、IL-6 和 IL-13 的产生，而肿瘤坏死因子 α 和肿瘤坏死因子 γ 呈现混合反应（Matsuzaki 和 Chin，2000；Cross et al.，2004；Lim et al.，2009）。目前有大量的文献报道了各种益生菌和潜在益生菌培养物灭活的全细胞、细胞壁成分、脂磷壁酸甚至基因组 DNA 对小鼠和人细胞、细胞系和巨噬细胞免疫应答的影响，通过白细胞介素（如 IL-2、IL-4、IL-5、IL-6、IL-8、IL-10、IL-12、IL-13）、因子（如转化生长因子 β 和肿瘤坏死因子 α）来衡量（Lammers et al.，2003；Matsuguchi et al.，2003；Shida et al.，2006；Mastreli et al.，2009；Kaji et al.，2010；Jensen et al.，2010；van Hoffen et al.，2010）。Taverniti 和 Guglielmetti（2011）对这些研究和更多研究以及对可能的行动模式的讨论进行了全面综述。这些功能表明了益生菌的功效，并强调了重新评估整个益生菌概念的必要性，包括命名法。

抗癌活性归因于一系列的作用，包括分解致癌化合物、产生具有抗癌活性的化合物、抑制癌细胞增殖、诱导细胞凋亡以及改变肠道微生物区系的组成和代谢活性。

通过益生菌预防结直肠癌（CRC）已被广泛研究（Dos Reis et al.，2017）。上述每个参数在降低结直肠癌风险方面都发挥着各自的作用。维持健康的肠道菌群可直接或通过免疫调节降低结直肠癌的风险。此外，肠道生物群降低 β-葡萄糖醛酸酶和硝酸还原酶的活性被认为是减少与结直肠癌发展相关的代谢物产生的可能机制（Hatakka et al.，2008；Mohania et al.，2013；Verma 和 Shukla，2013；Zhu et al.，2013）。抗炎细胞因子的产生增加，而促炎细胞因子的产生同时减少（Koboziev et al.，2013；Zhu et al.，2013）。随着短链脂肪酸和共轭亚油酸的生产，以及来自益生菌或潜在益生菌的已证实具有致癌活性的化合物，已被证明可以降低结直肠癌风险（Ewaschuk et al.，2006；Hosseini et al.，2011；Bassaganya-Riera et al.，2012；Kumar et al.，2012；Vipperla 和 O'Keefe，2012；Serban，2014）。

益生菌的使用已被证明对治疗一系列胃肠道（GIT）疾病是有益的，包括传染性、抗生素相关性和水土不服（Sullivan 和 Nord，2005；McFarland，2007；Preidis et al.，2011；Girardin 和 Seidman，2011；Maziade et al.，2013；Patro-Golab et al.，2015；Szajeska 和 Kolodziej，2015a，b；Lau 和 Chamberlain，2016），肠易激综合征（O'Mahony et al.，2005；Whorwell et al.，2006；Lorenzo-Zuniga et al.，2014；Yoon et al. , 2014），膀胱炎（Turroni et al. , 2010；Shen et al. , 2014；Tomasz et al. , 2014）和幽门螺杆菌感染（Mukai et al. , 2002；Tong et al. , 2007；Dore et al. , 2015；Holz et al. , 2015；Szajeska et al. , 2015）。Domingo（2017）最近介绍了对上述每一项的具体影响以及各自的行动模式。

益生菌的降胆固醇能力已反复证明，最近 Ishimwe 等（2015）对其进行了综述并提出了一系列机制，包括酶去结合胆汁，胆固醇与去结合胆汁共沉淀，结合到益生菌细胞表面，以及转化为从粪便中排泄的辅前列腺素（Daliri 和 Lee，2015）。

上述功能已被深入研究，并已知会影响益生菌培养物的选择。尽管已经描述了几种作用机制，但还没有一种组学方法应用于预测。

益生菌培养技术评价

从技术角度对菌株能力的评估常常被忽视。然而，在工业化生产规模期间达到高种群的能力、经受干燥或冷冻等加工的能力以及在食品加工和储存期间保持活性和保持功能性的能力，是关键的和依赖于菌株的特性。

工业规模的生物生产是在生物反应器中进行的，生物反应器的容量可能达到数百升，应该特别注意养分含量、pH 值、溶解氧和温度，这些往往会影响生物生产的扩大。

益生菌培养物保存

冷冻或干燥是保存益生菌培养物最常用的方法。对于前者，降温速度是最关键的因素。高速率产生均匀分布的小冰晶，将冻结和解冻过程中机械或渗透应力造成的损害降至最低。然而，干燥是培养物保存最常见的选择过程，因为可以促进培养物的稳定性和保质期，另外可以降低物流成本。在干燥技术中，喷雾干燥最常应用于乳制品（Huang et al. , 2017）。影响培养活力的因素包括可能高达 200℃ 的进口温度（Silva et al. , 2002、2005）、脱水本身以及随后的储存条件。最常用的提高生存能力的策略是在干燥前使用适当的生长条件，并添加保护性分子，如脱脂牛奶、聚葡萄糖、菊糖等。Silva 等（2011）对这些因素和其他许多因素进行了批判性的讨论。对喷雾干燥所造成的压力（即热和渗透）的抵抗力似乎是一种依赖于应变的特性。有报道称，丙酸杆菌通常比双歧杆菌、乳杆菌和乳球菌有更强的抗性（Schuck et al. , 2013；Huang et al. , 2016），链球菌比乳杆菌属更强（Bielecka 和 Majkowska，2000；Kumar 和 Mishra，2004；Wang et al. , 2004），长双歧杆菌比双歧杆菌更强（Lian et al. , 2002）。预测耐受性的基因组方法有可能在不久的将来出现，已经描述了一系列参与适应这些条件的基因，如 CLP 和 OPU 基因，并且对生存的影响已经为人所知（Zotta et al.，2017）。

益生菌储藏过程中的活性

另一个广泛研究的方面是益生菌菌种在产品储存期间的存活率，益生菌菌种作为起始菌种或附加菌种加入其中。据报道，诸如 pH 值、有机酸浓度、其他成分的类型和浓度以及储存温度等因素可能显著影响益生菌培养物的活性（Donkor et al.，2007）。乳制品在储藏过程中的生存能力已经得到了研究。富含乳清蛋白的酸奶（Marafon et al.，2011）、调味剂（Vinderola et al.，2002）、果肉（Kailasapathy et al.，2008；El-Nagga 和 Abd El-Tawab，2012）、谷物（Coda et al.，2012；Zare et al.，2012）、乳果糖（Oliveira et al.，2011）或菊粉（Bozanic et al.，2001；Donkor et al.，2007）要么没有负面影响，要么导致被纳入的各个益生菌培养物的存活率提高。在文献中也有几个报告声称完全相反，即生存能力的降低（Ranaccera et al.，2012；Bedani et al.，2014），从而得出该特性与应变有关的结论。各种奶酪包括Feta（Mazinani et al.，2016）、soft goat（Radulovic et al.，2012）、Italico（Blaiotta et al.，2017）、Pecorino Siniliano（Pino et al.，2017）、White brined（Liu et al.，2017）、Minas（Buriti et al.，2007）和 Cheddar（Phillips et al.，2006），在生产和储存过程中的生存能力也被评估，确认了奶酪是输送益生菌的最佳产品，并得出了这一特性取决于菌株的基本结论。然而，由于微生态系统的复杂性和涉及的基因数量，预测基因组方法预计不会很快出现。

益生菌基因工程

选择程序的另一种方法是通过生物工程为益生菌培养物提供所需的特性。这些属性可以从增强对 GIT 或技术相关条件的耐受性扩展到改进的功能。使用生物工程背后的基本原理是解决目前以益生菌或潜在益生菌为特征的培养物的局限性。本段末尾讨论的一般转基因生物的使用存在某些担忧。在接下来的段落中，介绍了涉及益生菌或潜在益生菌基因工程的最具特色的研究，旨在描述基因工程提供的可能性。

在乳酸乳球菌 MG1363 中表达了来源于丙酸杆菌 B365 的海藻糖-6-磷酸磷酸酶编码基因 otsB，以提供合成海藻糖的能力（Carvalho et al.，2011）。能够产生海藻糖的菌株表现出更好的耐酸性、耐寒性和耐热性。相反地，当该菌株暴露在冷冻干燥条件下，没有观察到活力的改善。同一株含有源于大肠杆菌 DH5a 的 atsBA 基因的菌株被报道在冷冻干燥后几乎保持 100% 的活力（Termont et al.，2006）。据报道，对胃液的耐受性以及对胆汁的抵抗力都有所改善。这种增强的耐受性不会干扰同一菌株的 IL-10 分泌（Steidler et al.，2000）。Bermudez-Humaran 等（2015）使用乳酸杆菌 MG1363 构建能够分泌细胞因子（IL-10 或转化生长因子-β_1）和丝氨酸蛋白酶抑制剂（Elafin 或分泌性白细胞蛋白酶抑制剂，SLPI）的重组菌株。用 DSS 诱导的小鼠结肠炎模型（C57BL/6 小鼠）观察口服重组菌株的效果。在丝氨酸蛋白酶抑制剂的作用下，炎症明显减轻。反之，表达 IL-10 或转化生长因子-β_1 的重组菌株仅有温和的抗炎作用。此外，通过失活 HtrA 获得的弹性蛋白酶抑制剂过量生产导致炎症反应增强，表明存在剂量依赖性。

　　Koo 等（2012）构建了一种以副干酪乳杆菌为基础的重组菌株，能够产生李斯特菌黏附蛋白克服单核细胞增生性李斯特菌在 Caco-2 细胞的黏附、跨上皮移位和细胞毒性。此外，还对几种具有益生菌潜力的野生型细菌进行了同样能力的检测。后者未能预防单核细胞增多性李斯特菌感染。反之，重组菌株在 24 h 后可使单核细胞增多性李斯特菌易位降低 46%，1 h 后细胞毒性降低 99.8%。

　　Focareta 等（2006）利用基因工程菌大肠杆菌 DH5a 表达淋球菌和空肠弯曲菌的糖基转移酶基因，目的是制造一种神经节苷脂 GM_1 受体的模拟物，并在原位灭活霍乱毒素。事实上，注射该载体可以显著保护 3 天大的瑞士小鼠免受霍乱弧菌的致命攻击。Duan 和 March（2008，2010）在大肠杆菌 Nissle1917 的基础上构建了一株能够表达霍乱自动诱导剂 1 的菌株，并研究了其对霍乱弧菌定植和毒力基因表达的影响。关于后者，有报道称 Caco-2 细胞毒力基因表达下调。此外，重组菌株预处理 2-3 日龄 CD-1 小鼠，40 h 后霍乱弧菌肠道菌落减少 69%，8 h 后霍乱毒素肠道结合力降低 80%。

　　Volzing 等（2013）构建了重组乳酸明串珠菌能够产生大蒜素-1a 和 A3APO，这两种多肽对革兰氏阳性和革兰氏阴性菌都有抗菌活性。重组菌株在体外能有效地抑制大肠杆菌和沙门氏菌的生长，有必要进行进一步的原位研究。用乳酸明串珠菌构建了艰难梭菌产生的细胞毒素 A（TdcA）和 B（TcdB）的两个片段 TCD-AC 和 TCD-BC 的重组菌株（Guo et al.，2015）。将纯化的片段或重组菌株口服给 5~6 周龄的无病原体 C57BL6 小鼠，然后用难辨梭状芽胞杆菌攻击。接种疫苗的小鼠由于 IgG 和 IgA 效价较高，死亡率显著降低。

　　Chu 等（2005）构建一株能够产生 K99 菌毛蛋白的嗜酸乳杆菌。该菌株能有效抑制产肠毒素大肠杆菌与猪肠上皮细胞的结合，并呈剂量依赖关系。Sanchez 等（2011）报道重组乳酸乳球菌在 Nisin 诱导 6 h 后能产生表面相关鞭毛蛋白。重组菌株对附着蛋白包被的聚苯乙烯平板的黏附性优于大肠杆菌和肠沙门氏菌。

　　除了上述方法外，益生菌作为一种靶向运送生物活性分子的载体已被广泛研究，用于预防和/或治疗各种疾病。到目前为止进行的最具特色的研究如下：Ma 等（2014）报道了重组乳酸乳球菌的构建。P277 串联重复序列表达 HSP65 的乳酸乳球菌能够对抗 1 型糖尿病的发病。在非肥胖糖尿病小鼠中口服重组菌株可减少胰岛素炎症，改善糖耐量，并最终预防高血糖。

益生菌的抗肿瘤活性也在一定程度上被考虑，结果令人振奋。Wei 等（2016）的研究是潜在应用的特点。在这项研究中，一株芽孢杆菌被改造成产生肿瘤抑素，是一种有效的血管抑素，可以抑制肿瘤内皮细胞的增殖并诱导其凋亡。在给荷瘤小鼠灌胃重组菌株后，对这种方法的原位有效性进行了检验。记录到的抗肿瘤作用是显著的，非常有希望进行进一步的研究。

最后，Chamcha 等（2015）报告了乳酸乳球菌的构建情况，能产生 HIV-1gag-p24 抗原的乳酸菌，目的是在 BALB/c 小鼠体内诱导 HIV 特异性免疫应答实现免疫。事实上，通过口服表达抗原的重组菌株获得了对 HIV 的强大体液免疫和细胞免疫。

前述方法虽然前景看好，但仍然需要使用转基因生物（GMO），这一点令人担忧。这些担忧可能源于预测的功能（Stemke，2004）或不可预测的功能（Hill Jr. et al.，1993）。然而，有一些方法可以在不需要基因改造的情况下改进潜在的益生菌培养物。这种改进可能主要通过定向进化和显性选择来实现（Derkx et al.，2014）。这些方法可能不会导致发展出具有上述改进的或有针对性的健康益处的菌株，但可能会增强对某些压力的抵抗力和病原体的竞争优势。这些表型可能是通过适应特定的不利条件而获得的。然而，适应只是暂时的，是否有可能在不改变遗传物质的情况下实现永久性变化仍在辩论中。表观遗传学可能会提供一个解决方案，但仍需要进一步的研究来检测和理解其中涉及的机制。此外，这种方法需要高水平的专业知识、时间和努力，而安全评估仍然是工业使用的先决条件。

结论与展望

在过去的十年中，益生菌产品的设计取得了一系列令人兴奋的进步。大多数是指选择最合适的菌株，关于所需的特性或用于评估的方法。与此同时，具有益生菌特性的菌株，至少是指在宿主内达到定殖生态位的能力，已被用于基因工程研究，作为生物活性分子用于靶向递送旨在治疗和/或预防感染和疾病。预计此类研究的数量将在未来几年内增加，从而丰富用于表征潜在益生菌菌株的选择标准。此外，元转录组学方法很可能会在原位评估 GIT 微生态和益生菌菌株的作用中找到方法。

参考文献

Abriouel H，Perez Montoro B，Casimiro-Soriguer CS et al（2017）Insight into potential probiotic markers predicted in *Lactobacillus pentosus* MP-10 genome sequence. Front Microbiol 8:891.

Adams CA(2010)The probiotic paradox: live and dead cells are biological response modifiers. Nutr Res Rev 23:37-46.

Arena MP,Capozzi V,Spano G et al(2017)The potential of lactic acid bacteria to colonize biotic and abiotic surfaces and the investigation of their interactions and mechanisms. Appl Microbiol Biotechnol 101: 2641-2657.

Bassaganya-Riera J,Viladomiu M,Pedragosa M,Simone C,Hontecillas R (2012) Immunoregulatory mechanisms underlying prevention of colitis-associated colorectal cancer by probiotic bacteria. PLoS ONE 7:1-8.

Bedani R,Vieira ADS,Rossi EA et al(2014)Tropical fruit pulps decreased probiotic survival to in vitro gastrointestinal stress in symbiotic soy yoghurt with okara during storage. LWT-Food Sci Technol 55: 436-443.

Bermudez-Humaran LG,Motta J-P,Aubry C et al(2015)Serine protease inhibitors protect better than IL-10 and TGF-β anti-inflammatory cytokines against mouse colitis when delivered by recombinant lacto-cocci. Microb Cell Factories 14:26.

Bielecka M,Majkowska A (2000) Effect of spray drying temperature of yoghurt on the survival of starter cultures,moisture content and sensoric properties of yoghurt powder. Nahrung/Food 44:257-260.

Blaiotta G, Murru N, Di Cerbo A et al (2017) Commercially standardized process for probiotic "Italico" cheese production. LWT-Food Sci Technol 79:601-608.

Bove P,Fiocco D,Gallone A et al(2012)Abiotic stress responses in lactic acid bacteria. In: Wong HC(ed)Stress response of foodborne microorganisms. Nova Publishers,New York,pp 355-403.

Bozanic R,Rogelj I,Tratni IJ(2001)Fermented acidophilus goat's milk supplemented with inulin: comparison with cow's milk. Milchwissenschaft 56:618-622.

Buriti FCA,Okazaki TY,Alegro JHA et al(2007)Effect of a probiotic mixed culture on texture profile and sensory performance of Minas fresh-cheeses in comparison with the traditional products. Arch Latinoam Nutr 57:179-185.

Cario E,Gerken G,Podolsky DK(2004)Toll-like receptor 2 enhances ZO-1-associated intestinal epi-thelial barrier integrity via protein kinase C. Gastroenterology 127:224-238.

Carvalho AL,Cardoso FS,Bohn A(2011)Engineering trehalose synthesis in *Lactococcus lactis* for im-proved stress tolerance. Appl Environ Microbiol 77:4189-4199.

Chamcha V,Jones A,Quigley BR et al (2015) Oral immunization with a recombinant *Lactococcus lactis*-expressing HIV-1 antigen on group A *Streptococcus* pilus induces strong mucosal immunity in the gut. J Immunol 195:5025-5034.

Chu H,Kang S,Ha S et al(2005)*Lactobacillus acidophilus* expressing recombinant K99 adhesive fim-briae has an inhibitory effect on adhesion of enterotoxigenic *Escherichia coli*. Microbiol Immunol 49: 941-948.

Coda R,Laner A,Trani A et al (2012) Yogurt-like beverages made of a mixture of cereals,soy and grape must: microbiology,texture,nutritional and sensory properties. Int J Food Microbiol 155:120-127.

Cross ML, Ganner A, Teilab D et al (2004) Patterns of cytokine induction by gram-positive and gram-negative probiotic bacteria. FEMS Immunol Med Microbiol 42:173-180.

Daliri EB-M, Lee BH (2015) New perspectives on probiotics in health and disease. Food Sci Human Wellness 4:56-65.

Derkx PMF, Janzen T, Sorensen KI et al (2014) The art of strain improvement of industrial lactic acid bacteria without the use of recombinant DNA technology. Microb Cell Factories 13:S5.

Domingo JJS (2017) Review of the role of probiotics in gastrointestinal diseases in adults. Gastroenterol Hepatol 40:417-429.

Donkor ON, Tsangalis D, Shah NP (2007) Viability of probiotic bacteria and concentrations of organic acids in commercial yoghurts during refrigerated storage. Food Aust 59:121-126.

Dore MP, Goni E, di Mario F (2015) Is there a role for probiotics in *Helicobacter pylori* therapy? Gastroenterol Clin N Am 44:565-575 dos Reis SA, da Conceicao LL, Siqueira NP et al (2017) Review of the mechanisms of probiotic actions in the prevention of colorectal cancer. Nutr Res 37:1-19.

Duan F, March JC (2008) Interrupting *Vibrio cholerae* infection of human epithelial cells with engineered commensal bacterial signaling. Biotechnol Bioeng 101:128-134.

Duan F, March JC (2010) Engineered bacterial communication prevents *Vibrio cholerae* virulence in an infant mouse model. PNAS 107:11260-11264.

El-Nagga EA, Abd El-tawab YA (2012) Compositional characteristics of date syrup extracted by different methods in some fermented dairy products. Ann Agric Sci 57:29-36.

Ewaschuk JB, Walker JW, Diaz H et al (2006) Bioproduction of conjugated linoleic acid by probiotic bacteria occurs in vitro and in vivo in mice. J Nutr 136:1483-1487.

Focareta A, Paton JC, Morona R et al (2006) A recombinant probiotic for treatment and prevention of cholera. Gastroenterology 130:1688-1695.

Girardin M, Seidman EG (2011) Indications for the use of probiotics in gastrointestinal diseases. Dig Dis 29:574-587.

Guo S, Yan W, McDonough SP et al (2015) The recombinant *Lactococcus lactis* oral vaccine induces protection against *C. difficile* spore challenge in a mouse model. Vaccine 33:1586-1595.

Guo H, Pan L, Li L et al (2017) Characterization of antibiotic resistance genes from *Lactobacillus* isolated from traditional dairy products. J Food Sci 82:724-730.

Hardy H, Harris J, Lyon E et al (2013) Probiotics, prebiotics and immunomodulation of gut mucosal defences: homeostasis and immunopathology. Forum Nutr 5:1869-1912.

Hatakka K, Holma R, El-Nezami H et al (2008) The influence of *Lactobacillus rhamnosus* LC705 together with *Propionibacterium freudenreichii* ssp. *shermanii* JS on potentially carcinogenic bacterial activity in human colon. Int J Food Microbiol 128:406-410.

He B, Xu W, Santini PA et al (2007) Intestinal bacteria trigger T cell-independent immunoglobulin A2 class switching by inducing epithelial-cell secretion of the cytokine APRIL. Immunology 26:812-826.

Hill RH Jr, Caudill SP, Philen RM et al (1993) Contaminants in L-tryptophan associated with eosinophilia myalgia syndrome. Arch Environ Contam Toxicol 25:134-142.

Holz C, Busjahn A, Mehling H et al (2015) Significant reduction in *Helicobacter pylori* load in humans with non-viable *Lactobacillus reuteri* DSM17648: a pilot study. Probiotics Antimicrob Proteins 7:91−100.

Hosseini E, Grootaert C, Verstraete W et al (2011) Propionate as a health-promoting microbial metabolite in the human gut. Nutr Rev 69:245−258.

Huang S, Cauty C, Dolivet A et al (2016) Double use of highly concentrated sweet whey to improve the biomass production and viability of spray-dried probiotic bacteria. J Funct Foods 23:453−463.

Huang S, Vignolles M-L, Chen XD et al (2017) Spray drying of probiotics and other food-grade bacteria: a review. Trends Food Sci Technol 63:1−17.

Hwanhlem N, Ivanova T, Biscola V et al (2017) Bacteriocin producing *Enterococcus faecalis* isolated from chicken gastrointestinal tract originating from Phitsanulok, Thailand: isolation, screening, safety evaluation and probiotic properties. Food Control 78:187−195.

Ishimwe N, Daliri E, Lee B et al (2015) The perspective on cholesterol-lowering mechanisms of probiotics. Mol Nutr Food Res 59:94−105.

Jensen GS, Benson KF, Carter SG et al (2010) GanedenBC30 cell wall and metabolites: anti-inflammatory and immune modulating effects in vitro. BMC Immunol 11:1−15.

Kailasapathy K, Harmstorf I, Phillips M (2008) Survival of *Lactobacillus acidophilus* and *Bifidobacterium animalis* ssp. *lactis* in stirred fruit yogurts. LWT-Food Sci Technol 41:1317−1322.

Kaji R, Kiyoshima-Shibata J, Nagaoka M et al (2010) Bacterial teichoic acids reverse predominant IL-12 production induced by certain lactobacillus strains into predominant IL-10 production via TLR2-dependent ERK activation in macrophages. J Immunol 184:3505−3513.

Koboziev I, Webb CR, Furr KL et al (2013) Role of the enteric microbiota in intestinal homeostasis and inflammation. Free Radic Biol Med 68:122−133.

Koo OK, Amalaradjou MAR, Bhunia AK (2012) Recombinant probiotic expressing Listeria adhesion protein attenuates *Listeria monocytogenes* virulence in vitro. PLoS ONE 7:e29277.

Kumar P, Mishra HN (2004) Yoghurt powder-a review of process technology, storage and utilization. Food Bioprod Process 82:133−142.

Kumar M, Nagpal R, Verma V et al (2012) Probiotic metabolites as epigenetic targets in the prevention of colon cancer. Nutr Rev 71:23−34.

Lammers KM, Brigidi P, Vitali B et al (2003) Immunomodulatory effects of probiotic bacteria DNA: IL-1 and IL-10 response in human peripheral blood mononuclear cells. FEMS Immunol Med Microbiol 38:165−172.

Lau CS, Chamberlain RS (2016) Probiotics are effective at preventing *Clostridium difficile*-associated diarrhea: a systematic review and meta-analysis. Int J Gen Med 9:27−37.

Lee YK, Lim CY, Teng WL et al (2000) Quantitative approach in the study of adhesion of lactic acid bacteria to intestinal cells and their competition with enterobacteria. Appl Environ Microbiol 66:3692−3697.

Lian WC, Hsiao HC, Chou CC (2002) Survival of bifidobacteria after spray drying. Int J Food Microbiol 74:79−86.

Lim LH, Li HY, Huang CH et al(2009) The effects of heat-killed wild-type *Lactobacillus casei* Shirota on allergic immune responses in an allergy mouse model. Int Arch Allergy Immunol 148:297–304.

Liu L, Li X, Zhu Y et al(2017) Effect of microencapsulation with the Maillard reaction products of whey proteins and isomaltooligosaccharide on the survival rate of *Lactobacillus rhamnosus* in white brined cheese. Food Control 79:44–49.

Lorenzo-Zuniga V, Llop E, Suarez C et al(2014) I. 31, a new combination of probiotics, improves irritable bowel syndrome-related quality of life. World J Gastroenterol 20:8709–8716.

Ma Y, Liu J, Hou J et al (2014) Oral administration of recombinant *Lactococcus lactis* expressing HSP65 and tandemly repeated P277 reduces the incidence of type I diabetes in non-obese diabetic mice. PLoS ONE 9(8) :e105701.

Marafon AP, Sumi A, Alcantara MR et al(2011) Optimization of the rheological properties of probiotic yoghurts supplemented with milk proteins. LWT-Food Sci Technol 44:511–519.

Mastrangeli G, Corinti S, Butteroni C et al(2009) Effects of live and inactivated VSL#3 probiotic preparations in the modulation of in vitro and in vivo allergen-induced Th2 responses. Int Arch Allergy Immunol 150:133–143.

Matsuguchi T, Takagi A, Matsuzaki T et al(2003) Lipoteichoic acids from *Lactobacillus* strains elicit strong tumor necrosis factor alpha inducing activities in macrophages through toll-like receptor 2. Clin Diagn Lab Immunol 10:259–266.

Matsuzaki T, Chin J(2000) Modulating immune responses with probiotic bacteria. Immunol Cell Biol 78:67–73.

Maziade PJ, Andriessen JA, Pereira P et al (2013) Impact of adding prophylactic probiotics to a bundle of standard preventative measures for *Clostridium difficile* infections: enhanced and sustained decrease in the incidence and severity of infection at a community hospital. Curr Med Res Opin 29: 1341–1347.

Mazinani S, Fadaei V, Khosravi-Darani K (2016) Impact of *Spirulina platensis* on physicochemical properties and viability of *Lactobacillus acidophilus* of probiotic UF feta cheese. J Food Process Preserv 40: 1318–1324.

McFarland LV(2007) Meta-analysis of probiotics for the prevention of traveler's diarrhea. Travel Med Infect Dis 5:97–105.

Mohania D, Kansal VK, Sagwal R et al(2013) Anticarcinogenic effect of probiotic Dahi and piroxicam on DMH-induced colorectal carcinogenesis in Wistar rats. Am J Cancer Ther Pharmacol 1:1–17.

Montoro BP, Benomar N, Lerma LL et al (2016) Fermented Alorena table olives as a source of potential probiotic *Lactobacillus pentosus* strains. Front Microbiol 7:1583.

Motahari P, Mirdamadi S, Kianirad M (2017) Safety evaluation and antimicrobial properties of *Lactobacillus pentosus* 22C isolated from traditional yogurt. Food Measure 11:972–978.

Mukai T, Asasaka T, Sato E et al(2002) Inhibition of binding of *Helicobacter pylori* to the glycolipid receptors by probiotic *Lactobacillus reuteri*. FEMS Immunol Med Microbiol 32:105–110.

Neffe-Skocinska K, Okon A, Kolozyn-Krajewska et al(2017) Amino acid profile and sensory character-

istics of dry fermented pork loins produced with a mixture of probiotic starter cultures. J Sci Food Agric 97：
2953-2960.

O'Mahony L,McCarthy J,Kelly P et al(2005)*Lactobacillus* and *Bifidobacterium* in irritable bowel
syndrome：symptom responses and relationship to cytokine profiles. Gastroenterology 128：541-551.

Ojekunle O,Banwo K,Sanni AI(2017)In vitro and in vivo evaluation of *Weissella cibaria* and *Lacto-
bacillus plantarum* for their protective effect against cadmium and lead toxicities. Lett Appl Microbiol 64：
379-385.

Oliveira RPS,Florence ACR,Perego P et al(2011)Use of lactulose as prebiotic and its influence on
the growth,acidification profile and viable counts of different probiotics in fermented skim milk. Int J Food
Microbiol 145：22-27.

Papadimitriou K,Zoumpopoulou G,Foligne B et al(2015)Discovering probiotic microorganisms：in
vitro,in vivo,genetic and omics approaches. Front Microbiol 6：58.

Park K-Y,Jeong J-K(2016)Kimchi(Korean fermented vegetables)as a probiotic food. In：Watson
RR,Preedy VR(eds)Probiotic,prebiotics and synbiotics. Bioactive foods in health promotion. Academic,
London,pp 391-408.

Patro-Golab B,Shamir R,Szajewska H(2015)Yogurt for treating antibiotic-associated diarrhea：sys-
tematic review and meta-analysis. Nutrition 31：796-800.

Perumal V,Venkatesan A(2017)Antimicrobial,cytotoxic effect and purification of bacteriocin from
vancomycin susceptible *Enterococcus faecalis* and its safety evaluation for probiotization LWT-Food Sci
Technol 78：303-310.

Phillips M,Kailasapathy K,Tran L(2006)Viability of commercial probiotic cultures(*L. acidophilus*,
Bifidobacterium sp. ,*L. casei*,*L. paracasei* and *L. rhamnosus*)in cheddar cheese. Int J Food Microbiol 108：
276-280.

Pino A,Van Hoorde K,Pitino I et al(2017)Survival of potential probiotic lactobacilli used as adjunct
cultures on Pecorino Siciliano cheese ripening and passage through the gastrointestinal tract of healthy vol-
unteers. Int J Food Microbiol 252：42-52.

Preidis GA,Hill C,Guerrant RL et al(2011)Probiotics,enteric and diarrheal diseases,and global
health. Gastroenterology 140：8-14.

Radulovic Z,Miocinovic J,Mirkovic N et al(in press)Survival of spray-dried and free-cells of
potential probiotic *Lactobacillus plantarum* 564 in soft goat cheese. Anim Sci J. https://doi. org/
10. 1111/asj. 12802.

Ranadheera CS,Evans CA,Adams MC et al(2012)In vitro analysis of gastrointestinal tolerance and
intestinal cell adhesion of probiotics in goat's milk ice cream and yogurt. Food Res Int 49：619-625.

Rao RK,Samak G(2013)Protection and restitution of gut barrier by probiotics：nutritional and
clinical implications. Curr Nutr Food Sci 9：99-107.

Rautava S,Arvilommi H,Isolaur E(2006)Specific probiotics in enhancing maturation of IgA
responses in formula-fed infants. Pediatr Res 60：221-224.

Resta-Lenert S,Barrett KE(2003)Live probiotics protect intestinal epithelial cells from the effects of infection with enteroinvasive *Escherichia coli*(EIEC). Gut 52:988-997.

Rodrigues AC, Cara DC, Fretez SH et al(2000) *Saccharomyces boulardii* stimulates sIgA production and the phagocytic system of gnotobiotic mice. J Appl Microbiol 89:404-414.

Rzepkowska A, Zielińska D, Ołdak A et al(in press) Safety assessment and antimicrobial properties of the lactic acid bacteria strains isolated from polish raw fermented meat products. Int J Food Prop in presshttps://doi. org/10. 1080/10942912. 2016. 1250098.

Sanchez B, Lopez P, Gonzalez-Rodriguez I et al(2011) A flagellin-producing *Lactococcus* strain: interactions with mucin and enteropathogens. FEMS Microbiol Lett 318:101-107.

Schuck P, Dolivet A, Mejean S et al(2013) Spray drying of dairy bacteria: new opportunities to improve the viability of bacteria powders. Int Dairy J 31:12-17.

Serban DE (2014) Gastrointestinal cancers: influence of gut microbiota, probiotics and prebiotics. Cancer Lett 345:258-270.

Shang L, Fukata M, Thirunarayanan N et al(2008) Toll-like receptor signaling in small intestinal epithelium promotes B-cell recruitment and IgA production in lamina propria. Gastroenterology 135:529-538.

Shen J, Zuo ZX, Mao AP(2014) Effect of probiotics on inducing remission and maintaining therapy in ulcerative colitis, Crohn's disease, and pouchitis: meta-analysis of randomized controlled trials. Inflamm Bowel Dis 20:21-35.

Shida K, Kiyoshima-Shibata J, Nagaoka M et al (2006) Induction of interleukin-12 by lactobacillus strains having a rigid cell wall resistant to intracellular digestion. J Dairy Sci 89:3306-3317.

Silva J, Carvalho AS, Teixeira P et al(2002) Bacteriocin production by spray-dried lactic acid bacteria. Lett Appl Microbiol 34:77-81.

Silva J, Carvalho AS, Ferreira R et al(2005) Effect of the pH of growth on the survival of *Lactobacillus delbrueckii* subsp. *bulgaricus* to stress conditions during spray-drying. J Appl Microbiol 98:775-782.

Silva J, Freixo R, Gibbs P et al(2011) Spray-drying for the production of dried cultures. Int J Dairy Technol 64:321-335.

Steidler L, Hans W, Schotte L et al(2000) Treatment of murine colitis by *Lactococcus lactis* secreting Interleukin-10. Science 289:1352-1355.

Stemke DJ(2004) Geneticallymodified microorganisms biosafety and ethical issues. In: Parekh SR (ed) The GMO handbook. Genetically modified animals, microbes, and plants in biotechnology. Humana Press, Totowa, pp 85-132.

Sullivan A, Nord CE(2005) Probiotics and gastrointestinal diseases. J Intern Med 257:78-92.

Szajewska H, Kolodziej M(2015a) Systematic review with meta-analysis: *Lactobacillus rhamnosus* GG in the prevention of antibiotic-associated diarrhoea in children and adults. Aliment Pharmacol Ther 42: 1149-1157.

Szajewska H, Kolodziej M(2015b) Systematic review with meta-analysis: *Saccharomyces boulardii* in the prevention of antibiotic-associated diarrhoea. Aliment Pharmacol Ther 42:793-801.

Szajewska H, Horvath A, Kolodziej M (2015) Systematic review with meta-analysis: *Saccharomyces boulardii* supplementation and eradication of *Helicobacter pylori* infection. Aliment Pharmacol Ther 41:

1237-1245.

Taverniti V, Guglielmetti S(2011) The immunomodulatory properties of probiotic microorganisms beyond their viability(ghost probiotics: proposal of paraprobiotic concept). Genes Nutr 6:261-274.

Termont S, Vandenbroucke K, Iserentant D et al(2006) Intracellular accumulation of trehalose protects *Lactococcus lactis* from freeze-drying damage and bile toxicity and increases gastric acid resistance. Appl Environ Microbiol 72:7694-7700.

Tomasz B, Zoran S, Jaroslaw W et al(2014) Long-term use of probiotics *Lactobacillus* and *Bifidobacterium* has a prophylactic effect on the occurrence and severity of pouchitis: a randomized prospective study. Biomed Res Int 2014:208064.

Tong JL, Ran ZH, Shen J et al(2007) Meta-analysis: the effect of supplementation with probiotics on eradication rates and adverse events during *Helicobacter pylori* eradication therapy. Aliment Pharmacol Ther 25:155-168.

Turroni S, Vitali B, Candela M et al(2010) Antibiotics and probiotics in chronic pouchitis: a comparative proteomic approach. World J Gastroenterol 16:30-41.

van Hoffen E, Korthagen NM, de Kivit S et al(2010) Exposure of intestinal epithelial cells to UV-killedLactobacillus GG but not *Bifidobacterium breve* enhances the effector immune response in vitro. Int Arch Allergy Immunol 152:159-168.

Varankovich NV, Nickerson MT, Korber DR (2015) Probiotic-based strategies for therapeutic and prophylactic use against multiple gastrointestinal diseases. Front Microbiol 6:685.

Verma A, Shukla G (2013) Probiotics *Lactobacillus rhamnosus* GG, *Lactobacillus acidophilus* suppresses DMH-induced procarcinogenic fecal enzymes and preneoplastic aberrant crypt foci in early colon carcinogenesis in Sprague Dawley rats. Nutr Cancer 65:84-91.

Vinderola CG, Costa GA, Regenhardt S et al(2002) Influence of compounds associated with fermented dairy products on the growth of lactic acid starter and probiotic bacteria. Int Dairy J 12:579-589.

Vipperla K, O'Keefe SJ (2012) The microbiota and its metabolites in colonic mucosal health and cancer risk. Nutr Clin Pract 27:624-635.

Volzing K, Borrero J, Sadowsky MJ et al(2013) Antimicrobial peptides targeting gram-negative pathogens, produced and delivered by lactic acid bacteria. ACS Synth Biol 2:643-650.

Wang YC, Yu RC, Chou CC(2004) Viability of lactic acid bacteria and bifidobacteria in fermented soymilk after drying, subsequent rehydration and storage. Int J Food Microbiol 93:209-217.

Wei C, Xun AY, Wei XX et al(2016) Bifidobacteria expressing tumstatin protein for antitumor therapy in tumor-bearing mice. Technol Cancer Res Treat 15:498-508.

Whorwell PJ, Altringer L, Morel J et al(2006) Efficacy of an encapsulated probiotic *Bifidobacterium infantis* 35624 in women with irritable bowel syndrome. Am J Gastroenterol 101:1581-1590.

Yadav AK, Tyagi A, Kumar A et al(2017) Adhesion of lactobacilli and their anti-infectivity potential. Crit Rev Food Sci Nutr 57:2042-2056.

Yoon JS, Sohn W, Lee OY et al(2014) Effect of multispecies probiotics on irritable bowel syndrome: a randomized, double-blind, placebo-controlled trial. J Gastroenterol Hepatol 29:52-59 Zare F, Champagne

CP, Simpson BK et al(2012) Effect of the addition of pulse ingredients to milk on acid production by probiotic and yoghurt starter cultures. LWT-Food Sci Technol 45:155-160.

Zhu Q, Gao R, Wu W et al(2013) The role of gut microbiota in the pathogenesis of colorectal cancer. Tumor Biol 34:1285-1300.

Zotta T, Parente E, Ricciardi A (2017) Aerobic metabolism in the genus *Lactobacillus*: impact on stress response and potential applications in the food industry. J Appl Microbiol 122:857-869.

第9章　非乳益生菌食品：创新与市场趋势

摘　要　全球生产和消费的大量传统发酵食品认为是非乳益生菌产品的起源。虽然用作发酵剂的 LAB 显示出益生菌培养所需的属性，但科学家和技术人员发现，可以发酵的食物基质也可以用作益生菌的输送工具，一些发酵剂培养物可以完成发酵和益生菌的双重任务，这只是个时间问题。与此同时，健康属性继续处于新产品开发战略的前沿。碳水化合物和酚类被观察到在肠道健康配方中可能与益生菌协同作用，给非乳制品益生菌产品开发商打了一针强心针。虽然现在需要解决技术瓶颈，但通过操纵益生菌菌株和食品基质成分之间的协同作用，多样化的食品创新是可能的。然而，新非乳制品产品开发被推测面临一系列挑战。每种食品基质都是独一无二的。各行业需要标准化和优化每种产品的基本配方，使其具有所需的感官和理化特性、延长保质期和化学稳定性，所有这些都要以合理的成本实现。关于非乳制品模式的技术复杂性和挑战已经说了很多，但尽管如此，几种商业上可行的产品已经出现在全球超市的货架上。水果、蔬菜汁和谷类食品似乎是目前最受欢迎的食物形式，而肉类基质仍处于研究阶段。成功的关键是说服消费者为新产品支付成本，这可以通过向消费者传达明确和真实的健康主张来实现。

关键词　非乳制品；益生菌；果汁；食品基质；沙棘

前言

这是一个生活方式疾病盛行的时代，威胁着健康的社会、年龄、压力和低质量的饮食是背后的共同原因。在这种情况下，功能性食品承诺提供和预防各种生活方式疾病。新产品开发的重点也转移到食品的第三功能即食品的防病能力。与此同时，具有创新和进步精神的食品公司抓住了消费者对功能食品感兴趣带来的机遇。多年来，功能性食品越来越多地针对可能对肠道微生物区系构成产生积极影响的食品添加剂，重点主要放在益生菌、益生元和合生元上。

从历史上看，酸奶可以恢复肠道菌群，可以理解的是第一代益生菌食品都是以乳制品为基础的。然而，参与产品开发的公司很快从消费者行为分析中意识到，需要一种积极主动的方法来开发新产品，而不是被动地开发新产品，特别是在益生菌方面。亚洲、欧洲和美国的超市货架上开始摆放少量的非乳制品益生菌产品。今天，几乎每一种食品，无论是谷类、大豆、水果和蔬菜，还是肉类，都因作为一种可行的、保质期稳定的益生菌载体被检查、探索和评估其适宜性。

本章概述了每一种常规和非常规非乳制品基质的优势和制约因素，以及全球可获得的最新商业产品，讨论了这一多样化的、不断发展的食品细分市场的预期市场命运。

产品开发

有人说，非乳制品的最大驱动力是素食主义、牛奶胆固醇含量、乳糖不耐受以及消费者对货架多样性和感官吸引力的兴趣。从行业的角度来看，许多制造商都在寻找创造和增加价值的方法，进一步导致了产品形象的提升。然而，一个更令人信服的理由和更有力的驱动因素已经出现，证明可以通过植物成分与益生菌和肠道共生体之间的共生关系获得健康益处（Duda-Chodak et al.，2015；Valdes et al.，2015；Ozdal et al.，2016）。

全球生产和消费的大量传统发酵食品的存在视为非乳制品益生菌产品的起源。非乳制品益生菌的原理是从传统发酵食品中借鉴而来的，因为很明显，乳酸菌（LAB）具有胃和胆汁耐受性，能够黏附于肠上皮细胞系（Caco-2），代谢宿主益生菌，激发对病原体和腐败生物的拮抗活性，并激发免疫调节活性（Vitalli et al.，2012；Di Cagno et al.，2013）。简而言之，一些用作发酵剂的 LAB 显示出益生菌培养所需的特性。一些本土菌株甚至显示出降低胆固醇的能力（Lee et al.，2011）。因此，科学家和技术人员发现，那些可以发酵的食物基质也可以作为益生菌的载体，一些发酵剂可以完成发酵和益生菌的双重任务，这只是个时间问题。

产品开发方法

食品创新要么是因为消费者的需求，要么是因为科学技术的进步。成功的益生菌产品开发方法应解决以下问题：市场趋势和消费者偏好；选定食品基质的理化特性；在加工和储存期，益生菌菌株与基质食品成分之间的潜在相互作用。

健康将继续处于新产品开发战略的前沿。食品和饮料制造商正寻求将益生菌纳入所有类型的食品组和基质中。通过操纵益生菌菌株和食品基质中存在的成分之间的协同作用，可以实现多样化的食品创新。然而，关于益生菌产品的开发，已经提出了几个关注和问题。事实证明，健康声明的可信度、市场准入要求以及消费者缺乏产品意识是这一食品类别进一步商业扩张的障碍。为了更好地被客户接受，新产品开发人员需要将它们制作成客户熟悉的格式。

非乳制品基质

植物化合物如复杂的碳水化合物和酚类可能与益生菌协同作用（Pupponen et al.，2002；Selma et al.，2009），在肠道健康方面的研究给非乳制品益生菌产品开发商打了一针强心针。从谷物到大豆，再到水果和蔬菜，再到肉类，每一种食品类别都是新产品开发的研究对象。正如预期的那样，新的非乳制品开发也面临着一系列挑战。每种食品基质都是独一无二的，因此行业需要标准化和优化每种产品的基本配方，使其具有所需的感官和物理化学特性、延长的保质期和化学稳定性，所有这些都需要以合理的成本实现。需要考虑的关键因素是 pH、离子强度、宏观和微观结构、水分活度、氧气水平、竞争微生物的存在以及食物基质中可以直接影响益生菌生存的抑制剂。例如，谷物和水果基质通常是酸性的，需要通过补充或微胶囊来保护益生菌。另一个同样重要的考虑因素是储存条件。人们经常看到，通常储存在室温下的饮料和谷类甜点会极大地改变产品的益生菌生存或感官属性（Matilla-Sandholm et al.，2002）。然而，在过去的几十年里，一些技术和货架期稳定的非乳制品已经演变。在非乳制品基质中，豆基益生菌饮料一直很受欢迎，并被 Granto 等（2010）广泛讨论。必须指出的是，用大豆制成的产品或多或少类似于酸奶之类的乳制品。在这一章中，重点更多地放在不同的产品设计上，这些产品与乳制品的设计不同。因此，本章将详细讨论水果和蔬菜、谷物和肉类基质。

水果和蔬菜基质

Rahavi 和 Kapsak（2010）报告了一些信息，根据顾客的排名，一些功能性食品类别如下：水果和蔬菜，鱼/海鲜，乳制品，肉类和家禽，茶、绿茶，全谷物，最后是谷类。

人们食用水果和蔬菜是因为含有对健康有好处的花青素、黄烷醇、表儿茶素、黄烷酮、原花青素、木脂素、类胡萝卜素、可溶性和不溶性纤维、异硫氰酸盐、酚酸、硫化物以及维生素 C 和 E 等抗氧化剂化合物。食品制造商利用水果和蔬菜这种"健康"的形象来营销水果和蔬菜。最近出现的趋势是，水果和蔬菜汁进一步注入营养食品和益生菌菌株，作为一种增值手段。

在一些水果和蔬菜作为非乳制品益生菌载体的情况下，人们必须小心，有时它们较高的多酚、有机酸或膳食纤维会降低它们的感官接受性。例如，沙棘浆果的果汁以其高酚酸、抗坏血酸和脂肪酸含量而闻名（Negi 和 Dey，2009），这使其具有酸味和低适口性。为了解决这个问题，研究人员设计了一种量身定制的配方，以提供一种货架稳定的益生菌强化沙棘饮料（Sireswar et al.，2017a）。水果基质向生理功能食品的成功转化依赖于益生菌、天然或添加的益生菌和其他食品成分在食品加工的各种单元操作过程中的有针对性的相互作用。通过在益生菌菌株和成分之间设计具有协同或相加作用的食品基质来提高产品的功效是可能的。例如，设计的益生菌强化沙棘饮料在对致病性大肠杆菌和沙门氏菌进行测试时，显示出有效的病原体清除能力（Sireswar et al.，2017b）。

大量的水果和蔬菜基质已被筛选为潜在的益生菌载体。除了益生菌的生存能力，最近的趋势是评估基质是否能够支持有用代谢物的生产。例如，Espiro-Santo等（2015）对苹果、葡萄和橙汁进行了评估，并报告称苹果汁不仅促进植物乳酸杆菌和鼠李糖乳杆菌的充分发酵，还表现出叶酸产量和 SOD 活性。一些工作人员试图通过混合水果和蔬菜汁来绕过非支持性基质的问题，因为基质的物理化学性质导致益生菌活性很低。Mauro 等（2016）报道了一种含有雷特氏乳酸杆菌的蓝莓-胡萝卜汁混合饮料的开发。用菠萝、苹果和芒果汁创建了类似的混合基质来支持干酪乳杆菌的生长（Mashayekh et al.，2016）。除了传统的水果外，还开发了几种用于非乳制品的外来水果。伊朗山茱萸樱桃汁用来促进干酪乳杆菌 T4 发酵，尽管果汁的 pH 值从 2.6 提高到 3.5（Nematollahi et al.，2016）。同样，块茎如 OCA（块茎酢浆草）、Papalisa（块根落葵）和马铃薯（安第斯亚种）用短链球菌 CJ25 菌株发酵（Mosso et al.，2016）。以含植物乳酸杆菌的椰汁为原料，研制出功能性饮料（Prado et al.，2015）。Dharmasena 等（2015）通过在椰子中添加燕麦片来延长保质期，最长可达 7 周。

另一种趋势是将蔬菜组织用于益生菌和矿物质强化。最近，Genevois 等（2017）论证了南瓜组织可用于铁和干酪乳杆菌的强化。虽然益生菌存活了 14 天，但消费者对这种产品的接受度还有待评估。同样，苹果和橄榄等切好的和完整的水果和蔬菜也有报道。Jabłońska-ryś 等（2016）报道了利用植物乳杆菌发酵蘑菇（双孢蘑菇）子实体。同样，一些加工的切段水果也被利用，如新鲜切段的哈密瓜接种植物乳杆菌 B2 和发酵乳杆菌 PBCC 11.5 产生核黄素，显示出 11 天的货架稳定性（Russo et al.，2015）。绿豆等低成本豆类已经提取到绿豆奶中，并作为益生菌基质应用于植物乳杆菌发酵（Wu et al.，2015）。由于大多数水果和蔬菜基质在产品中存在益生菌菌株活性低的问题，微胶囊化和喷雾干燥技术正被评估为一种可能的解决方案。然而，应用这些技术的商业可行性必须被严格评估。

谷物基质

谷物或全谷物益生菌产品的起源可以追溯到日本和欧洲。本章主要讨论在世界不同地区销售的商业益生菌产品。

人们通过评估燕麦、玉米、大麦、小麦和麦芽作为支持人类乳酸菌菌株生长的基质，已经获得了令人鼓舞的结果（Angelov et al.，2006；Laine et al.，2003）。谷物作为益生菌食品的替代基质，具有分布广、营养价值高等优点。谷物占全球收获面积和全球粮食产量的很大比例（73%）（FAO，2006）。除了大量营养素，谷物还含有酚类化合物、植物甾醇、必需脂肪酸和抗性淀粉。这些功能化合物在谷物中的存在与降低心血管疾病和其他慢性病的风险有关，从而普及了全谷物消费。然而，不同的基质中支持益生菌生长和在储存条件下维持其活性的能力有很大的不同。例如，对大麦、小麦和大麦麦芽提取物的比较评估表明，麦芽提取物是支持植物乳杆菌生长和活性的最佳基质（Charalampopoulos 和 Pandiella，2010）。麦芽提取物表现更好的原因是基质中含有棉籽糖和膳食纤维等保护性化合物。几个研究小组已经评估了燕麦基质开发益生菌产品的潜力（Kedia et al.，2008；Angelov et al.，2006）。

虽然过去人们在筛选支持益生菌生长和生存的谷类基质方面进行了广泛的研究，但最近科学家们也开始研究益生菌的物理化学反应及其对最终产品的影响。同样重要的是，一种新的益生菌配方的市场成功不仅取决于促进健康的特性，还取决于其有机感官特性。人们经常注意到，新产品的感官属性强烈地影响着消费者对该产品的行为。感官特征包括颜色、稠度、风味、香气、质地、口感、回味等。对于发酵谷物-益生菌产品，预计在产品开发和储存过程中，风味和香气特征将发生重大变化。Salmeron 等（2014、2015）报告了四种谷物基质的香气特征，即用植物乳杆菌、雷特氏乳酸杆菌和嗜酸乳杆菌发酵的燕麦、小麦、大麦和麦芽。燕麦、小麦、大麦和麦芽中检出的主要挥发性化合物分别为油酸、亚油酸、乙酸和 5-羟甲基糠醛。风味化合物可能产生的阶段是谷物的碾磨、美拉德反应、杀菌、酶水解和发酵过程。这些研究证实，不同的谷类基质对其独特的风味特征有贡献，而微生物对其风味特征的贡献不是很大。多年来，作者选择了一种系统的工艺优化方法。Gupta 等（2010）应用 Box-Behnken 优化工具开发了以燕麦为基础的植物乳杆菌发酵产品。利用该设计对燕麦、糖、接种量等工艺参数进行了优化。

因此，高纤维谷物基质不仅增加了产品的营养价值，还支持益生菌菌株的复杂营养需求。对加工步骤进行适当的操作似乎还可以进一步提高产品的感官质量。

肉类基质

最初，在肉类基质中，益生菌作为保护性培养物作为食品安全技术的一部分被纳入其中。多年来，肉类基质已发展成为一种适应性较强的益生菌载体，特别是在肉类基质中添加益生菌可以使益生菌对胆汁产生耐受性。Klingberg 和 Budde（2006）证实，香肠基质在 GIT 转运过程中为益生菌菌株形成了保护环境。与其他食品基质一样，肉类也含有生物活性化合物如共轭亚油酸、肌肽、安丝氨酸、L-肉碱、谷胱甘肽、牛磺酸和肌酸（Arihara，2006）。干发酵肉制品通常不加热或只进行温和加热，使其成为合适的益生菌载体。

益生菌或益生菌强化的最大挑战是益生菌菌株应该能够生存并支配产品中存在的其他发酵生物。使用的益生菌培养物应该是耐盐和亚硝酸盐的，因为这些成分通常用于腌制肉类。选择的菌株应该有有限的生物胺产量或没有生物胺产量，并且有能力抑制产胺的微生物区系。在添加益生菌的肉制品增值过程中，还必须解决导致色泽损失的脂质和蛋白质氧化问题。最终产品（如火腿、腰肉、香肠）的质量与成熟和储存密切相关。这一过程有利于益生菌的生长。过去的报告表明，伊比利亚干发酵香肠（Ruiz-Moyano et al.，2008）和斯堪的纳维亚式发酵香肠（Klingberg et al.，2005）是益生菌运送载体的理想候选者。

肉类的益生菌还不常见，因为工业化生产必须克服技术限制。然而，最近关于不同类型肉类基质益生菌强化评价的研究已有报道（Rouhi et al.，2013；Sidira et al.，2015；Switwiwathan 和 Visessanguan，2015；Neffe-Skocinska et al.，2015）。一旦现有的科技差距被弥合，益生菌肉类将成为肉类加工业的重要组成部分。

市场走势

全球益生菌市场仍处于发展阶段，预计将出现越来越多的增长，因为人们的健康意识越来越强，主要是由于医疗成本上升，正在转向预防性医疗。亚洲发展中国家人口和可支配收入的增加正在推动对功能性食品和膳食补充剂的需求，这反之是益生菌原料市场的推动力。几年来，各大行业在新产品组合的研发上进行了大量投资。通常，这些公司将产品开发外包给在开发益生菌菌株方面有专长的第三方以进入市场。

益生菌原料市场根据在食品和饮料、膳食补充剂和动物饲料中的应用进行细分。食品和饮料细分为乳制品、烘焙和糖果、干食品、非乳制品饮料、肉类和谷类食品。

益生菌食品和饮料板块是 2015 年最大的细分市场，占总收入的 85% 以上。该应用包括乳制品、非乳制品、谷类食品、烘焙食品、发酵肉制品和干食品益生菌。乳制品在 2015 年占据了主要份额，预计这一趋势将从 2016 年持续到 2024 年。2015 年，益生菌占总收入的 90% 以上（Grandview Research，2016），预计发酵肉制品部门在预测期内将显示最高的增长率。

2015 年，益生菌产品市场的价值为 331.9 亿美元。到 2020 年，这一数字估计达到 465.5 亿美元，年复合增长率为 7.0%。2014 年，亚太地区市场占据主导地位，欧洲紧随其后。亚太地区市场预计将以最高的复合年增长率增长，日本、印度和中国等发展中国家的食品和饮料行业将快速增长。预计中东、非洲和中南美洲在预测期内也将出现温和增长（Markets，2016a，b）。越来越多的关于疾病治疗和维持健康效率的临床证据将推动整个医疗保健部门的益生菌市场增长。治疗肠道炎症、泌尿生殖系统感染以及通过对抗肠道有害细菌来治疗腹泻的抗生素是促进产品渗透的关键特性之一。

由于易腐烂的性质，对标准化标签参数和高效包装的需求是行业参与者面临的共同挑战。益生菌市场价格走势高度依赖于其原料和研发成本。

业界预计，由于与脂质代谢、乳糖不耐受、草酸代谢、炎症性肠道疾病（IBD）、肠易激综合征（IBS）、溃疡性结肠炎、湿疹、过敏性鼻炎、幽门螺杆菌、坏死性小肠结肠炎和感染性腹泻相关的治疗方法相关，非乳益生菌食品领域将出现显著增长。

全球产品

对全球可获得产品的市场调查显示，非乳制品益生菌产品正慢慢进入我们的生活和日常饮食（表 9.1~表 9.3）。水果、蔬菜和谷物等不同种类的食物基质不再是新产品开发的制约因素。消费者现在被提供了货架选择多样性和令人耳目一新的变化，而不是原本以乳制品为主的产品环境，尤其来自水果和蔬菜行业。由于技术的进步，一些货架稳定的非乳制品不仅由谷物、水果和蔬菜制成，而且由口香糖、糖、水、茶、康普茶和烘焙混合物等非传统基质制成。除了乳杆菌外，另一个在商业产品中使用更广泛的属是凝结芽孢杆菌及其芽孢，因为它的嗜热性好。

全球监管环境

关于益生菌的全球监管环境并不统一，因地区而异。凭借 FOSHU（特定健康用途食品），日本拥有建立时间最长的益生菌市场，还允许大量不同的声称对健康有益的菌株流通。到目前为止，亚太地区对益生菌产品有允许度最高的立法。澳大利亚和新西兰也有宽松的监管环境，在这些环境中，健康索赔是在个案的基础上提出的。在西方，美国和加拿大的监管要求也相当宽松。加拿大政府有一份经批准的"益生菌"清单，并允许一般健康声明如"提供有助于健康肠道菌群的微生物"（Degnan，2008）。在拉丁美洲的智利，允许贴上"可能有助于刺激免疫系统"这样的标签。欧盟的规定更为严格，除了"促进乳糖消化"外，目前还没有关于益生菌的健康声明（Arora 和 Baldi，2015）。

益生菌产品未来的成功将取决于消费者的意识、对其有效性和安全性的信心。

表 9.1 基于水果和蔬菜基质的全球商业益生菌产品

序号	食品基质	商品名称	产地	活性益生菌培养物
1	果汁	Garden of Flavor Probiotic Juice	美国	*B. coagulans*
2	水果汽水	Obi, Probiotic Soda	美国	*B. coagulans*
3	果汁	Biola	挪威	*Lb. rhamnosus*
4	果汁	Valio Bioprofit	芬兰	*Lb. rhamnosus*
5	果汁	Rela by Biogaia	瑞典	*Lb. reuteri*
6	冷榨水果和蔬菜	Welo Probiotic cold pressed drink	加拿大	*B. coagulans*
7	水果饮料	Probi-Bravo Friscus	瑞典	*Lb. plantarum and Lb. paracasei*
8	水果饮料	Valio Gefilus	芬兰	*Lb. rhamnosus* GG
9	水果和蔬菜	Pressery's organic probiotic soup	美国	*B. coagulans*
10	水果饮料	Danone-ProViva	瑞典,芬兰	*Lb. plantarum*
11	发酵的有机甘蔗糖蜜,注入特殊的凉茶	Vita Biosa 10+	加拿大	*B. animalis*, *B. lactis*, *B. longum*, *Lb. acidophilus*, *Lb. casei*, *Lb. rhamnosus*, *Lactococcus lactis* subsp. *lactis*, *Lactococcus lactis* subs. *lactis* biovar. *diacetylactis*, *L. pseudomesenteroides*, *S. thermophilus*
12	果汁	Tropicana Essentials Probiotics	美国	*B. lactis*
13	李子干	Mariani Premium Probiotic Prunes	加利福尼亚,美国	*B. coagulans*
14	水果和蔬菜冰沙	Love Grace Probiotic Smoothie	纽约,美国	*B. coagulans*
15	有机水果、蔬菜	Suja Pressed Probiotic Waters	加利福尼亚,美国	*B. coagulans*
16	未加工的有机水果和蔬菜混合产品	Garden of Life RAW Organic Kids Probiotic	弗洛里达,美国	*Lb. gasseri*, *Lb. plantarum*, *B. lactis*, *Lb. casei*, *Lb. acidophilus*

序号	食品基质	商品名称	产地	活性益生菌培养物
17	果汁	GoodBelly	科罗拉多，美国	*Lb. plantarum* 299v
18	果汁	Bravo Easy Kit for Fruit Juice	门德里西奥，瑞士	*Lb. salivarius*，*Lb. acidophilus*，*Lb. casei*，*Lb. rhamnosus*，*Lactococcus lactis*，*Bifidobacterium*
19	以水果和蔬菜为主	KeVita active probiotic drink	奥克斯纳德，美国	*B. coagulans*，*Lb. rhamnosus*，*Lb. plantarum*
20	果汁	Healthy Life Probiotic juice	澳大利亚	*Lb. plantarum*，*Lb. casei*
21	芒果汁	Naked，100% mango juice with probiotics	加利福尼亚，美国	*Bifidobacterium*
22	果味水	Uncle Matt's cold pressed water	佛罗里达州克莱蒙	*B. coagulans*
23	果汁	Harvest soul，probiotic juice	亚特兰大	*B. coagulans*
24	果汁	Oasis，health break probiotic juice	安大略省多伦多市	*Lb. rhamnosus*
25	百香果	Body Ecology Passion Fruit Biotic	美国	*Lb. acidophilus and Lb. delbrueckii*
26	姜黄和姜根	Welo probiotic ferments	加拿大	*B. coagulans*
27	李子干	Mariani Premium Probiotic Prunes	加利福尼亚，美国	*B. coagulans*

表 9.2　基于谷物基质的全球商业益生菌产品

序号	食物基质	商业名称	来源	发酵剂
1	墨西哥卷饼	Sweet Earth Natural foods – Get Cultured!™ Probiotic Burritos	加利福尼亚，美国	B. coagulans
2	谷物棒	Welo Probiotic Bar	加拿大	B. coagulans
3	燕麦棒	Pop Culture Probiotic	加利福尼亚，美国	B. coagulans
4	牛奶什锦早餐	Nutrus Slim Muesli	印度	B. coagulans
5	牛奶什锦早餐	Something to Crow About Probiotic Muesli	新西兰	B. coagulans

续表

序号	食物基质	商业名称	来源	发酵剂
6	谷物棒	Macrolife Macrogreens Superfood Bars	加利福尼亚，美国	*Lb. acidophilus*，*Lb. rhamnosus*，*Lb. bulgaricus* *B. longus*，*B. breve*
7	益生菌+益生元棒	Truth Bars	美国	*B. coagulans*
8	谷物棒	Vega One， All-in-One Meal Bars	美国	*B. coagulans*
9	谷物棒	EffiFoods Probiotic CareBars	美国	*B. coagulans*
10	谷物棒	Good! Greens Bars	美国	*B. coagulans*
11	谷物棒	PROBAR Meal Bars	犹他州盐湖城	*B. coagulans*
12	烘焙混合物	Enjoy Life Foods	美国芝加哥	*B. coagulans*
13	益生菌燕麦棒	Udi's Gluten Free	美国	*B. coagulans*
14	含益生菌的素食蛋白	Swanson GreenFoods Formulas	北达科他州法戈	未发现
15	谷物	Yog Active Probiotic Cereals	德国	*Lb. acidophilus*

表9.3 基于其他基质的全球商业益生菌产品

序号	食物基质	商业名称	来源	发酵剂
1	口香糖	ProDenta	斯德哥尔摩	*Lb. reuteri* Prodentis
2	糖	+Probiotic sugar 2.0	加利福尼亚，美国	*B. coagulans*
3	椰奶酸奶	SO DELICIOUS ®	北美和欧洲	*Lb. bulgaricus*，*Lb. plantarum*，*Lb. rhamnosus*，*Lb. paracasei*，*B. lactus* and *S. thermophilus*
4	椰子奶油和豌豆蛋白	Daiya	加拿大	*Lb. plantarum*，*Lb. casei*
5	杏仁奶	Kite Hill，almond milk yogurt	加利福尼亚，美国	*S. thermophilus*，*Lb. bulgaricus*，*Lb. acidophilus* and *Bifidobacterium*
6	有机谷物和野生椰子	CocoBiotic	澳大利亚	*Lb. acidophilus* *Lb. delbrueckii*

续表

序号	食物基质	商业名称	来源	发酵剂
7	浆果味软糖	Rainbow Light Probiolicious Gummies	美国	*Lb. sporogenes*
8	康普茶	KeVita Master Brew Kombucha	美国奥克斯纳德	*B. coagulans*
9	烘焙混合物	Enjoy Life Foods	美国芝加哥	*B. coagulans*
10	茶	Bigelow Lemon Ginger Herb Plus Probiotic Tea	美国	B. coagulans

结束语

鉴于食品行业普遍的利润率较低现象以及乳制品行业可提供的选择有限，制造商未来的唯一道路是探索非乳制品以创建新的食品品牌。奶制品行业发展较快的原因是缺乏挑战，母体本身就支持益生菌培养。但现在，人们开始意识到，乳制品基质并不具有水果、蔬菜或肉类等基质可能提供的可持续或长期新颖性的优势。关于非乳制品模式的技术复杂性和挑战已详细论述，但尽管如此，几种商业上可行的产品已经成为多品牌零售店中吸引人的产品。因此，可以有把握地说，已经发展成型的非乳制品益生菌产品将有很长一段时间在市场中占有一席之地。一些食品形式，如肉类，还需要几年的严格研究。然而，在不久的将来，这些产品也将上升到商业成功的水平。

由于持续的广告宣传和联合营销计划，消费者对几种益生菌产品的认知度很高。制造商到了应借此非乳制品的市场占有率和知名度的时机。

成功的关键将是说服消费者为新产品支付成本，而这只有通过向消费者传达明确和真实的健康主张才能实现。

参考文献

Angelov A，Gotcheva V，Kuncheva R et al（2006）Development of a new oat-based probiotic drink. Int J Food Microbiol 112：75-80.

Arihara K（2006）Strategies for designing novel functional meat products. Meat Sci 74：219-229.

Arora M，Baldi A（2015）Regulatory categories of probiotics across globe. A review representing existing and recommended categorization. Ind J Med Microbiol 33（5）：2-10.

Charalampopoulos D, Pandiella SS (2010) Survival of human derived *Lactobacillus plantarum* in fermented cereal extracts during refrigerated storage. LWT Food Sci Technol 43(3):431–435.

Degnan FH (2008) The US food administration and probiotics: regulatory categorization. Clin Infect Dis 46:S133–S136.

Dharmasena M, Barron F, Fraser A et al (2015) Refrigerated shelf life of a coconut water-oatmeal mix and the viability of *Lactobacillus plantarum* Lp 115 – 400B. Foods 4 (3): 328 – 337. https:// doi. org/ 10. 3390/foods4030328.

Di Cagno R, Coda R, De Angelis M et al (2013) Exploitation of vegetables and fruits through lactic acid fermentation. Food Microbiol 33:1–10.

Duda-Chodak A, Tarko T, Satora P et al (2015) Interaction of dietary compounds, especially polyphenols, with the intestinal microbiota: a review. Eur J Nutr 54(3):325–341.

Espirito-Santo AP, Catherine FC, Renard MGC (2015) Apple, grape or orange juice: which one offers the best substrate for lactobacilli growth? -a screening study on bacteria viability, superoxide dismutase activity, folates production and hedonic characteristics. Food Res Int 78:352–360.

FAO-Food, Agriculture Organization of the United Nations (2006) Statistical yearbook 2005 – 2006. FAO, Publishing Management Service, Rome.

Genevois C, de Escalada PM, Flores S (2017) Novel strategies for fortifying vegetable matrices with iron and *Lactobacillus casei* simultaneously. LWT Food Sci Technol. https://doi. org/10. 1016/j. lwt. 2017. 01. 019.

Granato D, Branco GF, Nazzaro F et al (2010) Functional foods and nondairy probiotic food development: trends, concepts, and products. Comp Rev Food Sc Tech 9(3):292–302.

Grand View Research (2016) Grand view research. Retrieved December 20, 2016, from Grand View Research. Web site.

Gupta S, Cox S, Abu-Ghannam N (2010) Process optimization for the development of a functional beverage based on lactic acid fermentation of oats. Biochem Eng J 52(2–3.)15):199–204.

Jabłońska-ryś E, Sławińska A, Radzki W (2016) Evaluation of the potential use of probiotic strain *Lactobacillus plantarum* 299v in lactic fermentation of button mushroom fruiting bodies. Acta Sci Pol Technol Aliment 15(4):399–407.

Kedia G, Vázquez JA, Pandiella SS (2008) Fermentability of whole oat flour, PeriTec flour and bran by *Lactobacillus plantarum*. J Food Eng 89:246–249.

Klingberg TD, Budde BB (2006) The survival and persistence in the human gastrointestinal tract of five potential probiotic lactobacilli consumed as freeze-dried cultures or as probiotic sausage. Int J Food Microbiol 109(1–2):157–159.

Klingberg TD, Axelsson L, Naterstad K et al (2005) Identification of potential probiotic starter cultures for Scandinavian-type fermented sausages. Int J Food Microbiol 105:419–431.

Laine R, Salminen S, Benno Y et al (2003) Performance of *Bifidobacteria* in oat-based media. Int J Food Microbiol 83:105–109.

Lee H, Yoon H, Ji Y et al (2011) Functional properties of *Lactobacillus* strains from kimchi. Int J Food Microbiol 145:155–161.

Markets and Markets(2016) Research insight: new revenue pockets-probiotics market. Retrieved December 27,2016,from Markets and Markets.

Mashayekh S,Hashemiravan M,Mokhtari FD(2016) Study on chemical and sensory changes of probiotic fermented beverage based on mixture of pineapple,apple and mango juices. J Curr Res Sci 4(3):1-5.

Matilla-Sandholm T,Myllarinen P,Crittenden R,Mogensen G,Fonden R,Saarela M(2002) Technological challenges for future probiotic foods. Int Dairy J 12:173-182.

Mauro CSI, Guergoletto KB, Garcia S (2016) Development of blueberry and carrot juice blend fermented by *Lactobacillus reuteri* LR92. Beverages 2 (4): 37 - 40. https://doi. org/10. 3390/ beverages2040037.

Mosso AL,Lobo MO,Cristina Sammán N(2016) Development of a potentially probiotic food through fermentation of Andean tubers. LWT Food Sci Technol 71:184-189.

Neffe-Skocińska K,Jaworska D,Kołoyn-Krajewska D et al(2015) The effect of LAB as probiotic starter culture and green tea extract addition on dry fermented pork loins quality. Bio Med Res Int,Article ID 452757. doi. org/10. 1155/2015/452757.

Negi B,Dey G(2009) Comparative analysis of total phenolic content in sea buckthorn wine and other selected fruit wines. World Acad Sci,Eng Technol Int J Biol Biomol Agric Food Biotechnol Eng 3(6): 300-303.

Nematollahi A,Sohrabvandi S,Mohammad A et al(2016) Viability of probiotic bacteria and some chemical and sensory characteristics in cornelian cherry juice during cold storage. Electron J Biotechnol 21:49-53.

Ozdal T,Sela DA,Xiao J et al(2016) The reciprocal interactions between polyphenols and gut microbiota and effects on bioaccessibility. Forum Nutr 8(2):78-83.

Prado FC,Lindner JDD,Inaba J et al(2015) Development and evaluation of a fermented coconut water beverage with potential health benefits. J Funct Foods 12:489-497.

Puupponen-Pimiä R,Aura AM,Oksman-Caldentey KM et al(2002) Development of functional ingredients for gut health. Trends Food Sci Technol 13(1):3-11.

Rahavi EB,Kapsak WR(2010) Health and wellness product development. In Prepared foods network.

Rouhi M,Sohrabvandi S,Mortazavian AM(2013) Probiotic fermented sausage: viability of probiotic microorganisms and sensory characteristics. Crit Rev Food Sci Nutr 53(4): 331 - 348. https://doi. org/ 10. 1080/10408398. 2010. 531407.

Ruiz-Moyano S,Martín A,Benito MJ et al(2008) Screening of lactic acid bacteria and bifidobacteria for potential probiotic use in Iberian dry fermented sausages. Meat Sci 80:715-721.

Russo P,Peña N,de Chiara MLV et al(2015) Probiotic lactic acid bacteria for the production of multifunctional fresh-cut cantaloupe. Food Res Int 77:762-772.

Salmerón I,Thomas K,Pandiella SS(2014) Effect of substrate composition and inoculum on the fermentation kinetics and flavour compound profiles of potentially non-dairy probiotic formulations. LWT Food Sci Technol 55(1):240-247.

Salmerón I,Thomas K,Severino S et al(2015) Effect of potentially probiotic lactic acid bacteria on the physicochemical composition and acceptance of fermented cereal beverages. J Funct Foods 15:106-115.

Selma MV, Espín JC, Tomás-Barberán FA (2009) Interaction between phenolics and gut microbiota: role in human health. J Agric Food Chem 57(15):6485-6501.

Sidira M, Kandylis P, Kanellaki M et al (2015) Effect of immobilized *Lactobacillus casei* on volatile compounds of heat treated probiotic dry-fermented sausage. Food Chem 178(1):201-207.

Sireswar S, Dey G, Dey K et al (2017a) Evaluation of probiotic *L. rhamnosus* GG as a protective culture in sea buckthorn-based beverage. Beverages 3(4):48-54.

Sireswar S, Dey G, Sreesoundarya TK et al (2017b) Design of probiotic-fortified food matrices influence their antipathogenic potential. Food Biosci 20:28-35.

Swetwiwathana A, Visessanguan W (2015) Potential of bacteriocin-producing lactic acid bacteria for safety improvements of traditional Thai fermented meat and human health. Meat Sci 109:101-105.

Valdés L, Cuervo A, Salazar N et al (2015) The relationship between phenolic compounds from diet and microbiota: impact on human health. Food Funct 6:2424-2439.

Vitali B, Minervini G, Rizzello CG et al (2012) Novel probiotic candidates for humans isolated from raw fruits and vegetables. Food Microbiol 31:116-125.

Wu H, Rui X, Li W et al (2015) Mung bean (Vigna radiata) as probiotic food through fermentation with *Lactobacillus plantarum* B1-6. LWT Food Sci Technol 63(1):445-451.

第10章 发酵肉制品生产的技术干预：
商业视角

摘　要　从减少和控制发酵肉制品所需的技术干预的角度，讨论了与发酵肉制品生产有关的选定的微生物和化学毒理危害。这种生产的复杂性要求严格执行良好的卫生和制造规范，因为许多危害发生并沿食物链转移，而一些危害是由肉类加工过程中采取的技术干预产生的。第一类危险是由于微生物群对抗菌剂的抗药性造成的，而第二类危险是由于生物胺、霉菌毒素和多环芳烃的存在而产生的。然而，发酵肉制品对公众健康的重要性不亚于其他食品。具有挑战性的技术措施和风险控制策略为这类肉制品带来了附加值。

关键词　发酵肉制品；技术干预；公共卫生；抗菌力；霉菌毒素；多环芳烃；生物胺

前言

发酵肉制品是一类使用传统技术和工业技术生产的最受欢迎的肉制品。从历史上看，它们的生产在世界不同区域逐渐发展起来，这些产品最终本土化（原生的），意味着在不同的地理区域具有代表性。在古代，发酵肉制品的成熟是在对特定的感官特性的发展至关重要的大气条件（气候、季节性温度、气流、风、烟、相对湿度）下进行的（Oiki et al.，2017）。如今，这种生产已经标准化，并转移到更好的控制环境中。

发酵香肠和腊肉的生产是一个相当具有挑战性的过程，受到许多外部和内部因素的影响，这些因素可能会显著影响最终产品的质量和安全。上述因素包括产品成分（肉类、脂肪组织和添加剂）、腌制、肠衣、香肠面糊制备、盐水、微气候以及添加到产品中的原生微生物群或发酵剂的组成和活性。作为商业上最有价值的肉类产品，发酵香肠是用最优质的肉类生产的，而腌制肉制品是从动物身体的某些部位（腿、腰、脖子等）生产的。

发酵肉制品可以从微生物学、工艺学、化学、生物化学、毒理学、营养学等不同的角度进行分析和讨论，但总是针对特定的公共卫生问题。与发酵肉制品相关的生产和健康方面的复杂性要求采用多学科方法，对潜在风险及其控制有广泛的洞察力（Zdolec，2017）。本章选择了与发酵肉制品生产相关的某些微生物和化学毒物危害以及可能影响它们的技术干预措施进行讨论。在处理与这类肉制品相关的微生物风险时，本章主要关注抗菌素耐药性问题。后一个问题不应与食物链上的食源性病原体或传播有关，而应在自然存在的非致病性微生物区系的背景下讨论，这些微生物区系也可能是可移动耐药性决定因素的携带者。在这方面，最近发表的有关乳酸菌 GRAS（普遍认为是安全的）状态（Vesković-Moračanin et al.，2017）的综述中有所体现。由于发酵肉制品属于即食（RTE）食品类别，良好卫生规范的重要性显而易见，即防止原材料和配料受到污染，包括受到潜在抗药性细菌的污染。另一项能够减少或消除发酵肉制品（香肠）中的抗药性细菌的技术干预措施是使用竞争性的发酵剂培养物，这些发酵剂能够定殖在肉类底物上从而防止潜在有害微生物区系的生长。后者特别适用于作为发酵肉类中自然发现的 LAB 群体的一部分的肠球菌（čOp，2016）。肠球菌不一定是粪便污染的指标，因为它们十分普遍，即在环境中无处不在。例如，在从未接受过抗生素治疗，但确实与接受过抗生素治疗的动物同居的健康奶牛的乳房中收集的原料奶中，分离出了多重耐药菌株（Zdolec et al.，2016）。这可能表明生物系统中存在耐药肠球菌种群，鉴于食品生产框架内的卫生程序，特别是 RTE 食品的生产，这一点非常重要。

与发酵肉类生产相关的进一步微生物危害包括环境污染物或肉类加工过程中产生的污染物如霉菌毒素、生物胺或多环芳烃。一般来说，霉菌毒素被认为是沿食物链纵向传播的污染物，也就是说从饲料到食物。至于发酵肉类生产，在卫生条件较差和环境来源较差的情况下，可能会受到产毒霉菌的直接污染（Pleadin 和 Bogdanović，2017）。不良的卫生习惯也会导致发酵肉制品中生物胺的积累。抑制氨基微生物区系发展的发酵剂的选择和应用策略似乎适合于控制发酵肉制品中生物胺存在的风险（Lorenzo et al.，2017）。

最后，熏制发酵肉制品中有害多环芳烃的存在受到烟气因素的影响，如木材燃烧温度和含氧量（高温和缺氧＝有害多环芳烃化合物含量高）、木材种类及其湿度（软木和潮湿木材＝更多多环芳烃化合物）和烟熏时间（Šimko，2005）。

本章将讨论可提高发酵肉制品安全性的技术干预措施，并提及选定的潜在危害-内源细菌、生物胺、霉菌毒素和多环芳烃的抗菌力。

发酵作为栅栏观念技术的一部分：以香肠为例

发酵是最古老的肉类保鲜方法之一，过程依赖于发酵微生物的代谢活动。由于发酵和酸化，肉类蛋白质会发生变化，也会影响失水率和香肠干燥。值得一提的是，与传统生产相比，在受控条件下（在熟化室中）进行的发酵在更高的温度下进行的时间更短。因此，发酵肉会发生不同和复杂的微生物、生化和物理化学变化和进展，影响最终产品的质量和安全（Gandemer，2002）。初始微生物污染程度取决于原料的微生物质量和生产过程中采用的（非）卫生方法。然而，由于在某些成熟阶段发生了基本的物理化学过程（pH 值和水分活度降低，增加含盐量），香肠混合物剖面有助于特定微生物区系（嗜酸性、嗜盐性、嗜渗性）的发展。众所周知，发酵香肠中最活跃的微生物是乳酸菌和葡萄球菌/微球菌。此外，某些类型的发酵香肠具有酵母、霉菌和肠球菌数量稳定的特点。所有这些都会单独或与组织酶一起影响理想的香肠感官特性（味觉、嗅觉、颜色、香气、稠度）的形成。上述微生物的代谢活性原理已经确立，并可在每种肉类基质中鉴定，但发酵香肠的生产工艺、原料和成分以及微气候或巨气候条件的多样性极大地影响了对某些微生物物种或菌株的确认（Zdolec et al.，2008）。

原生微生物区系和发酵剂培养

传统发酵香肠的品质来源于本土微生物的活动而发生的自发发酵。这就要求对传统香肠的微生物生态进行监测，并选择具有最佳技术和安全特性的菌株（Danilović 和 SAVIć，2017）。自然发酵还可能导致产品有潜在的危险，如抗生素抗药性细菌、生物胺、肠毒素和病原菌的存在（Zdolec，2017）。通过选择和应用有竞争力的发酵剂，可以在产品一致性、质量标准化和降低现有微生物风险方面实现技术和安全方面的进步。

发酵香肠的工业化生产在很大程度上取决于发酵剂的选择。尽管市场上有许多批准的发酵剂，但新的功能性 LAB 菌株的选择仍然是密集的，并集中在潜在发酵剂培养的自然来源上（Holck et al.，2017）。由原生"野生"微生物群发酵的传统发酵香肠具有丰富的 LAB，具有良好的工艺和卫生特性，适合与食品相关的应用。它们的表型和基因型特征应包括广泛的技术、健康和安全评估标准（Zdolec，2012）。一些研究表明，内源微生物的应用可能会提高使用标准工业发酵剂生产的商业产品的质量（Frece et al.，2014）。此外，从特定发酵肉制品中分离出的优势原生 LAB 菌株可作为该产品潜在的功能性发酵剂。然而，某些 LAB 物种/菌株（即异源发酵 LAB）的支配可能导致产品质量较差和/或安全性较差。因此，潜在发酵剂的选择应包括所有潜在的风险评估标准，如毒性评估、获得性可传播抗菌素耐药性或技术上不可接受的途径（Zdolec et al.，2013a）。

微生物危害与技术干预

就病原微生物区系的存在而言，发酵肉制品通常是稳定和安全的食品，但其稳定性和安全性仍取决于产品的类型、理化性质以及随后可能发生的任何污染。一般来说，被称为"栅栏观念"的不同技术及其组合可用于微生物风险的控制（Kamenik，2017）。在某些类型的发酵肉制品中存在的数量最多、生物学活性最强的微生物群是乳酸菌、葡萄球菌、微球菌、酵母菌和霉菌，所有这些微生物都有可能用作发酵剂。添加发酵剂的目的是统一产品质量（感官特性），加快生产过程。减少发酵产品中不需要的微生物区系的可能性之一是使用具有抗菌活性的保护性培养物或使用其抗菌代谢物，如细菌素（Fraqueza et al.，2017）。近年来，研究强调了发酵肉制品中天然微生物群抗药性的重要性，并提出了应对食物链这一公共健康问题的战略（包括竞争性发酵剂）（Fraqueza，2015；Zdolec，2017）。

发酵肉制品中内生微生物群的抗性

细菌对抗菌素（抗生素和化疗药物）的耐药性是兽医公共卫生和食品安全中最重要的问题之一。动物性食品中存在的致病菌的抗药性受到系统监测，并被视为当前的一个公共健康问题，它沿食物链纵向传播，从动物传给人类。除传统的人畜共患病细菌外，还应考虑共生非病原菌在耐药性转移中的作用。在这方面，监测动物和人类肠道中的非致病性细菌以及动物性食品中存在的非致病性细菌的抗药性发展情况也很重要。

除了病原菌外，抗菌素耐药性也是与非病原菌相关的问题。也就是说，非病原菌可能会沿着食物链转移耐药基因。虽然 LAB 和凝固酶阴性葡萄球菌（CNS）的存在代表了发酵肉类生产的"必要条件"，但其中一些菌株可能具有危险的特性包括抗菌素耐药性决定因素。表 10.1 显示了世界各地进行的发酵肉制品中 LAB 抗性的一些研究结果。

表 10.1　发酵肉制品中 LAB 抗菌素耐药性的研究（Zdolec et al.，2017a）

食品，国家	LAB	抗性	参考文献
发酵香肠，西班牙	*Lb. sakei*	万古霉素、利福霉素、阿米卡星、四环素	Landeta 等（2013）
	Lb. plantarum		
	Lb. paracasei		
	Lb. coryniformis		
	E. faecium		
发酵香肠，中国	*Lb. plantarum*	四环素、红霉素、氯霉素、卡那霉素	Pan 等（2011）
	Lb. fermentum		
	Lb. helveticus		
	E. faecium		

续表

食品，国家	LAB	抗性	参考文献
发酵香肠，意大利	*Lb. sakei*	四环素、红霉素	Zonenschain 等（2009）
	Lb. curvatus		
	Lb. plantarum		
干香肠，腌火腿，加拿大	*E. faecalis*	克林霉素、四环素、泰乐菌素、红霉素	Jahan 等（2013）
	E. faecium		
	E. gallinarum		
发酵香肠，葡萄牙	*E. faecalis*	利福平、四环素、红霉素、环丙沙星	Barbosa 等（2009）
	E. faecium		
	E. casseliflavus		
发酵香肠，火腿，德国	*E. faecalis*	恩诺沙星、红霉素、阿维拉霉素、奎奴普丁/达福普汀（粪肠球菌）、四环素、红霉素（粪肠球菌）	Peters 等（2003）
	E. faecium		
发酵香肠，土耳其	*E. faecalis*	红霉素、四环素、卡那霉素	Toǧay 等（2010）
	E. faecium		

多重耐药肠球菌经常出现在发酵肉制品和其他发酵食品中。关于它们在卫生和技术上的可接受性，人们通常有两种看法：一方面，这些细菌改善了产品的感官特性；但另一方面，它们也是腐败菌、机会性病原体和抗药性基因的携带者。肠球菌可以在发酵过程中在肉制品中存活和繁殖，特别是在没有添加竞争性发酵剂的产品中（传统发酵肉制品）（Zdolec et al.，2017b）。一些研究表明，在香肠发酵过程中肠球菌种群不断增加，而另一些研究在同一过程中没有检测到任何肠球菌（Danilović 和 SAVIć，2017）。最近，一种来源于乳制品的粪肠球菌益生菌被接种到香肠面糊中（10^5 CFU/g），显示出对肉类基质的可接受的适应性（Zdolec et al.，2017b）。然而，Cocconelli 等（2003）报告了食源性肠球菌获得抗菌素耐药性的高风险，以及即使在抗生素压力低的情况下也将可移动遗传物质转移到其他细菌的高风险。一些研究表明，负责抗菌素耐药性的遗传物质交换发生在临床分离株和食品分离株之间，并在肉类发酵过程中出现（Jahan et al.，2015；Gazzola et al.，2012）。

凝固酶阴性葡萄球菌也自然存在于各种食品中，包括发酵肉制品，它们通过其脂解和蛋白水解活性促进感官特性的发展。然而，最近的研究表明，在肉类的自然发酵过程中，存在机会性致病菌种，如表皮葡萄球菌（Marty et al.，2012），通常携带抗性基因（Martin et al.，2006；Resch et al.，2008；Zdolec et al.，2013b）。

如上所述，由于发酵肉类技术中使用的已知技术，传统的微生物危害（食源性病原体）不太可能出现在发酵肉类产品中。乳酸菌甚至是栅栏观念概念的一部分，但有争议的是，乳酸菌也被认为是抗菌素耐药性问题的一部分。然而，它们在人类营养（益生菌）和食品技术（发酵剂培养）方面的重要性是不容置疑的。然而，没有栅栏阻止病原体（例如链球菌）、机会性病原体（例如肠球菌）和共生 LAB（例如肠道乳杆菌、乳球菌）之间的获得性耐药性的发展，这从所有微生物组中存在相同的耐药性决定因素可以明显看出（Mathur 和 Singh，2005）。旨在降低发酵肉类微生物区系中抗菌素耐药性的策略应该基于在食用动物中谨慎使用抗菌剂和在肉类发酵过程中应用竞争性发酵剂（Zdolec et al.，2017a）。

发酵肉制品中的霉菌毒素及其技术干预

霉菌毒素是由某些类型的霉菌产生的有毒物质。众所周知，在有利的条件下（温度、湿度、氧气），霉菌几乎可以在任何地方生长，甚至可以在动物饲料上生长，也可以在肉类产品的干燥和成熟过程中生长。一般来说，霉菌在发酵肉制品的生产中起着非常重要的技术作用，并对发酵肉制品的特殊感官特性有重要影响。它们可以通过将产品浸泡在溶液中或通过喷洒的方式接种到香肠表面，用于此目的的霉菌主要是青霉菌（Tabanelli et al.，2012）。这种"合意"的霉菌是白色或白灰色，而不合意的霉菌是黑色、绿色或淡黄色（Feiner，2006）。香肠表面的霉菌层有助于均匀干燥，减缓水分流失，保护产品不变色和酸败（Incze，2010）。然而，最常见的情况是，在天然本土生产中，可能会发现在现有卫生和环境条件下发展产毒霉菌所产生的风险（Oiki et al.，2017）。某些附加因素如套管损坏也可能影响不希望的霉菌生长（PLeadin et al.，2015a）。Markov 等（2013）报告说，个别家庭生产的干发酵肉制品最常被青霉霉菌污染，而最常检测到的霉菌毒素是赭曲霉毒素 A。Pleadin 等（2015b）声称在他们的研究中在香肠和腌制肉制品中发现的赭曲霉毒素 A 的最高水平比建议的 1 μg/kg 高出 5~10 倍。

PLeadin 和 Bogdanović（2017）报告了有利于最终产品霉菌毒素污染的主要条件如下：非标准化的生产品质和技术；由于不使用自动熟化室造成的环境霉菌（孢子）污染；使用通过动物饲料和受污染的香料污染的生肉以及由于产生毒素的霉菌在产品表面过度生长而造成的污染；以及无法使用标准的生产和保存技术去除霉菌毒素。此外，热处理、腌制、干燥和成熟等技术操作以及储存条件对降低最终产品中的霉菌毒素水平没有显著影响（PLeadin et al.，2014；Pleadin 和 Bogdanović，2017）。

发酵肉制品中的生物胺及其技术干预

生物胺（BAs）是通过游离氨基酸脱羧或醛和酮的胺化和转氨化产生的生物活性化合物（Maijala et al.，1993）。在所有类型的发酵食品中都可以检测到苯系物包括发酵肉制品。食品中生物胺的产生取决于游离氨基酸的存在和细菌脱羧酶的活性程度。与食物中毒有关的最常见的生物胺是尸胺、腐胺、组胺、亚精胺、精胺、酪胺和色胺（Marijan et al.，2014；Sahu et al.，2015）。

使用受污染的原料或在较差的卫生条件下加工，会促进发酵肉制品中生物胺的积累。酪胺、尸胺、腐胺和组胺是发酵肉制品中最常见的生物胺（Ruiz-Capillas 和 Jiménez-Colmenero，2004；Pleadin 和 Bogdanović，2017）。例如，在不同的欧洲发酵香肠中发现的酪胺和腐胺含量分别为 76~187 mg/kg 和 33~125 mg/kg（Ansorena et al.，2002）。除了微生物因素外，发酵香肠中的胺含量还取决于 pH、温度、盐、香肠类型（大小和直径）和发酵剂的活性（Latorre-Moratalla et al.，2008）。大直径的香肠通常含有较多的 BAs。选择合适的发酵剂用于发酵香肠的生产对于减少生物胺起着至关重要的作用。Lorenzo 等（2017）指出，减少发酵肉制品生产过程中 BA_s 形成的措施应侧重于控制产生氨基的微生物群。在这方面建议的措施可分为三类：原料的质量控制以尽量减少肉类及其他配料和添加剂的微生物负荷；使用适当的发酵剂以控制腐败微生物区系；使用香料和/或添加剂以及控制发酵/成熟期间的环境条件。

化学毒理危害：发酵肉制品中含有多环芳烃（PAH）

烟熏是某些发酵肉制品的传统和工业生产技术的一部分（Lücke，2017）。在传统方法中，烟雾是通过缓慢燃烧木材产生的，悬挂的肉类与热烟接触并作用，或者通过与烟室分开的燃烧室产生。众所周知，天然烟有助于发展香肠和腌肉的良好感官特性，改善其香气、风味、颜色和口感，还具有抗菌和抗氧化特性（Feiner，2006）。然而，在食品安全概念中，烟雾被认为是有害化合物的潜在来源，例如多环芳烃，可能存在于烟熏食品表面或内部（Šimko，2002；Ozcan et al.，2011）。

食品中苯并芘（BaP）的含量是很好地反映多环芳烃总量的指标。食品中目前允许的苯并芘浓度为 2 μg/kg，以前的限量为 5 μg/kg（指令 EC1881/2001；法规 EC835/2011）。然而，熏肉和肉制品中存在多环芳烃风险的一个更合适的指标是苯并芘、苯并蒽、苯并荧蒽和二苯并萘，称为 PAH4，允许浓度为 12 μg/kg。除 PAH4 外，可用于多环芳烃存在风险评估的数据是 8 个多环芳烃的总和，即 PAH4、

苯并 [k] 荧蒽、苯并 [g, h, i] 芘、二苯并 [a, h] 蒽和并 [1, 2, 3-c, d] 芘的总和 (EFSA, 2008)。

熏制肉制品中的多环芳烃含量取决于几个因素，如熏制技术、肠衣渗透性、脂肪含量、熏制木材类型、氧气的存在、水分含量和木材燃烧温度 (Šimko, 2005; Stumpe-VīKsna et al., 2008; Gomes et al., 2013)。对传统或工业熏制肉制品中苯并 [a] 芘含量的研究表明，肉制品中苯并 [a] 芘含量符合食品安全标准 (<2 μg/kg)，而且最普遍的多环芳烃是无害的低分子量多环芳烃，如萘、蒽、氟、菲或蒽 (Djinovic et al., 2008; Roseiro et al., 2011; Santos et al., 2011; Lorenzo et al., 2011; Gomes et al., 2013; ŠKrbić et al., 2014)。然而，与使用受控工业烟技术获得的相比，在传统熏制肉制品中发现了更高的多环芳烃浓度 (Roseiro et al., 2011; Škrbić et al., 2014)。

多环芳烃的公共卫生意义通过它们的致突变性和致癌特性表现出来，在由五个或更多环组成的化合物中尤其强烈，而低分子量多环芳烃是无害的 (Šimko, 2005)。多环芳烃在环境和动物脂肪组织中可稳定持久存在，可通过食物链转移 (Dobríková 和 Světlíková, 2007)。PAžin 等 (2016) 在烟熏前的香肠混合物中检测到大量的多环芳烃 (116.43 μg/kg)。Roseiro 等 (2011) 在一种用于生产传统葡萄牙发酵香肠的原料中发现了几乎相同的多环芳烃含量 (106.17 μg/kg)。相比之下，Djinovic 等 (2008) 报告说，烟熏前工业生产的香肠中的多环芳烃含量明显较低 (2~3.5 μg/kg)。Paž 等 (2016) 研究表明，在烟熏期内，个体和总 PAHs 的含量持续增加，然后在接近干燥结束时，相同含量的 PAHs 含量下降。Šimko 等 (1991) 报告说，由于香肠干燥和水分损失，苯并 (a) 芘和多环芳烃总量的增加是可以预期的。然而，这种增加紧随其后的是由于光降解而出现 BaP 和 PAH 的下降。BaP 含量在干物质中没有显著变化，熏制肉制品中的 PAH 含量强烈依赖于环境条件，如氧气和光照的可用性。几项研究表明，传统熏制干香肠中的苯并芘含量超过容忍值，而在受控工业条件下生产的产品则不是这种情况 (Šimko, 2002; Wretling et al., 2010) 在 "桑拿熏制" 肉类 (即直接暴露在热烟中的肉类) 中发现了高达 36.9 μg/kg 的苯并 (a) 芘 (μg/kg BaP)。然而，当使用单独的烟雾发生器时，BaP 含量是可以接受的。使用从单独燃烧室散发的冷烟对家庭生产的香肠进行熏制已被证明是一种适当的方法，可以用来测定此类产品中的苯并芘含量和总的多环芳烃含量 (Pažin et al., 2016)。

一些替代工艺来降低熏制肉制品中的多环芳烃含量已经被实施；后者包括过滤颗粒、使用冷却器、在较低温度下烟熏和/或缩短工艺。延长使用战略的特点是将从不同木材在特定热解条件下获得的初级产品生产的烟熏调味品加入肉制品中，并将其提取到肉制品中，含量范围为 0.1%~1.0% (Toldrá 和 Reig, 2007; PLeadin 和

Bogdanović，2017）。

结论

发酵肉制品因其高营养价值、诱人的感官特性和当今加速的生活方式而被消费者广泛接受。与此同时，消费者意识到这些产品与健康相关的已知缺点，如盐、脂肪或胆固醇含量过高。这些产品在微生物指标是稳定的，但潜在的危险可能来自对抗生素或肉类加工过程中产生的污染物（如霉菌毒素或生物胺）产生抗药性的天然微生物群。此外，还必须监测产品安全的毒理化学指标，如多环芳烃。然而，发酵肉制品背负着潜在的公共健康危害，风险既不比其他类型的食品低，也不比其他类型的食品高。具有挑战性的技术措施和风险控制策略为这类肉制品带来了附加值。

参考文献

Ansorena D,Montel MC,Rokka M,Talon R,Eerola S,Rizzo A,Raemaekers M,Demeyer D(2002)Analysis of biogenic amines in northern and southern European sausages and role of flora in amine production. Meat Sci 61:141–147.

Barbosa J, Ferreira V, Teixeira P (2009) Antibiotic susceptibility of enterococci isolated from traditional fermented meat products. Food Microbiol 26:527–532.

Cocconcelli PS,Cattivelli D,Gazzola S(2003)Gene transfer of vancomycin and tetracycline resistance among *Enterococcus faecalis* during cheese and sausage fermentation. Int J Food Microbiol 88:315–323.

Čop M(2016)Influence of *Enterococcus faecalis* 101 home-made dry sausage quality. Graduate thesis, Faculty of veterinary medicine,University of Zagreb.

Danilović B,Savić D(2017)Microbial ecology of fermented sausages and dry-cured meat. In:Zdolec N(ed)Fermented meat products:health aspects. CRC Press,Boca Raton,pp 127–166.

Djinovic J,Popovic A,Jira W (2008) Polycyclic aromatic hydrocarbons(PAHs) in different types of smoked meat products from Serbia. Meat Sci 80:449–456.

Dobríková E,Světlíková A(2007) Occurrence of benzo[a]pyrene in some foods of animal origin in the Slovak Republic. J Food Nutr Res 46:181–185.

EFSA(2008)Polycyclic hydrocarbons in food. Scientific opinion of the panel on contaminants in the food chain. The EFSA J 724:1–114.

Feiner G(2006)Meat products handbook. Practical science and technology. CRC Press,Boca Raton.

Fraqueza MJ (2015) Antibiotic resistance of lactic acid bacteria isolated from dry-fermented sausages. Int J Food Microbiol 212(6):76–88.

Fraqueza MJ, Patarata L, Laukova A (2017) Protective cultures and bacteriocins in fermented meats. In:Zdolec N(ed)Fermented meat products:health aspects. CRC Press,Boca Raton,pp 228–269.

Frece J,Kovačević D,Kazazić S,Mrvčić J,Vahčić N,Delaš F,Ježek D,Hruškar M,Babić I,Markov K (2014) Comparison of sensory properties, shelf life and microbiological safety of industrial sausages produced with autochthonous and commercial starter cultures. Food Tech Biotech 52:307–316.

Gandemer G(2002) Lipids in muscles and adipose tissues, changes during processing and sensory properties of meat products. Meat Sci 62:309–321.

Gazzola S,Fontana C,Bassi D,Cocconcelli PS(2012) Assessment of tetracycline and erythromycin resistance transfer during sausage fermentation by culture-dependent and-independent methods. Food Microbiol 30:348–354.

Gomes A,Santos C,Almeida J,Elias M,Roseiro LC (2013) Effect of fat content, casing type and smoking procedures on PAHs contents of Portuguese traditional dry fermented sausages. Food Chem Toxicol 58:369–374.

Holck A,Axelsson L,McLeod A,Rode TM,Heir E (2017) Health and safety consideration of fermented sausages. J Food Qual 2017. : Article ID 9753894:25.

Incze K (2010) Mold-ripened sausages. In: Toldra F (ed) Handbook of meat processing. Blackwell Publishing Professional,Ames,pp 363–378.

Jahan M,Krause DO,Holley RA(2013) Antimicrobial resistance of enterococcus species from meat and fermented meat products isolated by a PCR-based rapid screening method. Int J Food Microbiol 163: 89–95.

Jahan M,Shanel GG,Sparling R,Holley RA(2015) Horizontal transfer of resistance from *Enterococcus faecium* of fermented meat origin to clinical isolates of *E. faecium* and *Enterococcus faecalis*. Int J Food Microbiol 199:78–85.

Kamenik J(2017) Hurdle technologies in fermented meat production. In: Zdolec N (ed) Fermented meat products: health aspects. CRC Press,Boca Raton,pp 95–126.

Landeta G,Curiel JA,Carrascosa AV,Muñoz R,DeLas RB(2013) Technological and safety properties of lactic acid bacteria isolated from Spanish dry-cured sausages. Meat Sci 95:272–280.

Latorre-Moratalla ML,Veciana-Nogués T,Bover-Cid S,Garriga M,Aymerich T,Zanardi E,Ianieri A, Fraqueza MJ,Patarata L,Drosinos EH,Lauková A,Talon R,Vidal-Carou MC (2008) Biogenic amines in traditional fermented sausages produced in selected European countries. Food Chem 107:912–921.

Lorenzo JM,Purriños L,Bermudes R,Cobas N,Figueiredo M,García Fontán MC(2011) Polycyclic aromatic hydrocarbons(PAHs) in two Spanish traditional smoked sausage varieties: "chorizo gallego" and "chorizo de cebolla". Meat Sci 89:105–109.

Lorenzo JM,Franco D,Carballo J(2017) Biogenic amines in fermented meat products. In: Zdolec N (ed) Fermented meat products: health aspects. CRC Press,Boca Raton,pp 450–473.

Lücke F-K (2017) Fermented meat products-an overview. In: Zdolec N (ed) Fermented meat products: health aspects,CRC Press,Boca Raton,pp 1–14.

Maijala RL,Eerola SH,Aho MA,Hirn JA(1993) The effects of GDL-induced pH decrease on the formation of biogenic amines in meat. J Food Prot 56:125–129.

Marijan A,Džaja P,Bogdanović T,Škoko I,Cvetnić Ž,Dobranić V,Zdolec N,Šatrović E,Severin K

(2014) Influence of ripening time on the amount of certain biogenic amines in rind and core of cow milk Livno cheese. Mljekarstvo 64(3) :59–69.

Markov K, Pleadin J, Bevardi M, Vahčić N, Sokolić-Mihalek D, Frece J(2013) Natural occurrence of aflatoxin B1, ochratoxin A and citrinin in Croatian fermented meat products. Food Control 34:312–317.

Martin B, Garriga M, Hugas M, Bover-Cid S, Veciana-Nogués MT, Aymerich T(2006) Molecular, technological and safety characterization of gram-positive catalase-positive cocci from slightly fermented sausages. Int J Food Microbiol 107:148–158.

Marty E, Buchs J, Eugster-Meier E, Lacroix C, Meile L(2012) Identification of staphylococci and dominant lactic acid bacteria in spontaneously fermented Swiss meat products using PCR-RFLP. Food Microbiol 29:157–166.

Mathur S, Singh R(2005) Antibiotic resistance in food lactic acid bacteria-a review. Int J Food Microbiol 105(3) :281–295.

Oiki H, Kimura H, Zdolec N(2017) Traditional production of fermented meats and related risk. In: Zdolec N(ed) Fermented meat products: health aspects. CRC Press, Boca Raton, pp 49–57.

Ozcan T, Akpinar-Bayizit A, Irmak Sahin O, Yilmaz-Ersan L(2011) The formation of polycyclic hydrocarbons during smoking process of cheese. Mljekarstvo 61:193–198.

Pan L, Hu X, Wang X(2011) Assessment of antibiotic resistance of lactic acid bacteria in Chinese fermented foods. Food Control 22:1316–1321.

Pažin V, Šimunić Mežnarić V, Tompić T, Hajduk G, Legen S, Zdolec N(2016) Polycyclic aromatic hydrocarbons in smoked fermented sausages from household. Proceedings 6th Croatian veterinary congress, Opatija, Croatia, pp 579–588.

Peters J, Mac K, Wichmann-Schauer H, Klein G, Ellerbroek L (2003) Species distribution and antibiotic resistance patterns of enterococci isolated from food of animal origin in Germany. Int J Food Microbiol 88:311–314.

Pleadin J, Bogdanović T (2017) Chemical hazards in fermented meat. In: Zdolec N (ed) Fermented meat products: health aspects. CRC Press, Boca Raton, pp 417–449.

Pleadin J, Perši N, Kovačević D, Vulić A, Frece J, Markov K(2014) Ochratoxin A reduction in meat sausages using processing methods practiced in households. Food Addit Contam Part B 7:239–246.

Pleadin J, Kovačević D, Perši N(2015a) Ochratoxin A contamination of the autochthonous dry-cured meat product "Slavonski Kulen" during a six-month production process. Food Control 57:377–384.

Pleadin J, Malenica Staver M, Vahčić N, Kovačević D, Milone S, Saftić L, Scortichini G(2015b) Survey of aflatoxin B$_1$ and ochratoxin A occurrence in traditional meat products coming from Croatian households and markets. Food Control 52:71–77.

Resch M, Nagel V, Hertel C (2008) Antibiotic resistance of coagulase-negative staphylococci associated with food and used in starter cultures. Int J Food Microbiol 127:99–104.

Roseiro LC, Gomes A, Santos C(2011) Influence of processing in the prevalence of polycyclic aromatic hydrocarbons in a Portuguese traditional meat product. Food Chem Toxicol 49:1340–1345.

Ruiz-Capillas C, Jiménez-Colmenero F (2004) Biogenic amines in meat and meat products. Crit Rev

Food Sci 44:489-499.

Sahu L,Panda SK,Paramithiotis S,Zdolec N,Ray RC(2015)Biogenic amines in fermented foods: overview. In: Montet D,Ray RC(eds)Fermented foods part I: biochemistry and biotechnology. CRC Press, Boca Raton,pp 318-332.

Santos C,Gomes A,Roseiro LC(2011)Polycyclic aromatic hydrocarbons incidence in Portuguese traditional smoked meat products. Food Chem Toxicol 49:2343-2347.

Šimko P (2002) Determination of polycyclic aromatic hydrocarbons in smoked meat products and smoke flavouring food additives. J Chromatogr B 770:3-18.

Šimko P(2005)Factors affecting elimination of polycyclic aromatic hydrocarbons from smoked meat foods and liquid smoke flavorings. Mol Nutr Food Res 49:637-647.

Šimko P,Karovičová J,Kubincová M(1991)Changes in benzo [a]pyrene content in fermented salami. Z Lebensm Unters Forsch 192:538-540.

Škrbić B,Durišić-Mladenović N,Mačvanin N,Tjapkin A,Škaljac Š(2014)Polycyclic aromatic hydrocarbons in smoked dry fermented sausages with protected designation of origin *Petrovska klobasa* from Serbia. Maced J Chem Chem En 33:227-236.

Stumpe-Vīksna I,Bartkevičs V,Kukāre A,Morozovs A (2008) Polycyclic aromatic hydrocarbons in meat smoked with different types of wood. Food Chem 110:794-797.

Tabanelli G,Coloretti F,Chiavari C,Grazia L,Lanciotti R,Gardini F(2012)Effects of starter cultures and fermentation climate on the properties of two types of typical Italian dry fermented sausages produced under industrial conditions. Food Control 26:416-426.

Toğay SO,Keskin AC,Açik L,Temiz A(2010)Virulence genes,antibiotic resistance and plasmid profiles of enterococcus faecalis and enterococcus faecium from naturally fermented Turkish foods. J Appl Microbiol 109:1084-1092.

Toldra F,Reig M(2007)Chemical origin toxic compounds. In: Toldra F(ed)Handbook of fermented meat and poultry. Blackwell Publishing,Ames,pp 469-475.

Vesković-Moračanin S,Djukić D,Zdolec N,Milijašević M,Mašković P(2017)Antimicrobial resistance of lactic acid bacteria in fermented food. J Hyg Eng Des 18:25-35.

Wretling S,Eriksson A,Eskhult GA,Larsson B(2010)Polycyclic aromatic hydrocarbons(PAHs)in Swedish smoked meat and fish. J Food Comp Anal 23:264-272.

Zdolec N(2012)Lactobacilli-functional starter cultures for meat fermentation. In: Peres Campos AI, Mena AL(eds)Lactobacillus: classification,uses and health implications. Nova Sci Pub,New York,pp 273-289.

Zdolec N(2017)Fermented meat products: health aspects. CRC Press,Boca Raton.

Zdolec N,Hadžiosmanović M,Kozačinski L,Cvrtila Ž,Filipović I,Škrivanko M,Leskovar K(2008)Microbial and physicochemical succession in fermented sausages produced with bacteriocinogenic culture of *Lactobacillus sakei* and semi-purified bacteriocin mesenterocin Y. Meat Sci 80(2):480-487.

Zdolec N,Dobranić V,Horvatić A,Vučinić S(2013a)Selection and application of autochthonous functional starter cultures in traditional Croatian fermented sausages. Int Food Res J 20(1):1-6.

Zdolec N, Račić I, Vujnović A, Zdelar-Tuk M, Matanović K, Filipović I, Dobranić V, Cvetnić Ž, Špičić S (2013b) Antimicrobial resistance of coagulase negative staphylococci isolated from spontaneously fermented sausages. Food Tech Biotech 51(2) :240–246.

Zdolec N, Dobranić V, Butković I, Koturić A, Filipović I, Medvid V(2016) Antimicrobial susceptibility of milk bacteria from healthy and drug-treated cow udder. Vet Arhiv 86(2) :163–172.

Zdolec N, Vesković–Morač anin S, Filipović I, Dobranić V(2017a) Antimicrobial resistance of lactic acid bacteria in fermented meat products. In: Zdolec N(ed) Fermented meat products: health aspects. CRC Press, Boca Raton, pp 319–342.

Zdolec N, Čop M, Dobranić V(2017b) Implementation of dairy-origin culture of *Enterococcus faecalis* 101 in the production of dry sausages. Hrvatski veterinarski vjesnik 25(1–2) :56–62.

Zonenschain D, Rebecchi A, Morelli L(2009) Erythromycin-and tetracycline-resistant lactobacilli in I-talian fermented dry sausages. J Appl Microbiol 107:1559–1568.

第11章 食品和饮料行业工业发酵罐改造

摘　要　发酵是保存可分解未加工物质的一种低成本、低能耗的方法。许多食品都有微生物或者含有利用微生物发酵产生的成分。这一过程有助于扩大食品和饮料的可用性并提高产品的健康效益。本章研究食品和饮料发酵的现代大型发酵罐。每个案例提供了发酵罐及其基础技术的描述，以展示设备和过程之间的联系。本章总结了生物反应器量产方面的工程特性，包括生物反应器的扩展和开发中的重要问题。本章讨论了生物反应器中的搅拌。本章总结了与生物反应器/发酵罐设计相关的计算机模拟方面内容。最后介绍了现代生物反应器类型。

关键词　发酵；微生物；放大；生物反应器；食品；饮料；技术

前言

　　发酵是涉及微生物的生物技术操作单元。通过发酵，可持续原材料转变为附加值产品，如发酵饮料和食品、酶、酒精和酸等。商业发酵产品的生产已经从创造现代微生物菌株的重点基因工程方法中得到改进（Campbell-Platt，1994）。最终产品或副产品的开发取决于所选择的微生物品种和生态条件，如生物反应器类型。对于理想的发酵过程，应根据所需的最终产品选择和创造微生物品种组合。有关成熟食品生化修饰的信息可以帮助生产商通过修改品种和条件来控制其结果。除了开发条件外，培养基、菌种和发酵方法也会影响结果，从而影响盈利能力。可选择分批补料发酵系统、连续发酵系统和分批发酵系统以获得高效率。连续和分批补料系统可以解决发酵过程中的底物限制。更高的发酵效率也可以通过固定化细胞来实现，细胞固定化可以从生物反应器中的生物质收集逐步获得，从而扩大生物催化剂在生物反应器中的组装。

　　现代大规模发酵程序在整个饮料和食品行业可能会有所不同。这些程序的重点通常是生物反应器，可根据生物反应器的进料操作（连续、补料或间歇）、生物催化剂的固定、生物反应器的搅拌系统（水力、气动或机械搅拌）以及氧气的可接受性（厌氧、微氧或好氧）等进行分类。在选择特定应用的生物反应器或发酵技术时，应考虑每种装置的优缺点。这一决策应包括基本原材料的性质和可获得性、任何重要的风险和工作成本、可管理性、熟练劳动力的可及性以及期望的效率和可量化利润（Inui et al.，2010）。在大规模应用中，每项发酵技术都需要高效可靠地运行，因此，选择发酵/生物反应器程序的一个重要方面是每装置单元回收项目的资本费用。然而，即使有了计划和有效的操作，在大规模运营中，附属产品和废水管理方面的问题也是不可避免的。

本章重点介绍食品生产中的发酵罐、生物技术方法以及行业中生物反应器的现代化和设计。

现代食品饮料发酵罐

啤酒发酵罐

陈贮啤酒发酵罐

在世界范围内，大多数啤酒都是使用各种较大的卡尔斯伯根氏酵母生产的，有偏离发酵容器底部的趋势。因此，用来发酵啤酒的罐——酿造过程中为人所熟知的和关键的罐——应该考虑到酵母的这一特性（图 11.1）。

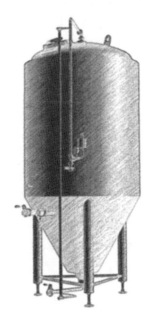

图 11.1　陈贮啤酒发酵罐

发酵罐结构中一个值得注意的是密闭式发酵罐的实现。利奥波德·内森在 1908 年和 1927 年申请了圆柱形垂直的发酵罐的专利，底座为漏斗状。现代版本的内森罐是最常用的。这些罐的大小从 10000 ~ 600000 不等。这些罐的一个重要属性是底部有倾斜的锥体。酵母菌在发酵接近尾声时需要倾斜 70° 才能沉入罐底部

（图 11.1）。这种设计将大部分酵母分离出来，从而产生相对不含酵母的啤酒。在一些设计中，可以在发酵的一个罐中进行改进和储存，而不需要转移到另一个罐对啤酒进行离心。与圆形或方形发酵罐相比，圆锥形发酵罐具有许多优点（Briggs et al.，2004），包括资本消耗减少 25%~35%，运营费用减少 50%~65%，减少产品损失，提高容器利用度，减少苦味化合物，减少空间需求以及收集二氧化碳的潜力。

大号发酵罐的直径一般比高度小三到四倍，操作压力为 100~150 kPa。欧洲大型啤酒发酵罐通常直径与高度比小于 2:1，这比卧式罐发酵更加均衡。在比例大于 3:1 的较高罐中，有提高酒精产量的趋势，对酯生成不利。扩大储罐的尺寸可以降低单位体积的费用，将储罐的尺寸扩大一倍会导致成本增加大约 35%（Briggs et al.，2004）。

圆锥形发酵罐不能装满。二氧化碳会产生大量泡沫，可能会导致排压阀堵塞。最初，啤酒发酵罐是钢制的，内衬玻璃或环氧焦油。但是，必须定期检查该涂层以确保其完整性。此外，低碳钢容易生锈，因此现在的罐通常由使用铬镍合金的不锈钢制成（图 11.2）。罐通常使用 304 不锈钢；V2A 钢并非完全不受氯化物颗粒或 pH<4.5 的影响，但比 304 钢的成本要高得多。

图 11.2　不锈钢发酵罐

发酵罐应配备冷却系统，以释放发酵过程中产生的热量，并实现所需的温度控制。物料从底部充满和排出，减少了氧气进入。管道安装在罐上，用于添加麦汁、排出酵母和排出啤酒。压力和真空缓解系统也包含在装置内。如今大多数发酵罐中使用管道系统。因此，阀门与每个罐相关联，或者聚集到一个与每个罐相关联的

"阀门系统"中。这些阀门可以被手动或远程控制。发酵罐也需要保护。室外罐应该受到保护，使其不受可能因地理位置的不同而有很大不同的元素影响。室内容器也需要一些保护，以最大限度地减少对系统温度控制的需求。

爱尔啤酒发酵罐

由于陈贮啤酒是世界上最常见的啤酒类型，发酵方面的大多数技术进步都与圆锥形储罐有关。然而，在英国和爱尔兰，黑啤和爱尔啤酒是常见啤酒。这些啤酒通常是用顶级发酵酵母酿造的，类似于德国和比利时的啤酒。传统的啤酒发酵使用一个开放式的独立罐来减轻酵母排出的难度如 Yorkshire 容器（Anon，2008）。

Yorkshire 方形发酵罐（图 11.3）最初是用石头和石板制成的，大小可达 5000 L。然而，现在的 Yorkshire 几乎都是用不锈钢（304）制造的，产能高达 85000 L，以适应现代啤酒厂的生产需求。Yorkshire 的下部由略微倾斜的露台与裸露的上部隔开。下面是一系列被称为漏斗的管道，或许还有几个边缘有脊椎的下水道口；在最高点有一个阀门，里面有一个嵌入的附件以移除酵母。

图 11.3　用于小麦啤酒发酵的方形罐

醋发酵罐

醋这个词来自法语的 vin aigre（"苦味葡萄酒"）。在整个醋化过程中，总乙醇浓度（%v/v）和醋酸浓度（%w/v），称为全局浓度（GK），需要保持一致。GK 产量是剩余的食醋，表示为醋化开始时的 GK 水平。有各种因素影响乙酰化，包括氧气、酒精和微生物（Hutkins，2006；Adams，1985；Hills，2014）。葡萄酒通常在罐中发酵，尽管在某些情况下可能会使用桶，尤其是白葡萄酒。一般来说，葡萄酒在历史上是在简单的、固体的非金属矿物质容器中酿造的，这种容器被称为拉格

（lagars），葡萄在其中被碾碎。在葡萄牙，少数酿酒商仍偶尔使用拉格。

在食醋的发酵中，微生物在空气和酸化环境之间的表面形成一层膜。这似乎是一个简单的过程，但它实际上很复杂。酸化速度快是制醋速度快的原因，可通过扩大动态微生物膜面积和加强对酸化液的氧气交换来提高酸化速度。酸性微生物在非活性物质上形成一层膜。酸化原料被溅到惰性材料表面，与逆流气流相反地向下流动。微生物所在的惰性物质通常由一种木质纤维物质组成，如甘蔗渣、木毛或藤条，也可能使用了不同的物质，如焦炭。醋酸原料从罐底开始回流至达到所需酸度水平停止。较快的反应速率表明物料在进入时是被加热的，因此在发酵罐的上可能需要冷藏步骤。整个过程是在半连续系统中完成的，以保持较高的酸度水平，大部分物质都保存在罐内。

通常使用的快速制醋流程具有可控的温度和受限的空气循环，通常会在4~5天内得到酸化GK值为10、基本乙醇百分比为3%的食醋原料。最快的甲酸化速度是通过水下酸化实现的，在这种酸化过程中，产乙酸微生物悬浮在通过喷气氧化的环境中。最强大的商用系统是Frings Acetator（图11.4），使用曝气装置来实现极其高效的氧气交换。

图11.4　Frings Acetator 发酵罐

为了快速有效地浸泡培养物，半连续操作通常需要24~48 h。然而，这种操作需要更多的监控。醋酸菌很容易受到缺氧的影响。为了在pH值为2.5和酸度为10%~14%的悬浮环境中生存，微生物需要持续提供空气。在GK值为11.35的原料中，只要空气供应中断1 min，就可以完全和永久地停止酸化，也就是说，当空气循环再次恢复时，醋化也将不会继续。

酿酒发酵罐

　　伊诺克斯发酵罐在 20 世纪 70 年代末开始被广泛使用。这种罐的优点包括易于清洁和可以在冷却技术中操作。在发酵罐的制造中已经使用了两种级别的伊诺克斯罐。304 级适合红酒发酵。含钼的上等 316 级更结实，更耐腐蚀，适用于白葡萄酒和红葡萄酒。伊诺克斯罐的顶部可以打开，带有发酵栓。可变限位罐也是同样可被应用且有益发酵过程的，即使罐只有一半装满。罐有一个漂浮的金属顶部，边缘有一个充气塑料支撑。玻璃纤维罐偶尔也会用一种价格较低的伊诺克斯材料。在 20 世纪初，许多酿酒厂用伊诺克斯罐取代了木制酒罐。然而，现在对于一些中小型酒庄，木头作为酒罐生产改良的材料再次引起了人们的兴趣。酿酒师最常用的容器是有内盖的不锈钢圆柱形罐（图 11.5）。盖子由一个膨胀乙烯基固定在原地，使顶部在容器中的任何高度都能符合安全操作水准。罐大多数都有一个水平底座，在一侧底端有一个口。这些罐被安装在支架上，或者利用重力将其固定。一些型号的装置由三条腿就地焊接，通常也有一个锥形底座，中间有一个额外的排气口。一些较大的罐有内置的不锈钢涂层或传送带，连接在中心以供冷却。当需要冷却时，乙二醇冷却单元可以连接到涂层上的端口。通常情况下，这些容器比没有涂层的容器更贵。这种不锈钢材料化学活性极低，对饮料是完全安全的。罐在顶部打开的情况下，清洁是很简单的。可变限位罐的盖子有一个适合于螺栓的端口，因此可以打开或关闭。

图 11.5　葡萄酒发酵罐

红酒发酵使用的是整个葡萄。生产者在生产红酒时，需要考虑两个现实因素。一是在发酵过程中，酵母会产生二氧化碳和酒精。当二氧化碳流入和流出葡萄酒时，一部分会被果皮缠住，使它们漂浮在葡萄酒表面，形成一个被称为"盖子"的块状物。盖子从液体表面升起，使容器内的体积扩大。因此，在给红酒发酵罐充气时，应选择比所需最终葡萄酒体积稍大的发酵罐。二是在发酵过程中，发酵罐顶应该每天用液体酒清洗几次。对于大容量罐子，可以通过一种称为"泵送"的程序来实现。

白葡萄酒是用葡萄汁酿造的。果汁与固体的浸渍和分离发生在发酵之前。因为没有固体，所以不必去冲压顶部。然而，白葡萄酒对氧气特别敏感，因此需要限制氧气进入。因此，白葡萄酒不使用开顶式发酵罐。密闭发酵罐是酿造白葡萄酒的最佳选择。

面包醒发设备

为了保证可靠的产品并维持生产计划，在面包制作过程中可以使用特定的设备来控制发酵的速度和特性。面团醒发机（也称为醒发箱）是一个加热室，作为烘焙的一部分，通过适中的温度和湿度促进面团的酵母发酵。温度升高会增加酵母菌的活性，导致二氧化碳的产生增加，面团会更快地膨大。面团通常在烘焙前在醒发机中发酵，但也可以用于主要发酵或大规模发酵。醒发机温度范围从 70°F（21℃）到 115°F（46℃）。面包师经常使用温度和湿度管理大型醒发器。

面团缓凝器（图 11.6）是一种冷冻机，用于在检验混合物时自我管理酵母发酵。降低面团温度会导致其他成熟特征稳定、缓慢地上升，从而产生更丰富的口感。

图 11.6　不锈钢面团自动醒发机

在酸面团面包生产中，冷藏会降低乳酸杆菌的野生酵母活性（Gänzle et al.，1998），例如产生和醋酸、乳酸有关的风味。在烘焙之前冷却的酸面团可能会有更大酸度。为了防止面糊干燥，混合缓凝器中应保持气流。工业烘培箱经常在大约50°F（10℃）的温度下冷藏面团。

发酵篮是一种柳条桶，在密封过程中用来给模制的面包块赋予结构。柳条箱也被称为藤篮或醒发斗。它通常用于面团，因为面团太脆或太软，在膨大时不能保持其形状。面包通常在烘焙前从发酵篮中取出。传统上，这些发酵篮是由柳条制成的。一些新的发酵篮由藤条、甘蔗、云杉纸浆、赤陶和聚丙烯制造。有时发酵篮会附着材料衬里（通常是布），以防止混合物附着在容器的侧面。然而，经过长期使用，发酵篮通常不再附着面团，因为有少量面粉聚集在里面。这些柳条容器既用来使面团成形，又用来吸走外层的湿度。它的造型有椭圆形或圆形两种。

乳制品发酵

乳酸菌在发酵乳制品的生产中起着重要作用。它们可以发酵乳糖并产生乳酸，从而降低牛奶的 pH 值（Tamime，2008；Park，2009）。因此，pH 值达到了牛奶中主要蛋白质（酪蛋白）的等电点。在等电点上，正负电荷平衡。然后酪蛋白凝结出现（Tamime，2008；Park，2009；Clark et al.，2009），导致生物化学和生理上的变化。当发酵剂与乳酸结合时，可能会产生有机分子，如乙醛、乙醇、乙酸、双乙酰和胞外多糖，这些都会影响产品的稠度和风味（Clark et al.，2009；Hutkins，2006）。因此，发酵剂和生产条件的不同可能导致这些产品具有不同的特点。

机械化奶酪生产

奶酪的大规模生产已经实现了机械化和自动化。大型工业单位每天储存几百万千克牛奶。干酪的脂肪与酪蛋白的比例可以通过机械化的方法来实现。奶酪可以在机械化的储罐中生产，灌装过程由计算机控制。培养物扩培、切割、烹调、搅拌、翻网和卸料操作也可通过自动化实现（图 11.7）。带机械搅拌和切割设备的封闭式双套储罐可供选择。搅拌工具和切割工具可水平或垂直转动操纵杆，速度可调。计算机化的奶酪制作过程和内联式控制 pH 值的能力也有助于降低劳动力成本。许多罐子都配有机械化凝胶质量分析仪，使切割阶段系统化。乳清和凝乳的分离可以在输送机上进行。在切达塔中，可以利用气压和真空压力来压制凝乳，凝乳在熟化/盐化传送器中进行盐化和加工。这种盐腌的凝乳可以挤压成 18 千克重的小块，然后自动包装和运输到陈化室（Chanan，2014）。

图 11.7　奶酪凝乳桶

酸奶发酵罐

　　大量酸奶可以在一系列单独的发酵柜中运送。该程序可以机械化，通过隧道组织进行连续生产。装有一罐罐酸奶的托盘可以放在传送带或光滑的滚筒上，并通过由两个区域组成的隧道。热空气在隧道内循环。托盘的速率由传输线的速率决定，传输线的速率由排水口中乳酸生成的速度控制。发酵时间（与 pH 值 4.5 成比例）接近完成时，托盘通过快速冷却室，这样热空气就被引入的冷空气所取代。酸奶在这个区域初步冷却；最后的冷却在冷藏室进行。因为酸奶在冷却阶段是移动的，所以应该非常小心，以防止对凝固物的破坏。

　　文献中已经描述了酸奶生产线流程的更新（Bylund，1995）。接入牛奶的装载容器被放在敞开的纸箱中，并彼此分开。这一步的目的是在培养和冷却阶段流动的暖/冷空气可以到达每个单独的容器，并提供精确的温度控制（图 11.8）。当达到预定的理想 pH 值（通常为 4.5）时，就开始降温。在培养期间，托盘不动。它们被放在生产线的舱口部分，以防止被移动。

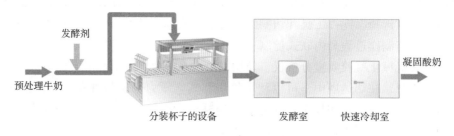

图 11.8　凝固型酸奶的生产

通过分化，混合酸奶凝结成团。酸奶的凝胶结构在冷藏和包装阶段期间或这之前被破坏。尽管如此，为生产混合酸奶准备排水底座在该步骤前。工厂中用于生产混合酸奶的发酵桶类型包括以下 4 种。

①灵活储罐：灵活储罐指定为一个编号，其中一个专门用于牛奶发酵。这是一个夹套容器，夹层在升温阶段可以使用蒸汽，循环冷却水用来冷却到 40～45℃。在发酵阶段，温度保持在 42℃。最后，冷水用来冷却酸奶。

②发酵罐：发酵罐受到保护，因为最终目的是在培养阶段保持均匀的温度。这种大桶中的搅拌是非强制的（图 11.9），因为锥形底座可以促进凝结物的排出（见图 11.9）。

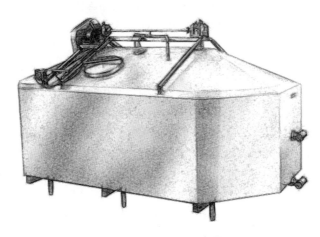

图 11.9　酸奶发酵容器

③冷藏/发酵罐：冷藏/发酵罐有夹层。在发酵阶段，热水（40～45℃）循环，然后是冷水，用于凝固物的不完全冷却。

④无菌发酵罐：无菌发酵罐是普通发酵罐的改进型。这些罐子用来在无菌条件下生产酸奶。罐子受到保护，适合与 pH 电极和温度计一起使用。空气从不同的通道进入、排出。无菌罐的基本目标是限制酸奶受到霉菌和酵母的污染。无菌罐总是用无菌空气加压。用无菌罐产生大量发酵剂时也采用类似的方法。

为起保护作用，每个罐子都配备了额外的空气管道以及一个安全系统，以防止清洗后温度下降造成的真空爆炸。所有上述罐子都有一个消泡入口接头，可以减轻产生泡沫的问题。此外，当今大多数酸奶发酵罐都装有酸碱仪来监测发酵剂产生的乳酸（Watanabe et al.，2008；Corrieu et al.，2005；Mulchandani et al.，1995）。

肉类发酵罐与发酵技术

法兰克福香肠的灌装是在计算机控制的冷却室中进行的，在那里等待成熟以发展和改进微生物。图 11.10 显示了一个典型的工作间，其内部湿度、温度和风速应被谨慎调节，以控制微生物生长和催化剂活性。

美国和欧洲的肉类加工技术不同。美国法兰克福香肠通常采用较高温度（35~40℃），然后进行徐缓的升温，以起巴氏杀菌，而非烘干的作用。因此，培养物如乳酸球菌属或植物乳杆菌属等生长良好的菌种被广泛使用。在欧洲，根据地区和气候的不同，可能会使用不同的技术。在寒冷和潮湿的国家，（如北欧）生产烟熏腊肠是一种趋势，而在更干燥和更热的国家（如地中海地区），长时间制作干热狗肠是很常见的。

在北欧国家，法兰克福香肠在过渡温度（25~30℃）下陈化约 3 天，然后在较短的成熟期（约 3 周）内陈化。这些法兰克福香肠的 pH 值会迅速下降，通常会根据特定口味进行熏制（Eva 等 1997；Demeyer 和 Stahnke，2002）。地中海香肠需要更长的准备时间。在中温（18~24℃）下成熟约 4 天，然后通过醇厚干燥更长的时间，通常是几个月。最常使用的发酵剂是弯曲乳杆菌或清酒乳杆菌（Toldráet et al.，2001、2014；Toldrá，2008、2010）。陈化步骤所需的时间取决于使用的温度和微生物类型。

图 11.10　成熟室

在中国和其他亚洲国家，这一过程非常不同，香肠首先在 48℃烘干 36 h，然后在 20℃烘干 3 天。陈化程度适中，被认为不受欢迎的刺激性味道也因此减轻。中国天然晾制香肠一般在较冷时晾制，至天气渐暖时开始被人食用（Leistner，1992）。

蔬菜发酵容器

并非所有容器材料都适合发酵。陈化发生在酸性、含盐的环境中。除高档商用不锈钢外，金属还会产生凹坑和变质，因此一般不使用。陶瓷容器和塑料容器更稳定。无论用什么材料，所选的食物容器都应简单易洗，并且没有严重的磨损、凹坑或破碎，这些可能会成为不安全的微生物的庇护或影响陈化。木制容器是用来陈化蔬菜的，然而要保持其完好和无菌可能具有挑战性。容器和其他设备在使用前应在热水中清洗。不应使用氯来清洁设备，因为容器上剩余的氯可能会影响微生物的生长。如果使用氯气，设备应再次清洗，以清除任何残留的化学物质。

陶瓷容器有不同形状和大小可供选择。在选择容器时，既要考虑形状，也要考虑大小。为了食品安全和充分发酵，将盐水/果汁控制在 1~2 英寸的水平是至关重要的。加入过多蔬菜以使容器中没有氧气，有利于乳酸菌和其他厌氧微生物的繁殖。将蔬菜浸泡在水中可以使盐涂抹在蔬菜上，这也促进了乳酸菌的发育。因此，选择一个成熟的罐子让蔬菜完全浸泡在盐水液体中是至关重要的。容器的类型不会影响蔬菜的安全，但会影响蔬菜的品质。从质量和安全角度考虑，涵盖上述因素至关重要。

塑料容器也可以有效地用于发酵蔬菜，特别是不含双酚和邻苯二甲酸盐的高密度聚乙烯容器（HDPE-2 塑料）。这些化学物质已经引入一些塑料中，以增加它们的适应性，然而它们可能会影响人类，特别是儿童的健康。

图 11.11　蔬菜厌氧发酵用玻璃容器

蔬菜发酵也可以使用玻璃容器（图 11.11），但必须小心使用，以确保它们不会有缺口、破损或裂纹。蔬菜发酵可以使用夸脱罐头，然而腐烂可能是一个问题，因为浸泡蔬菜可能更难。

生物反应器量产的工程问题

生物反应器设计和运行中的几个基本问题

高效的生物反应器可以调节和控制生物反应并形成封闭反应环境。要做到这一点，化学技术员应考虑两个方面：一是特定物理、生物和化学系统反应器保持适当系数。宏观动力学（化学）系统包括微生物刺激和物质的产生。微生物包括细菌、真菌、酵母、鱼、植物、动物和虫子细胞以及其他生物物质。生物反应器设计中占主导地位的相对空间会影响生物反应因素，如温度，最佳 pH，充足的底物（通常是原料来源主要是脂肪、蛋白质和糖），水的可及性，作为营养的盐、维生素、气体、气体的释放和副产品的移出。

理想情况下，生物反应器应该规划为促进微生物的最佳生理状态，消除或减少不良微生物的污染并防止微生物发生变化。本部分概述和总结了生物反应器技术，各种系统类型的优缺点，以及日常应用。许多分支超出了本章的范围，包括生物学、灭菌、传热、流变学、混合、流态化、表面现象、物质传输和传输强化、流体动力学、仪器仪表和方法管理。

生物反应器的搅拌

生物反应器内的搅拌会产生流体运动，从而完成许多可能的任务。典型的搅拌生物反应器如图 11.8 所示，包括液体运动、搅拌器动量和用于生物反应器的功率输入之间的相互作用以及如何作业，这些是需被了解的重要特性。此外，有必要了解量变如何影响这些关系。这些方面中的几个通常是在选择生物过程之前进行研究的，这些物理特征与微生物发酵最为相关。生物体特有的特征会形成，有时会因每种情况而不同。后文将讨论与扩展更相关的功能。物理方面已经在其他地方被讨论过，涉及对多种生命形式具有重要意义的条件（Gupta 和 Ibrahim，2013；Laskin et al.，2011；Nienow et al.，1997、2010、2011；Doran，2013）。

本节探讨微生物成熟的重要性，其密度基本上不超过水，如微生物和酵母。因此，黏性多糖和丝状框架排除在讨论之外。由于如此低的密度，生物反应器中的流动从 5 L 的台式生物反应器到大规模反应器都是湍流，即雷诺数可以计算为 $Re = \left(\dfrac{\rho_L ND^2}{\mu}\right) > \sim 10^4$，其中 Re 为介质密度（kg/m^3），ρ_L 是黏度（$Pa \cdot S$），D 是叶轮长度（m），N 是速度（rev/s）。对于量产规模，由于是湍流的，雷诺数的预估与实际并没有什么不同。湍流可用于在量产规模上检查生物反应器中的流体力学。

自 20 世纪 40 年代首次使用"深层发酵"以来，人们一直在研究发酵液中氧的运动。这个主题最近被重新讨论（Laskin et al.，2011；Al-Rubeai，2015；Pangarkar，2015）。分批或补料分批发酵过程中细胞的总需氧量应由氧交换速率来满足，且随着细胞数量的增加，总需氧量增加。一般来说，每使用 1 mol O_2，就会产生 1 mol CO_2（Pangarkar，2015）。随后，必须达到高的氧传递速率。这个速率依赖于氧转移系数 $k_L a$（1/s）和推动力 ΔC，因为：

$$OUR = k_L a \times \Delta C \tag{11.1}$$

$k_L a$ 的估计提供了有关生物过程或生物反应器的基本数据。这些计算表明，经处理的条件为细胞的扩增提供了充足的氧气供应。同样，$k_L a$ 可用于优化生物过程生命周期的控制因素。这种优化将基于不同时间点的氧气需求和有机物的发展时期，优化的指标可能包括项目产量、功率利用率或准备时间。

生物反应器的氧传递速率主要受作为生物过程一部分动力条件的影响（图 11.8）。这些条件是能量散射的一个组成部分，取决于工作条件、培养物的理化特性、生物反应器的几何变量以及细胞的参与。

在细胞培养过程中，氧气从气体交换到液体，因此最终可以被吸入细胞并消耗。在最简单的条件下，这个过程可以被描述为由于浓度差和氧转移系数（$k_L a$）的结果如式（11.2）所示：

$$J^0 = k_G \times (P_G - P_t) = k_L \times (C_i - C_L) \tag{11.2}$$

在此条件下，J^0 是氧传递速率（$mol/m^2 s$），k_G 和 k_L 是氧转移系数，P_G 是与气相中氧分压 P 平衡的发酵液氧浓度，C_L 是流体中氧浓度。

因为界面不是直接量化的，所以考虑一个独特的方程实例是正常的。放出式（11.3）描绘稳定状态下的流动：

$$J^0 = k_G \times (P_G - P^*) = k_L \times (C^* - C_L) \tag{11.3}$$

P^* 是与流体平衡的氧气浓度，C^* 是质量流体中的氧气浓度，k_G 和 k_L 是一般的氧转移系数。在任何情况下，当氧在液体中的溶解度较低，并且大部分交换阻力在界面的流体侧时，一般的氧转移系数可以认为等于邻域系数（$K_L = k_L$）。因此，单位反应器体积的氧气质量交换率（dCO_2/dt）通过公式（11.4）来计算：

$$\frac{dCO_2}{dt} = k_L a \times (C^* - C_L) \tag{11.4}$$

在混合流体阶段，分散氧的质量调节被描述在式（11.5）：

$$\frac{dC}{dt} = OTR - OUR \tag{11.5}$$

这里，dC/dt 是液体阶段的积氧率，OTR 是气体到液体的氧气交换率，OUR 是微生物的摄氧效率。最后一项可以用 $q_{O_2} \times CX$ 计算，其中 q_{O_2} 是所用微生物的比摄氧效率，CX 是微生物的生物量。

没有生物质或没有呼吸的细胞，生化反应不会发生，$OUR = 0$。对于这种情况，可以按式（11.6）计算：

$$\frac{dC}{dt} = k_L a \times (C^* - C_L) \tag{11.6}$$

由于很难独立测量 k_L 和 a，因此 $k_L a$ 项被视为一个孤立的可量化变量：体积质量交换系数。

对上述条件进行积分，得出公式（11.7）：

$$\ln \frac{(C^* - C_2)}{(C^* - C_1)} = k_L a \times (t_2 - t_1) \tag{11.7}$$

这里，C_1 是在时间 t_1 的氧气浓度。例如，在一个以氧扩散浓度初始估计值为 0 的体系中，该方程逐渐演变为：

$$\ln \left(1 - \frac{C_L}{C^*} \right) = -k_L a \times t \tag{11.8}$$

对于降低氧扩散率的问题，公示趋向于：

$$\ln \left(\frac{C_{L0}}{C_L} \right) = k_L a \times t \tag{11.9}$$

在这里，$k_L a$ 受到许多因素的影响。变量包括生物反应器的大小和配置，气体的喷射、混合、细胞系、培养基种类、温度、pH、盐分物质和消泡剂。当其中一种元素改变时，生物过程的元素包括 $k_L a$ 也会改变。考虑到弱点如此广泛，$k_L a$ 的估计受限也就不足为奇。研究人员很大程度依赖于生物处理器的隐含有用信息，以维持适当的氧气流速。

由于 $k_L a$ 估计包括氧扩散的水平，因此结果可能会受到做出这些判断的传感器的反应时间（或速度）的影响。根据质量交换的主要需求时间稳定性（$1/k_L a$）的要求，具有反应时间（τ_r）的传感器需要仔细处理信息，以解决氧传感器报告的读数中的时间延迟。

为了使这种效应的影响可以忽略不计，一般的指导原则是传感器的反应时间必须小于质量交换所需时间的 1/10。如果传感器的反应时间不满足这一前提条件，则必须用方程（11.10）处理这一信息：

$$C_{\mathrm{me}}\ (t)\ =C^{*}+\frac{C^{*}-C_{0}}{1-\tau_{r}k_{L}a}[\tau_{r}k_{L}ae^{\frac{-t}{\tau_{r}}}-e^{(-k_{L}a)}] \qquad (11.10)$$

其中 $C_{\mathrm{me}}\ (t)$ 是对时间 t 处氧浓度的估计，该条件不能线性化，因此，需要对观察到的反应信息进行非线性拟合来估计 $k_{L}a$。

$k_{L}a$ 的估算对于反应容器的大小和设置都很有用。虽然已经为非牛顿液体中的 $k_{L}a$ 定义了一些观测推断的表述，但影响结果的条件并非无穷无尽。同样，预测 $k_{L}a$ 是不切实际的，$k_{L}a$ 估计应该只对生物反应器进行。

从摇床到最先进的生物反应器，任何反应器容器都可以计算 $k_{L}a$ 速率常数的估计值。然而，$k_{L}a$ 对各种反应器的适用性同样改变了量化它的最理想方法。相应地，生物反应器开发和技术工作的不同表明有必要改变 $k_{L}a$ 估算的一般方法。这并不麻烦，但从本质上说，这是不同生物反应器的一种比较方式。

对于从空气到培养液的 O_2 交换和来自培养液的 CO_2，$k_{L}a$ 的估值都是相似的。对于氧气交换，驱动力是气泡周围氧气和发酵液中氧气之间的区别，在整个发酵过程中，应将其保持在基本 dO_2 之上。同样，dCO_2 必须在下面，这会导致发酵速度或效率的降低。

$k_{L}a$ 只受两个参数的影响（Pangarkar，2015）：总能量传递效率（$\overline{\varepsilon_{\mathrm{T}}}$）（W/kg）和空气流动速度 v_s（m/s），等于（$vvm/60$）（发酵液体积）／（$X-$生物反应器截面积）。$(\overline{\varepsilon_{\mathrm{T}}})_g$ 和 v_s 加在一起应该足以提供至关重要的 $k_{L}a$，其中

$$k_{L}a=A\ (\overline{\varepsilon_{\mathrm{T}}})_{g}^{\ a}\ (v_s)^{\beta} \qquad (11.11)$$

该方程与叶轮类型和尺寸无关，α 和 β 一般约为 0.5±0.1，与流体无关。然而，A 在很大程度上取决于介质的特征（Pangarkar，2015；Kroschwitz，2007）。对于类似的 $(\overline{\varepsilon_{\mathrm{T}}})_g$ 和 v_s，消泡剂的作用降低了 $k_{L}a$ 或盐浓度提高了 $k_{L}a$，可能会在 $k_{L}a$ 中引起 20 倍的差异。对 $(\overline{\varepsilon_{\mathrm{T}}})_g$ 的常规估计约为 5 W/kg。对于空气流速，通气比（vvm）大约为 1。由于对 O_2 和 CO_2 交换的 $k_{L}a$ 的估计是可比较的，如果在稳定的 vvm（或其附近）实施放大，O_2 进入和 CO_2 输出的驱动力将在尺度上保持基本一致。在这种情况下，因为 vvm 随发酵罐体积变化，v_s 随横截面变化，因此 v_s 是递增的。关于 $(\overline{\varepsilon_{\mathrm{T}}})_g$ 是否应该包含压缩空气（vsg，其中 g 是重力加速度，9.81 m^2/s）的影响，进行了一些讨论，在稳定的 vvm 下对放大变得重要。这种方法还可以解决在扩大规模时二氧化碳含量高的问题（Nienow，2006）。

计算机模拟现代化发酵罐

扩大生物反应器的规模对于提高制造业的量级和提升效率是必要的。然而，用

于大规模生产的生物反应器的设计、开发和评估既昂贵又耗时。一些基本的限制变量包括流体力学，如不完全混合、氧气循环以及质量交换。好氧生物反应器中生物分子的产率随氧转移系数（k_La）的变化而显著变化。为了提高生物反应器的产量，增加氧气的通入是很常见的。然而，这种不断扩大的气流速度也带来了问题。首先，其会对生物分子和细胞造成极大的剪切力，可能会对它们造成伤害（尽管文献中关于这一点的证据很少）。其次，氧气会促进起泡影响反应体积从而影响效率。生物反应器的操作及其周围环境通常频繁地探测以确定最佳条件，这一过程成本高昂并延误了生产。（生物产品产量也依赖于生物学和生物化学，然而这些主题不在本章的讨论范围之内。）

计算机液体动力学（CLD）可用于重建和优化混合、含气率和质量交换系数，以及气体在生物反应器内的分散程度。此外，CLD 还可用于模拟工作流程上游操作步骤，如在线清洁、消毒周期，以及包括培养基、缓冲液和营养物质的面积和速率。CLD 可以通过评估剪切应力、流场和质量交换来帮助改进生物反应器程序。工作流程下游步骤，如色谱柱的放大，可以使用 CLD 来确定。这一部分集中于生物反应器放大过程中的流体力学和混合影响、多相液-气联合流体力学以及输送和混合式生物反应器中的氧气转移。

混合的影响

工业上使用的几乎所有生物反应器都是混合罐反应器，其中包括液体混合。容器排布和叶轮会影响产品质量、产量和纯度。通常，混合罐的配置会导致不完全的混合。CLD 和混合推断的检查可以深入了解对生物反应器的扩充。CLD 可以演示混合影响，包括混合时间、控制参数、湍流量和剪切量的预测。CLD 还显示了生物反应器中细胞所完成的湍流和剪切量的时程。这些结果可能是扩大生物反应器规模的重要组成部分。例如在放大或缩小期间，这些预测可以帮助确定叶轮转速、类型和位置。大多数缺乏更换叶轮或购买新设备的适应性，因此必须从设施内可用的反应器中选择正确的容器。CLD 预期可以通过小规模测试（如缩减规模运行）轻松地定期检查。因为仪器基本工作原理不随规模而变化，所以这些模型可以应用于不同的规模（Wittmann et al.，2017；Paul et al.，2004；Baltz et al.，2010）。

气液质量传递

在大型好氧生物反应器中，氧是一种典型的限制成分，因为在培养基中的溶解度很低。需要一定氧气浓度来满足微生物的基本氧气需求（Flickinger，2013；

McDuffie，2013；Nielsen et al.，2012）。对于大多数生命形式，空气速率可降低到0.005~0.02 mM/L 的分散氧浓度。在实验室研究和生产水平之间可以跨越四个数量级的规模，这并不令人惊讶。在哺乳动物细胞培养生物反应器中，CO_2 的产生和质量交换也很重要。

　　氧气交换的模型非常普遍，可以在研究二氧化碳时使用。混合浓度是生物反应器中氧气循环的基础，但影响质量交换的变量有气泡尺寸分散度、分散氧浓度和液体压力。气泡大小决定了气液质量交换的可达界面范围，并受湍流、剪切速率和浮力等参数的影响。气泡由于与湍流相关而分散和结合在一起，输送了一系列大小的气泡。当生物反应器从研究实验室扩大到生产规模时，其设计必须同时满足氧气输送和氧气质量交换的要求。因此，设备需要精确预测气泡大小的传递，以确定用于热和质量交换计算的流体属性和界面区域（Nielsen et al.，2012；McDuffie，2013）。

生物反应器设计

　　凭借 CLD 的调查和推测开始的有序建模试验，可以增加生物反应器的轮廓和增量方面的理解。在有组织的显示方法中，可以考虑混合后使用气泡连接和尺寸分布与多相流合并，以预测气—液传质过程。本文概述了解决生物反应器可预见的氧交换问题的方法，并对分析进行了试验验证。气泡数的总体调整方程的安排与 CLD 估计相结合以预测气泡量的分布。对于本文所考虑的两种情况，气含率和流体体积质量交换系数都与试验结果完全一致。适宜的反应器设计的优势包括在增量过程中监控风险和减少停机时间。

发酵罐配置

　　这一部分探讨了一系列发酵技术的工程应用以及各个技术的优点和缺点。发酵技术包括浅盘式发酵、流化床发酵、连续发酵、气升式循环发酵、间歇发酵、深层发酵和半连续发酵。如前所述，几乎所有的技术都具有广泛的适用性。

分批式生物反应器的发酵

　　许多发酵是分批进行的（图 11.12）。带搅拌系统的间歇发酵罐是一个立式、封闭、管状的罐子，其壁上带有挡板、水涂层或加热/冷却管，一个空气循环装置（称为雾化器），通常有至少两个叶轮的一个机械搅拌器，一种加料或接种口，一个取样口，以及一种放气口。如今的发酵罐通常由计算机控制，可持续观察、记录或控制 pH、氧化/还原电位、溶解氧、CO_2 和 O_2 等参数。然而，没有这些装置的发酵罐仍然可以手动操作。

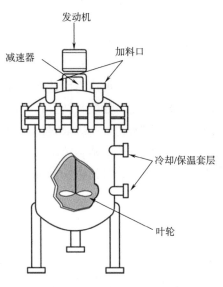

图 11.12　间歇反应器图

分批发酵的主要环节通常是灭菌。然后，在消毒培养基中接种为达到特定结果而选择的微生物。在整个激烈的反应过程中，细胞、底物、维生素、营养盐等都会随着时间的推移而波动。循环液可以保持温度的变化在令人满意的水平。为了实现有氧生长，系统内部可曝气，同时具有搅拌功能。泡沫（类似于二氧化碳）被去除，气体释放和曝气过程几乎不间断地进行。如果必须控制 pH 值，碱或酸是流加的。根据泡沫的多少，消泡装置可以控制流加消泡剂。

用于生产啤酒的大型铬钢间歇生物反应器如图 11.1 所示（间歇生物反应器类似于图 11.3 所示的发酵罐，但没有后处理回路）。间歇反应系统的主要类型之一是容器生物反应器，因其经济性用于酸和抗生素等好氧生物反应。在这个系统中装满了培养基和微生物，气流引起发酵，在发酵过程中产出的气体被释放（Najafour，2006；Cina et al.，2003）。一旦发酵完成，产品就从罐中放出来。因此，这种技术对于大批量商业生产是无效的。

一般来说，分批发酵系统有许多优点，包括：由于相对短暂的拉伸流变过程，中毒或细胞损伤的风险更小；与类似体积的连续发酵相比，资本风险更小；对各种原料和生物系统有更多的适应性；以及产品转化水平更高（Cina et al.，2003）。缺点包括：由于冷却、灭菌、加热、灌装、排出和清洁发酵罐所需的时间，效率水平较低；由于反复需要灭菌，所以需要多个配套仪器；需要许多继代培养进行免疫，成本较高；因为方法不连续任务和/或方法管理的价格较高；以及与大规模工业卫生相关的风险，如可能接触不健康的微生物或毒素。间歇发酵罐的典型应用问题包括：需要产生具有降低污染或微生物突变风险的物质；单次操作产量低；如何利用一个反应器产生各种产品的方法；以及该技术只在半连续或批量操作过程中是合适的。

管式发酵罐

管式发酵罐因为看起来像一根管子而得名。管式发酵罐通常是连续的、不受干扰的发酵罐，反应物在其中以可预测的方式进行。反应物从一侧进入，从另一侧流出，没有搅拌。由于缺乏搅拌，进料点和出料点之间的底物浓度逐渐降低，同时产品也发生了类似的改变。

连续式发酵生物反应器

连续混合发酵罐基本上就像间歇式发酵罐，只是进出料不同。对连续发酵的属性的解释是非常复杂的。向发酵罐中不断加入无菌或含有微生物的培养液以保持其内部一致的状态（Chen，2013；El-Mansi et al.，2011）。产品也会不断地从发酵罐中取出。反应因素和限制因素是稳定的，允许在发酵罐内保持一致的状态（El-Mansi et al.，2011）。其结果是持续的盈利和收益。

这种设置有许多潜在的优势，包括：扩大了程序自动化的可能性；自动化使成本降低；减少了因清洗、填充和消毒反应器导致的无法盈利的时间；一致的操作条件使该项目拥有可靠的质量；降低了机械化对员工的危险；以及减少了消毒对设备的压力。连续发酵罐的缺点包括：适应性有限，即使在程序中只需要很小的变化（如产量、环境、氧气、温度）就能带来明显改变；必须保持原料的一致性以保证程序的连续性；在装罐和机械化方面的资本投资更大；连续作业环境卫生的成本更高；由于原料中不溶的、坚固的基质，需要不间断地补料，运行成本更高；由于开发周期较短，污染和细胞转化的危险更大。连续生物反应有时凭借气体、流体或可溶解底物的技术以及包括具有高度变化可靠性的微生物的方法用于大量生产的过程。典型的成品包括醋、经处理的废水和面包酵母。

半连续发酵生物反应器

半连续生物反应器在各种程序中使用连续和间歇运行的混合方法。最常见的情况是，发酵在间歇系统中开始，直到限制发酵的底物接管为止（Lim 和 Shin，

2013；El-Mansi et al.，2011）。此时，培养基按照指示（批次）被加入发酵罐中，或者通过增加培养时间（连续）来维持。对于次级代谢物的生成，其中细胞发育和代谢过程经常发生在不同的阶段，通常以预定的速率流加底物。与分批发酵罐一样，半连续发酵罐也不会停止运行。

这种装置有许多优点，包括：由于在非常明确的生长期内不添加或移除细胞从而提高了产量；提供了更多的机会来优化微生物的环境条件（如培养物的生长，传代培养及成熟期）；以及几乎稳定的功能，这对生物体转化和面临污染风险的生物体至关重要（El-Mansi et al.，2011）。其缺点包括：由于灌装、升温、消毒、冷却、排放和清洁发酵罐需要耗时，效率水平较低；更高的人工成本；潜在的强大的过程控制要求。半连续发酵罐通常在连续技术不可行的情况下使用，如在生物体发生轻微变化或污染时。当间歇技术不能提供所需的效率水平时，也可以使用这些发酵罐。

混合罐：深层生物反应器

当今使用的最著名的好氧生物反应器是混合罐反应器（El-Mansi et al.，2011；Saxena，2015；Inamdar，2012）。这种生物反应器是大规模发酵的理想选择，需要的资金和费用很低。对于小体积的研究装置，搅拌容器通常装在玻璃中。不锈钢容器用于大规模（工业）实施。容器的高径比可以根据要求而变化（图 11.13）。

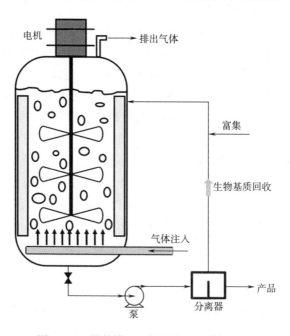

图 11.13　搅拌罐——深层发酵生物反应器

深层液态生物反应器的操作标准一般是一致的。如图 11.13 所示，将接种物和培养基放入罐中，空气在底部有规律地充入。理想的搅拌状态下，搅拌器系统有明显的漩涡效应形成。在程序开始时，可能会通过夹套来预热设备，冷水可以在隔板内循环，以防止过热。挡板的数量通常在 4 到 8 个之间。随着发酵的进行，由空气注入的气泡在向上的过程中被发酵罐隔离。

目前使用的发酵罐有多种，最广为人知的是四叶圆涡轮。如今的设计有 12 或 18 个锋利的边缘或凹陷的边缘，一定程度增强了流体力学。在罐的最高点气体被释放出来，物品向下流动，在底部从罐中移走。在恒流混合槽反应器中，基质被持续地吸附并且被一致地移除和分离，基质再次返回槽中以供重复使用。同样，对于均匀的反应器可以与受控的再利用流并联或串联使用。

气升式反应器

在气升式反应器（也称为塔式反应器）中，鼓泡形塔包括一个装配管道（Saxena，2015）。各种气升式反应器正在大规模使用。空气通常通过冲洗器送入中央引流管的底部，引流管引导空气和环境的流动（图 11.14）。气体沿着管子上升，形成气泡，在该部分的最高点气体分离。脱气的流体下降，并且从罐中流出。该管旨在用作内部热交换器，或者可以将热交换器连接到向内流动回路（Saxena，2015）。

与其他常规生物反应器（如经典发酵罐）相比，气升式生物反应器有一些优点。例如：设计简单，没有活动部件或发酵器轴密封，需要的维护更少，变形的危险更小，对卫生的要求也更低；其具有更小的剪切速率，以实现更突出的适应性，能够用于培养动植物细胞；有效的气相阶段分离；实质性和明确的界面接触区，以投入更少的能量；高度可控的物质流动和有效的搅拌；所有阶段的停留时间特性良好；由于在压力更高的大型储罐中实现了更易于氧气溶解，从而扩大了质量交换系数；大容量罐提高了扩大产量的可能性；与传统的混合罐相比，释放的热量更大。

这种方法的缺点包括：由于大规模的程序启动资本投资更高；需要更突出的空气吞吐量和高压，特别是大规模操作时；上升管和下降管具有理想的压力驱动直径，磨损有限；气压的产生有限；微生物在生物反应器中循环和状态转换的情况下，很难保持基质、补充剂和氧气的稳定水平；起泡时浪费气体/液体分离。在规划设计时应控制这些缺点。例如，如果只有一个区域作为维持来源，微生物将遇到无休止的高营养和饥饿的循环，将导致不良的结果，如低产量和高死亡率。具有多个维持点的设计将消除这种危险，特别是对于大规模操作。氧气的单独通道点也存在类似的危险，氧气应该在容器内的不同位置传输，大部分空气从底部进入，使液体通过反应器循环。

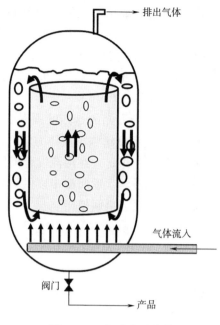

图 11.14　气升式反应器

气升式外部环流反应器

另一种气升技术是气升式外部环流反应器系统（AELR），通常用于间歇发酵。AELR 显示了一个不同的视角，其中降液管和容器实际上比在特定延伸直径下看起来要高（图 11.15）。作为气升式技术的一种变体，AELR 使用环流过程来协调整个容器中的空气和流体。该方法包括分别与底部和顶部相关联的立管和外管（Saxena，2015）。当上升管底部注入的空气使气泡开始通过主罐上升时，气体在顶部分离；随后的稠密溶液通过下降管下降。

与传统的气升式技术相比，AELR 有几个优势，包括：有效的热交换和有效的温度控制；下降管和提升管都具有理想的压力驱动宽度，磨损小；AELR 的各个部分的时间都非常明确；提升管和下降管的控制有一个扩展敞开口；通过提升管和下降管中的节流装置可以自由控制气体输入速率和流体速度。

流化床发酵罐

流化床发酵罐类似于管状发酵罐。无论是连续混合发酵罐还是管状发酵罐，都存在微生物被排出的威胁。流化床反应器是混合和管式的混合体，解决了上述问

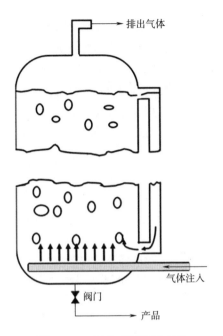

图 11.15　气升式环流反应器

题。流化床发酵罐中的有机体通过循环速率保持悬浮状态，循环速率的功率可调节。如果移动不明显，流化床就会保持稳定。如果循环速度高于生物体的质量，就会发生淋洗，生物体从发酵罐中排出。

厌氧生物反应器

厌氧生物反应发生在许多反应中，如乙醇生产、酿酒、啤酒和废水处理。据报道，由于产品变化和组装成本降低，葡萄酒、乙醇和啤酒的生产取得了进展。连续型生物反应器已经上市用于酿造，但组发酵罐继续获得资本投资。废物处理是一个非常有用的设备创新而发展起来的领域，现代的废水处理系统尚未出现许多新手段。

结论

如今，发酵操作面临着产品种类和制造规模变化需求的压力。这可以归因于多种因素，包括大规模的生物过程和改进的发酵技术，推动了新型发酵食品的发展。为了推动这些过程，生产者需要对食品发酵有全面的了解。政策制定在加速该行业的改进方面也发挥了作用。例如，现代政策扩大了对新设备设计的研发投资，此外还指导了方向、标准和许可创新，以解决因产量增加而产生的问题。因此，本章概述了现代生物反应器的各个方面以及该行业的创新。发酵食品的营养状况同样可以通过对人类饮食和胃肠道微生物群的成熟有机体进行选择来提高。在这方面，发酵食品可以被视为食品吸收和老化过程的增强。因此，可以旨在为人类健康和福祉提供宝贵的利益。另一种提高生物过程代谢效率的技术是使用适当控制的超声处理，用于生物催化剂水平（细胞和催化剂），以提高其容量和声学反应器的执行。

参考文献

Adams RD(1985) Vinegar. In: Wood B(ed) Microbiology of fermented foods. Elsevier, Philadelphia, pp 1-49.

Al-Rubeai M(2015) Animal Cell Culture. Cell Engineering, vol 9. Springer International Publishing.

Anon(2008) Whitbread's Brewery — Incorporating The Brewer's Art (Paperback). Read Books, United Kingdom.

Baltz RH, Demain AL, Davies JE(2010) Manual of industrial microbiology and biotechnology. ASM Press, Washington, DC.

Briggs DE, Boulton CA, Brookes PA, Stevens R(2004) Brewing science and practice. Woodhead Publishing Limited and CRC Press LLC, Cambridge.

Bylund G (1995) Cultured milk products. In: Dairy processing handbook. Tetra Pak Processing Systems AB, Lund, pp 241-262.

Campbell-Platt G(1994) Fermented foods-a world perspective. Food Res Int 27:253-257.

Chandan RC(2014) Dairy-fermented products. In: Clark S, Jung S, Lamsal B(eds) Food processing: principles and applications, 2nd edn. Wiley, Chichester, pp 405-436.

Chen H(2013) Modern solid state fermentation: theory and practice. Springer Netherlands, Dordrecht.

Cinar A, Parulekar SJ, Undey C, Birol G(2003) Batch fermentation: modeling: monitoring, and control. CRC Press, New York.

Clark S, Costello M, Drake MA, Bodyfelt F(2009) The sensory evaluation of dairy products. Springer, New York.

Corrieu G, Monnet C, Sepulchre AM(2005) Use of strains of Streptococcus thermophilus which are incapable of hydrolyzing urea in dairy products. USA Patent.

Demeyer D, Stahnke L(2002) Quality control of fermented meat products. In: John K, David L(eds) Meat processing: improving quality. Woodhead, Cambridge, UK, pp 359-393.

Doran PM (2013) Bioprocess Engineering Principles. Engineering professional collection. Waltham, M. A. & Academic Press, 225 Wyman Street, Waltham, MA 02451, USA.

El-Mansi EMT, Bryce CFA, Demain AL, Allman AR(2011) Fermentation Microbiology and Biotechnology, Third Edition. CRC Press, Taylor & Francis group, Boca Raton.

Eva H, de la Hoz L, Juan AO(1997) Contribution of microbial and meat endogenous enzymes to the lipolysis of dry fermented sausages. J Agric Food Chem 45(8):2989-2995.

Flickinger MC(2013)Upstream industrial biotechnology,2 volume set. Wiley,New York.

Gänzle MG,Ehmann M,Hammes WP(1998)Modeling of growth of Lactobacillus sanfranciscensis and Candida milleri in response to process parameters of sourdough fermentation. Appl Environ Microbiol 64 (7):2616-2623.

Gupta BS,Ibrahim S(2013)Mixing and crystallization: selected papers from the international conference on mixing and crystallization held at Tioman Island,Malaysia in April 1998. Springer Netherlands, Dordrecht.

Hills M(2014)Cider Vinegar. 2nd edn. Sheldon Press,Great Britain.

Hutkins RW(2006)Microbiology and technology of fermented foods. Blackwell Publishing,Ames.

Inamdar STA(2012)Biochemical engineering: principles and concepts. PHI Learning,New Delhi.

Inui M,Vertes AA,Yukawa H(2010)Advanced fermentation technologies. In: Vertes AA,Qureshi N, Blashek HP,Yukawa H(eds)Biomass to biofuels. Blackwell Publishing,Ltd,Oxford,pp 311-330.

Kroschwitz JI(2007)Kirk-Othmer encyclopedia of chemical technology,vol 25,5th edn. Wiley,Hoboken.

Laskin AI, Sariaslani S, Gadd GM (2011) Advances in Applied Microbiology, vol 77. First edn. Academic Press,San Diego,USA.

Leistner F(1992)The essentials of producing stable and safe raw fermented sausages. In: Smulders FJM,Toldrá F,Flores J,Prieto M(eds)News technologies for meat and meat products. ECCEAMST,Audet Tud-schreen,B. V. ,Utrecht,pp 1-19.

Lim HC, Shin HS (2013) Fed-batch cultures: principles and applications of semi-batch bioreactors. Cambridge University Press,Cambridge.

McDuffie NG(2013)Bioreactor design fundamentals. Elsevier Science.

Mulchandani A, Bassi AS, Nguyen A (1995) Tetrathiafulvalene-mediated biosensor for L-lactate in dairy products. J Food Sci 60:74-78.

Najafpour G (2006) Biochemical Engineering and Biotechnology. First edn. Elsevier Science, New York.

Nielsen J,Villadsen J,Lidén G(2012)Bioreaction Engineering Principles. Second edn. Springer USA.

Nienow AW(2006)Reactor engineering in large-scale animal cell culture. Cytotechnology 50:9-33.

Nienow AW, Edwards MF, Harnby N (1997) Mixing in the Process Industries. Second edn. Butterworth-Heinemann,Johannesburg.

Nienow AW,McLeod G,Hewitt CJ(2010)Studies supporting the use of mechanical mixing in large scale beer fermentations. Biotechnol Lett 32(5):623-633.

Nienow AW,Nordkvist M,Boulton CA(2011)Scale-down/scale-up studies leading to improved commercial beer fermentation. Biotechnol J 6(8):911-925.

Pangarkar VG(2015)Design of multiphase reactors. Wiley,Hoboken.

Park YW(2009)Bioactive components in milk and dairy products. Wiley,Ames.

Paul EL, Atiemo-Obeng VA, Kresta SM (2004) Handbook of industrial mixing: science and practice. Wiley, Hoboken.

Saxena S(2015) Applied microbiology. Springer India, New Delhi.

Tamime AY(2008) Structure of dairy products. Wiley, New York.

Toldrá F(2008) Meat biotechnology. Springer, New York.

Toldrá F(2010) Handbook of meat processing. Wiley, Oxford.

Toldrá F, Sanz Y, Flores M(2001) Meat fermentation technology. In: Hui YH, Nip WK, Rogers. RW, Young O(eds) Meat science and applications. Marcel Dekker, New York, pp 537−563.

Toldrá F, Hui YH, Astiasaran I, Sebranek J, Talon R(2014) Handbook of Fermented Meat and Poultry. Second edn. Wiley, Oxford, UK.

Watanabe K, Fujimoto J, Sasamoto M, Dugersuren J, Tumursuh T, Demberel S(2008) Diversity of lactic acid bacteria and yeasts in Airag and Tarag, traditional fermented milk products of Mongolia. World J Microbiol Biotechnol 24:1313−1325.

Wittmann C, Liao JC, Lee SY, Nielsen J, Stephanopoulos G(2017) Industrial Biotechnology: Products and Processes, vol 4. Advanced Biotechnology, First edn. Wiley-VCH, Germany.

第12章　基因工程在食品饮料高产量和品质改良中的研究进展

摘　要　基因工程有望为食品生产带来重要的飞速发展。它将影响从农场到最终食品加工的生产链的所有步骤。作为一种生物技术实践，基因工程有可能用作解决食品和社会中各种问题的有效工具。如今，从生产到消费的食品体系复杂，消费者对安全、营养、丰富、多样化和成本更低的食品的需求日益增长。因此，如果要为不断增长的世界人口提供食物，就必须加快科技发展并将其应用于发达国家和发展中国家。本章从不同角度分析了基因工程的食品应用，使现代生产到消费的食品系统能够养活近 70 亿人，讨论了有前景的生物技术工具在增强食品供应方面的好处，并提高不断增长的全球人口的健康和福祉。然而，与任何新技术一样，人们有必要仔细考虑使用这些手段的影响，以确保结果为人类带来净利益。最近关于基因工程食品的争议突出表明需要通过应用可靠的可追溯性技术来减轻消费者的恐惧，并提供更多的实验证据和合理的科学判断来评估风险与收益。

关键词　基因工程（GE）；转基因食品（GMFs）；GE 益处；GE 潜在风险；可追溯性；基于 PCR 的技术

相关重要术语

①生物技术：生物技术是一个广义的术语，适用于生物体，涵盖从简单到复杂的技术（Zhao 和 McDaniel，2005）。根据生物多样性公约秘书处（2000），生物技术被定义为体外核酸技术的应用，包括重组脱氧核糖核酸（DNA）和将核酸直接注射到细胞或细胞器中，或克服了自然生理生殖或重组障碍的超越分类的细胞融合，不是传统育种和选择中使用的技术。人类一直在寻求杂交许多相关的动植物物种，以开发具有有用性状的新品种或杂交品种，提高生产力和质量。传统的杂交育种会导致植物或动物的基因组成发生变化，会耗费大量时间，因为需要繁衍无数代才能获得所需的性状，同时消除一些不需要的特征（Giuseppe et al. , 2010 ）。

②食品生物技术：食品生物技术的定义是将生物技术应用于来源于植物、动物和微生物的食品，目的是改善食品的数量、质量和安全性以及加工和生产的经济性（Habibi-Najafi，2006）。

③遗传工程：基因工程（GE）是对生物体的遗传组成进行人工修饰，将特定的基因（由性状表达）从一个生物体转移到另一个完全不同物种的植物或动物中。基因转移后产生的有机体被称为转基因有机体（GMO）（Grace Communications Foundation，2017）。在基因工程中，基因可以从彼此插入的完全不同的物种中转

移，这是基因工程的优势之一，这使得它不同于传统的杂交育种，因为传统杂交只能在密切相关的物种之间交换基因（Grace Communications Foundation，2017）。

④基因工程：细胞是生物体的构建单位。每个细胞都有一个细胞核，细胞核内有 DNA 链（脱氧核糖核酸）。DNA 的每条链都被分成称为基因的小片段。这些基因包含一组独特的密码，负责决定每个有机体的特征。因此，基因可以被定义为 DNA 的一个位点（或区域），它由核苷酸组成，是遗传的分子单位（Slake，2014）。这些基因组成了不同的 DNA 序列，被称为基因型。基因型和环境因素一起决定了表现型将会如何（Grace Communications Foundation，2017）。

⑤转基因生物（GMOs）：转基因生物（GMOs）可以定义为遗传物质（DNA）以一种不是通过交配和/或自然重组自然发生的方式发生改变的有机体（即植物、动物或微生物）。这项技术通常被称为"现代生物技术"或"基因技术"，有时也被称为"重组 DNA 技术"或"基因工程"。选定的单个基因被允许从一个有机体转移到另一个有机体，也可以在不相关的物种之间转移。由转基因生物生产或使用转基因生物生产的食品通常被称为转基因食品（GRACE Communications Foundation，2014）。

⑥转基因食品（GMFs）：转基因食品（GMFs）是从遗传物质（DNA）以一种非自然发生方式（如引入来自不同有机体的基因）被修饰的有机体中衍生出来的食品。目前，现有的转基因食品大多来自植物，但在未来来自转基因微生物或转基因动物的食品可能会被引入市场。大多数现有的转基因作物都是通过引入对植物病害的抗性或提高对除草剂的耐受性来提高产量的（GRACE Communications Foundation，2017）。在未来，基因改造的目标可能是改变食品的营养成分，降低其致敏可能性，或者提高食品生产系统的效率。所有转基因食品在被允许投放市场之前都应该经过评估。粮农组织/世卫组织制定了转基因食品风险分析指南（GRACE Communications Foundation，2017）。

⑦绿色革命：绿色革命是指 20 世纪 30~60 年代，由于采用了新的农业技术，即高产谷物品种，特别是矮秆小麦和水稻，配合化肥、合成除草剂和杀虫剂、控制供水和机械化耕作，全球农业生产力大幅提高的时期。所有这些都取代了传统技术，并将作为一个整体被采用（Farmer，1986；本章）。诺曼·博洛格博士被广泛认为是这场绿色革命之父，他因其对人类的贡献于 1970 年被授予诺贝尔和平奖（Patel，2013）。

⑧食品质量：食品质量是一个宽泛的术语，包括消费者可以接受的食品特性即外部特性（外观、质地、风味）和内部特性（营养、化学、物理、微生物）（Perez-Gago et al.，2006）。简而言之，产品应该具有"满足消费者的需求或符合用户需求"的属性。质量还包括安全和物有所值（El Sheikha，2018a）。

⑨遗传特征：遗传特征是将一种植物或动物与另一种植物或动物区别开来的某种特征，例如黄色和白色玉米（Tietyen et al.，2000a）。

⑩转基因：转基因是一种通过改变或修改遗传成分而获得的由基因工程得到的植物或动物（Tietyen et al.，2000a）。

食品生物技术：过去与现在

生物技术在食品生产和加工中的使用历史悠久。发酵作为生物技术的一种形式一直用于生产葡萄酒、啤酒和面包（El Sheikha，2018b）。食品生物技术在整个历史上包括许多重要的节点，可以追溯到几千年前。该时间表包括导致当前在食品技术中使用基因技术的重大事件，还显示了对基因技术在食品生产中应用的未来发展的一些预测（见图 12.1）。

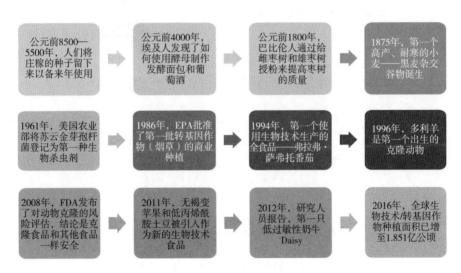

图 12.1　食品生物技术历史的重要节点

（来源：IFIC 2013；Zhang et al.，2016）

虽然生物技术的起源可以追溯到古埃及人，但从 20 世纪到今天，这一领域取得了重大飞跃。现代生物技术指的是利用遗传知识在植物、动物或微生物中产生所需特征的不同技术（Hsieh 和 Ofori，2007）。自从引入农业和粮食生产以来，生物技术已用来开发提高生产率的新工具。最近，酶被广泛应用于食品工业（如烘焙业、果汁、奶酪制造、酿酒、酿造），以改善其风味、质地、消化率、安全性和营养价值（Li et al.，2012；Hua et al.，2018；Ting et al.，2018）。

转基因食品技术

从技术上讲，遗传工程的含义是什么？简单地说，基因工程就是将新的 DNA 序列（通常是整个基因）插入到生物体的染色体 DNA 中。应用技术解释了这一机制（Diehl，2017）。几乎所有的基因工程程序都有四个共同的关键要素（Institute of Medicine and National Research Council，2004）：确定感兴趣的性状，分离该遗传性状，将该性状插入所需有机体的基因组，将新的 DNA（即启动子、新基因和选择标记）送入生物体细胞（图 12.2）。

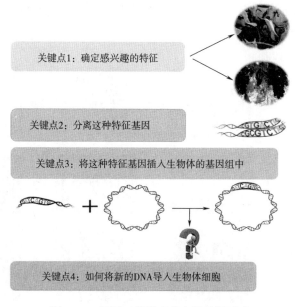

图 12.2 基因工程程序共有的关键要素

植物基因改造方法

有两种主要的技术用于对植物进行基因改造（Institute of Medicine and National Research Council，2004）：一是使用农杆菌作为 DNA 载体，这种 DNA 具有感染植物并将 DNA 插入其基因组的能力。这是一种常用的改良阔叶植物（如油菜、甜菜）的方法，但现在也被应用于水稻和玉米。二是生物学手段，如粒子轰击，即插入的 DNA 包裹上微小的金粒子，然后注入植物细胞。这项技术主要用于单子叶植物

（如水稻和玉米）。

关于这两种转基因技术的缺点（Institute of Medicine and National Research Council，2004）：

–不够准确，不能在基因组的特定位置引入基因。

–插入可能处于正向或反向的多个基因副本以及从载体转移基因片段存在风险。

–植物自身基因发生复制、缺失和重排的可能性。

–突变可能发生在插入部位，也可能是全基因组的，这可能导致：内源基因（即植物自身的基因）及其功能的中断；对生化途径的负面影响，如产生意想不到的毒素或抗营养物质；如果转基因存在多个拷贝沉默导致下一代的基因将沉默。

动物基因改造方法

以下技术已被用于动物进行基因改造（Institute of Medicine and National Research Council 2004）：

①显微注射（原核注射）：在这种方法中，用非常细的针将DNA注射到单个胚胎细胞的细胞核中。在一些胚胎中，注入的DNA进入基因组是随机的。

②病毒（如逆转录病毒）：将外来DNA导入细胞的载体，因为它们具有渗透细胞的能力。逆转录病毒是一种病毒，通过将自身整合到宿主遗传物质中进行复制，然后与宿主DNA一起复制。

③胚胎干细胞（ES）：培养和修饰可以更有针对性地进行基因改造。这种修饰可以是一种转基因基因，可以取代原生基因，也可以是那些因破坏或移除而被"敲除"无效的基因。

④精子介导的转移：在这种方法中，转基因精子用作将新的遗传物质引入卵子的载体。这种方法是家畜和家禽的常规使用方法。

最新技术：基因组编辑

"基因组编辑"是一个术语，用来描述一套使人们能够对植物、动物或其他生物的DNA进行精确的改变的相对较新的技术。例如，这种技术可用于在生物体基因组的特定位置引入、移除或替代一个或多个特定核苷酸（FDA，2017）。例如，使用规则散布的短回文重复（CRISPR）相关核酸酶、锌指核酸酶（ZFNs）、转录激活因子样效应子核酸酶（TALENs）和寡核苷酸定向突变（ODM）来执行基因组编辑。在过去的几年里，"CRISPR-Cas9"作为一种革命性的基因组编辑工具被开发出来（Cong et al.，2013；Ran et al.，2013）。这提高了基因工程的效率，并使其更容易应用于动植物（DeMayo 和 Spencer，2014；Belhaj et al.，2015；Visk，2017）。Cas9 是一种 DNA 内切酶，最初在细菌中发现，保护宿主细菌免受 DNA 分子（如病毒）的入侵。核酸内切酶由一种特殊的"引导 RNA"（GRNA）引导至入侵/靶向 DNA，其序列与待清除的入侵序列互补。因此，在进攻序列的引导下，Cas9 利用其两个活性位点来切割双链 DNA 的两条链（Zhang et al.，2016）。然后，新形成的 DNA 双链断裂（DSB）在细胞内被两种不同的机制修复："非同源末端连接"（NHEJ）机制可以导致小的缺失或随机的 DNA 插入，导致基因截断或敲除，而"同源重组"（HR）机制允许供体 DNA 添加到断裂位点的内源基因中（图 12.3）。

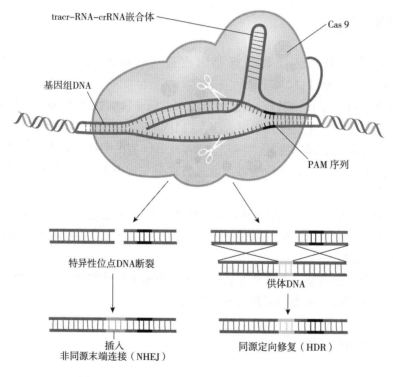

图 12.3　CRISPR/Cas9 介导的基因组编辑机制
（来源：Savić 和 Schwank，2016。经 Elsevier 同意转载）

为什么是基因工程

到 2050 年，全球人口预计将达到 90 亿，需要的粮食比今天生产的粮食多 70%

(FAO，2009；Godfray et al.，2010)。因此，在同一块土地上，人们将需要更多的产量。生物技术可能是解决粮食产量问题的最佳技术 (Haroon 和 Ghazanaf，2016)。为了养活日益增长的世界人口，相应增加粮食产量是必要的。来自动植物的食物是人类饮食中的主要营养来源，提供了某些人体无法从头合成的必需氨基酸和维生素。因此，营养不良是一个复杂的人类健康问题，在许多国家造成无数生命死亡。为了健康，日常饮食必须包括充足的高质量食物，包括所有必要的营养素以及除了基本营养之外还能提供健康益处的食物 (Irfan 和 Datta，2017)。

当今世界面临的挑战是通过在各种压力下保持高生产率来增加粮食产量，以及开发营养质量更高的动植物食品。转基因 (GM) 技术证明是对传统方法生产的技术的有力补充，以满足全球对优质食品的需求。现代生物技术工具可操纵不同来源的基因 (基因技术)，并将这些基因插入动植物中，以赋予重要经济食品所需的特性 (Irfan 和 Datta，2017)。

消费者期望食品生物技术带来什么好处

自 2012 年以来，美国人对将生物技术应用于食品的信心日益增长，而 35% 的消费者认为他们将在未来五年内受益于食品生物技术。2014 年，当这些消费者被问及他们期望食品生物技术有以下优点 (International Food Information Council Foundation "IFIC"，2014)：健康和营养；改善质量、味道，丰富品种；价格和经济效益；改善农业生产；更安全的食品；减少杀虫剂。

在 2015 年，50% 的美国人认可生物技术可以成为一种有助于提供满足世界人口增长所需的食物的手段。值得注意的是，66% 的人同意食品和饮料的整体健康程度比在其生产中使用生物技术更重要 (IFIC，2015)。

食品生物技术益处

与生物技术相关的四个关键益处回答了为什么要进行基因工程这个问题 (IFIC，2014)：食品安全；消费者利益 (健康、营养和负担得起的食品)；可持续性 (对环境、经济和社区)；为存在饥饿现象的世界提供食物 (就主食的数量和质量而言，以满足不断增长的全球人口的需要)。

表 12.1 总结了在食品应用中使用基因工程的好处和潜在风险。关于将基因工程应用于食品的益处和潜在风险的更多细节将在以下部分讨论。

表 12. 1　在食品应用中使用基因工程的好处和潜在风险

方面	益处	潜在风险
生产能力	作物产量增加	降低遗传多样性
质量	提高质量	新的食物过敏
	可用于食品加工	污染有机作物
安全性	提供更安全的食品（例如，减少作物/食品腐败，快速监测食品中的病原体、毒素和污染物）	增加天然毒素、抗生素耐药性转移
经济性和社会性	价格和经济效益	新技术的社会影响
环境	环境效益（如减少杀虫剂、化肥的使用）	除草剂、害虫抗性

转基因作物

全球生物技术/转基因作物的种植面积从 1996 年的 170 万公顷增加到 2016 年的 1. 851 亿公顷，增长了约 110 倍，这使得转基因作物成为采用最快的作物技术。1. 851 亿公顷的转基因作物在 26 个国家种植，其中 19 个是发展中国家，7 个是发达国家。

发展中国家的转基因作物种植面积为 9960 万公顷，占 54%，而全球发达国家转基因作物种植面积为 8550 万公顷，占 46%。四种主要的转基因作物是大豆、玉米、棉花和油菜籽（IFIC）。在生物技术作物种植面积最大的五个国家中，三个是发展中国家（巴西，4910 万公顷；阿根廷，2380 万公顷；印度，1080 万公顷），两个是发达国家（美国，7290 万公顷；加拿大，1160 万公顷），总面积为 1. 682 亿公顷，占全球总转基因作物面积的 91%（ISAAA 2016）。

转基因作物的支持者声称，转基因作物比非转基因作物使用更少的杀虫剂，而实际上转基因作物需要更多的化学药剂。这是因为杂草对杀虫剂产生抗药性，导致农民在作物上喷洒更多的化学药剂（Benbrook，2012）。这将污染环境，并使食品暴露在更高水平的毒素中，从而造成更大的食品安全和环境恐惧。

直到今天，还没有进行足够的研究来确定食用转基因植物对动物的影响，也没有对直接食用转基因作物（例如玉米、大豆等）的影响进行足够的研究。然而，尽管我们缺乏知识，转基因作物在世界各地被广泛用作人类和动物食品（Grace Communications Foundation，2017）。

基因工程（GE）动物

基因工程（GE）动物是一种通过使用现代生物技术手段被增添额外或改变遗传物质［如重组 DNA（rDNA）］的动物，旨在赋予动物新的遗传特性或特征。下面提供了正在开发的转基因动物种类的例子（FDA，2015）。各种研究正在被进行，来创造转基因农场动物，例如：

　　-不能产生可导致牛海绵状脑病（BSE）的传染性朊病毒的牛（Richt et al.，2007）

　　-不会将禽流感病毒（H5N1）传播给其他鸟类的转基因鸡（Jha，2011）

　　-生长速度是野生鲑鱼的两倍的转基因大西洋鲑鱼（Park，2015）

2015 年 11 月 19 日，FDA 批准了一项与转基因大西洋鲑鱼有关的申请。虽然这些三文鱼在加拿大养殖，在巴拿马饲养，但这些三文鱼的食物将被进口到美国。许多种类的转基因动物正在开发中（FDA，2015），例如：

①生物药用动物是那些经过基因工程产生可用于制药的特定物质（如人类胰岛素）的动物。

②对研究动物进行改造，使其更容易患上特定的疾病，如癌症，以便对疾病有更好的基本了解，开发新的疗法或评估新的医学疗法。

③异种移植动物正在进行工程改造，这样就可以用作细胞、组织或器官的来源，可以用于移植到人类体内。

④伴侣动物，经过改造以丰富或加强它们与人类的互动（即低过敏性宠物）。

⑤抗病动物既可用于食品，也可用于生物制药。这些动物已经接受了改造，使它们能够抵抗常见的疾病如奶牛的乳腺炎（一种非常痛苦的乳房感染），或者特别致命的疾病，如牛海绵状脑病（BSE）。

⑥食用型动物的基因改造是为了提供更健康的肉类，比如使猪含有与鱼类含量相当的、健康的 omega-3 脂肪酸。

表 12.2 列举了动物基因改造的更多例子。

表 12.2　一些具有潜在商业应用的转基因动物概述

物种	转基因	效果/目标
牛	溶菌酶	牛奶成分
	富血小板血浆	动物健康
	α-，κ-酪蛋白	牛奶成分
	Omega-3	牛奶成分
	溶葡萄球菌素	乳腺炎抗性

续表

物种	转基因	效果/目标
兔	降钙血素	骨质疏松症治疗
	(促) 红细胞生成素	贫血治疗
	超氧化物歧化酶	血液净化
	白细胞介素-2	癌症治疗
	组织纤溶酶原	激活剂
	抗凝血剂 VP2、VP6	轮状病毒疫苗
三文鱼	生长激素	生长速度
	溶菌酶	动物保健
	wflAFP-6	耐寒性
鳟鱼	卵泡抑素	肌肉发育
绵羊	IGF-1	羊毛生长
	绵羊脱髓鞘性脑白质炎抗性	抗病性

来源: 改编自 Lievens et al.，2015。

许多正在开发中的转基因动物旨在为消费者带来直接好处。例如，正在开发生物制药动物以生产供人类或其他动物使用的各种药物，如凝血因子、生长因子和癌症治疗中使用的抑制剂，其中一些现在无法生产足量来满足医疗需求（FDA，2015）。一些转基因动物正在开发中，以生产更健康的食物。而其他正在开发中的动物可以给消费者带来间接好处，例如通过排泄较低水平的污染物来减少对环境的影响。相比之下，在动物身上进行的基因工程实验确实对转基因动物的健康、食品安全和环境构成了潜在的风险。因此，FDA 要求给出其基于风险的批准实施的理由（FDA，2015；Grace Communications Foundation，2017）。

基因工程在啤酒酿造、葡萄酒和烘焙行业中的应用

酵母菌是食品工业和酒精生产中最重要的微生物类群之一。酿酒酵母是芽殖酵母的一种。酵母在面包、葡萄酒、啤酒抗氧化剂、酶、医疗用途以及颜料生产中的作用，已证明其在历史上对人类十分有益（Hesham，2010）。工业菌株的改良依赖于传统的遗传技术（杂交、诱变、细胞诱导、原生质体融合），然后对广泛的性状进行选择，如耐酒精性、发酵能力、快速面团发酵、耐渗性、耐复水性、耐有机酸、絮凝和碳水化合物利用（啤酒菌株）以及没有异味（如葡萄酒菌株的 H_2S）。DeQuin（2001）指出，菌株开发的主要目标分为两类：改进发酵性能和简化工艺，提高产品质量（如卫生和感官特性）。

20 世纪 80 年代中期，传统的基因技术首次应用于葡萄酒酵母菌株，以满足对新特性的日益增长的需求。葡萄酒酵母菌株的新特性（例如絮凝特性，表达致命毒素）已经通过杂交、诱变和细胞诱导产生（Barre et al.，1993；德昆，2001）。

基因策略在酿酒酵母中的应用实例研究

尽管天然酵母的多样性很高，但酿酒商对结合了特定特征的新菌株感兴趣，这些菌株可以在质量和消费者接受度方面赋予葡萄酒竞争优势。虽然不是所有的方法都适合酿酒，但是已经对于提高酵母菌产生谷胱甘肽的能力进行了尝试（De Vero et al.，2017）。

随机突变（Random Mutagenesis，RM）是最早应用的遗传修饰技术之一。这项技术是基于诱变剂（化学和物理诱变剂）的应用，以提高微生物中发生的自然突变率。因此，突变的范围从诸如单碱基替换这样的微小修改到 DNA 移码和染色体结构的改变。随机诱变在葡萄酒酵母中的效率有限，因为它们通常是二倍体和同源的（Mortimer，2000；Sipiczki，2011）。历史上有葡萄酒酵母被进行随机突变的应用，以改善葡萄酒的风味特征。例如，Rous 等（1983）和 Giudici 和 Zinnato（1983）使用随机突变减少酿酒酵母菌株的高级醇产量。

对于酿酒微生物来说，有性重组在进化和技术上都有很大优势。有性杂交技术，无论是种内杂交还是种间杂交，都是产生酵母人工多样性的最有效方法。在第一种情况下，这项技术被称为"直接交配"，考虑到野生基因组中假定的高度杂合性，该技术具有最高程度的随机性和变异性（图 12.4A）。在第二种情况下，也被称为"单孢子克隆交配"，这一过程从野生祖先纯合系的构成开始（图 12.4B）。然后，在获得的不同品系之间进行交配。这样的策略允许对表型空间进行更彻底的探索，尽管总体上时间效率较低（Solieri et al.，2015）。"直接交配"更适合于数量性状基因座（QTL）相关性状的快速改良。在任何情况下，基于单孢子培养的遗传改良计划应该包括在祖细胞中广泛筛选所需的表型和基因型菌株（Verspohl et al.，2017）。

在近期一项研究中，Bonciani 等（2016）应用了一种直接交配的方法，涉及许多酿酒酵母菌株。虽然整个过程的目的是获得健壮的酿酒菌株，但顺便突出了一些关于谷胱甘肽生产的重要考虑因素。事实上，这项研究表明，一般说来，谷胱甘肽的产生似乎受到菌株双亲之一的显性效应或基因的加性贡献的影响。在第一种情况下，产生的效价与父母之一产生的效价相似。在第二种情况下，产生的 GSH 水平介于亲本菌株之间。

"代谢工程"（ME）致力于对给定微生物中的遗传和调控机制进行合理和有针对性的修改，以优化特定代谢物的生产或工业相关特性的表达（图 12.5；De Vero et al.，2017）。

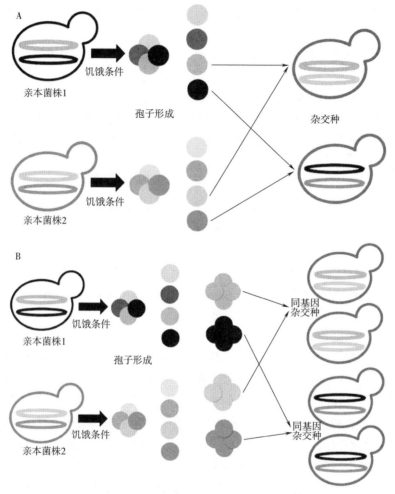

图 12.4　基于孢子的种内和种间杂交育种策略
A 通过直接交配获得的杂交种；B 使用单孢克隆
获得的等基因杂交种（De Vero et al.，2017）。根据知识共享 CC-BY 4.0 获得引用许可

　　由于修饰的针对性，代谢工程严格依赖于所考虑的性状或产生的代谢物背后的分子和调控网络的先验知识。因此，代谢工程更容易应用于模型微生物，如酿酒酵母和大肠杆菌，或者更一般地，适用于所有那些研究较多的微生物。酿酒酵母是葡萄酒发酵中最常用的酵母菌种，是真核生物的模型生物，是近百年来"组学"研究的主要对象。它的基因组是真核生物中第一个被完全测序的（Goffeau et al.，

1996），这使得多年来诞生了几个与其有关的在线数据库，包括基因组、蛋白质组和代谢组数据。

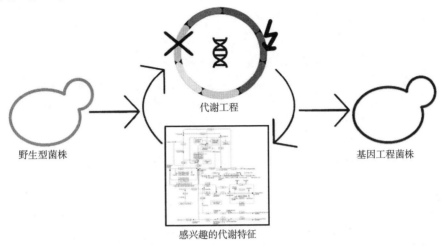

野生型菌株　　代谢工程　　感兴趣的代谢特征　　基因工程菌株

图 12.5　酵母菌株遗传改良代谢工程策略的示意图概述
（De Vero et al.，2017）。根据知识共享 CC-BY 4.0 获得许可

　　然而，这项技术在酿酒工业中的应用，尤其是在食品工业中的应用，面临着一些重大的缺陷。首先是与酿酒相关性状的性质有关，几乎所有这些性状都是由遍布整个基因组的 QTL 的协同表达决定的，因此需要应用有针对性的遗传修饰的递归策略。例如，酒精耐受性似乎是由基因组中分布的多达 250 个 QTL 决定的（Pretorius，2000）。其次，不应该忽视真核生物固有的高度遗传冗余和多效性。在这样的背景下，严格的确定性预测几乎是不可行的，即使在模型酿酒酵母中也是如此。最后，当预测从熟知的酿酒酵母领域转移到其他非传统葡萄酒酵母时，预测就变得更加困难。一些作者报告说，提高酿酒酵母 GSH 产量的代谢工程策略需要在压力环境中生存，如同木质纤维素原料同时糖化和发酵的状况（Ask et al.，2013；Qiu et al.，2015）。结果表明，酿酒酵母菌株中 GSH 含量的增加对稳健性有相关的影响。

　　进化工程是通过进化改良葡萄酒酵母，也被称为"适应性实验室进化"或"定向实验室进化"，是一种广泛使用的方法。进化工程是基于自然界中活跃的模拟选择机制。这是通过在微生物群体上有控制地施加选择性压力来实现的，以便选择具有特定表型的进化菌株（Sauer，2001；McBryde et al.，2006）。这一策略的优势在于，获得新的进化菌株不需要事先的遗传知识。

　　通常，进化工程策略由两个基本步骤组成：通过突变和/或重组进行的菌株随机化和进化菌株的选择（De Vero et al.，2011）。这些策略允许整个群体的遗传漂移，这是由有丝分裂或减数分裂重组事件和/或自然或诱导突变的积累引起的。上述突变/重组是在细胞生长过程中选择的，这有利于优势的突变/重组（图 12.6）。

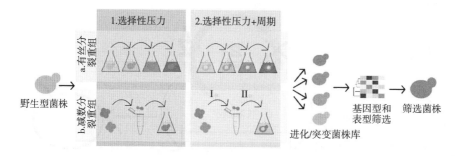

图 12.6　野生型菌株到选定进化菌株的适应性进化策略（De Vero et al.，2017）

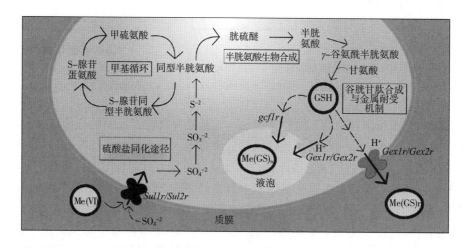

图 12.7　描述了酿酒酵母中硫代谢、谷胱甘肽合成以及谷胱甘肽介导的金属耐受机制
Me（VI）有毒金属氧阴离子硫酸盐类似物；Sul1p/Sul2p 硫酸盐转运体；
Gex1p/Gex2p 酵母谷胱甘肽交换器；Ycf1p 液泡型谷胱甘肽 S-偶联泵；
Me（GS）n 金属-GSH 络合物（De Vero et al.，2017）。

　　进化工程对于改进食品和饮料技术中使用的菌株很有价值，在食品和饮料技术中，转基因生物（GMO）的应用受到法律的禁止或限制。因此，由于没有经过人工的基因组修饰，使用通过适应性进化方法获得的酵母菌株被消费者高度接受，甚至在酿酒中也是如此（De Vero et al.，2017）。

　　在图 12.7 中，报道了酿酒酵母 GSH 生物合成的示意图模型。该过程包括两个依赖 ATP 的步骤：第一步，半胱氨酸与谷氨酸通过 γ-谷氨酰半胱氨酸合成酶（由 GSH1 编码）连接形成 γ-谷氨酰半胱氨酸。然后，甘氨酸被谷胱甘肽合成酶（由

GSH2 编码）加到这个中间产物上形成最终产物（Li et al.，2004；Zechmann et al.，2011）。谷胱甘肽可以利用胞内谷胱甘肽 S-转移酶来螯合重金属，从而形成金属-谷胱甘肽复合物 [Me(GSH)$_n$]。Me(GSH)$_n$ 复合物被特定的转运蛋白（Ycf1p 和 Gex1p）识别为底物，导致液泡隔离或输出到细胞外（Ortiz et al.，1992；Duncan 和 Jamieson，1996；Mdoza-Cózatl et al.，2005）。

转基因食品法规

欧盟内转基因食品的授权和标签受转基因食品和饲料法规 EC1829/2003a（欧盟委员会，2003a）以及可追溯性和标签法规 EC1830/2003b（欧盟委员会，2003b；Grujić 和 BLESIć，2007a）的监管。基因工程食品不得对人类或动物健康或环境造成不良影响。转基因生物的授权程序载于 EC1829/2003 号第 5~7 条，而协助编写申请档案的信息详见 EC641/2004 号条例（欧盟委员会，2004；Giuseppe 等，2010）。

转基因标识要求，如果一种食品或配料的转基因含量超过 0.9%，就必须被标出。然而，这并不意味着转基因含量低于 0.9% 的食品就被认为是"不含转基因的"。术语"不含转基因""非转基因""不含转基因成分"等没有法律定义。自愿给食品贴上"不含转基因"标签或类似字样的规定为受一般食品标签法规的管辖，与所有标签一样，其准确性是经营者的责任。含有任何水平的转基因成分的食品不应带有不含转基因成分的标签，因为它明显误导了购买者，违反了一般食品标签指令（2000/13/EC）（欧盟委员会，2000；爱尔兰食品安全局 'FSAI'，2005；Giuseppe et al.，2010）。

2013 年，欧盟（2013）发布了新的法规，执行（EC）第 1830/2003 号法规对含有转基因生物或由转基因生物生产的食品的可追溯性要求。这项新规定要求经销商和消费者能够获得经营者提供的准确信息，使他们能够以有效的方式自由选择，并能够控制和核实标签声明。巴西农民对种植转基因作物的看法见图 12.8。

加拿大食品检验局（CFIA）和加拿大卫生部都被授权评估在加拿大发布的转基因食品（GMF）的营养价值和安全性。转基因（GM）或基因工程（GE）食品首先受到《食品和药品法》（R.S.C. 1985；c. F-27 2017）及其附属法规（Consolidated Regulations of Canada，2017）的监管。这些生物技术的快速发展面临的一大挑战是管理食品的法律。美国农业部最近（2015 年 11 月 18 日）发布了修改现有法规的临时计划，认为这些法规不适合处理许多转基因食品（Zhang et al.，2016）。

关于转基因食品（GMF）还存在疑问吗

这一部分是关于基因工程在食品生产中的应用的两种几乎相反的立场之间的面

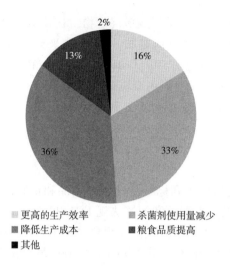

图 12.8　巴西农民认为种植转基因作物的主要优势（Panzarini et al.，2015）
根据知识共享 CC-BY 4.0 获得许可

对面辩论（Buiatti et al.,2013）。通过 Panzarini 等在 2014 年对巴西地区 20 个相关农民合作社的调查问卷进行的定性研究，发现这些观点与每个合作社应用转基因作物的不同经验有关。他们提到，这些好处是为了可能解决日常活动中的问题和困难而设立的，在日常活动中，这项技术被视为帮助种植者提高产品质量的工具。生产成本是种植转基因作物的主要优势之一，如图 12.1 所示（Panzarini et al.，2015）。现代生物技术有助于提高口感、产量、保质期和营养价值。这在食品加工（发酵和涉及酶的过程）中也很有用。因此，生物技术有利于消除发展中国家和第三世界国家的饥饿、营养不良和疾病。现代生物技术产品在商业上是合理的。因此，这种手段可以改善农业和食品工业从而提高贫困农民的收入（Adenle，2011；Datta，2013；Rai 和 Shekhawat，2014）。以下是现代生物技术在食品加工中应用的一些益处。

益处

酶制剂

　　酶用于生产和加工工业层面生产的食品。从 20 世纪 20 年代开始，食品加工公司开始使用由转基因生物生产的酶（欧盟食品信息委员会"EUFIC"，2006）。这些酶由蛋白酶和碳水化合物酶组成。为了在更短的时间内获得更高的产量，这些酶的基因被克隆。这些酶用于制作奶酪、凝乳和给食品调味。大部分酶用于食品工业，在美国，超过 50% 的蛋白酶和碳水化合物酶用于食品工业，这些酶包括凝乳酶和 α-淀粉酶（Lawrence，1988）。

新的食品技术或现存酶在现有工艺中的性能不令人满意，这被认为是通过新技术生产新酶的强大推动因素。过去二十年的基因技术革命使酶制造商能够生产出效率和数量都令人满意的酶（Hatti-Kaul，2009；Hua et al.，2018）。

生物体在自然环境中产生的酶活水平通常很低，需要更高的活性水平才能用于工业生产。这一增长通常是通过生物体中的突变或使用重组生物产酶作为替代策略来实现的。随机和定点突变正在成为常见的基因工程手段，以在生产之前生产具有稳定特性的酶（Sahlin，1999；Buchholz et al.，2005；Hatti-Kaul，2009；Hua et al.，2018）。

在食品工业中的应用：在食品工业中，各种酶被利用，如淀粉酶和脂肪酶。淀粉酶用于淀粉的液化和糖化，也用于调整面粉、烘焙时的体积和面包的柔软度（Kirk et al.，2002；Akoh et al.，2008；Turanli-Yildiz et al.，2012；Hua et al.，2018）。

另一类主要用于食品工业的酶是由脂肪酶类组成的，在食品应用中具有许多工业优势。例如，脂肪酶在烘焙行业中作为面团的调理和稳定因子发挥着重要作用。此外，它们作为原位乳化剂发挥作用，这有助于奶酪风味的提高（Kirk et al.，2002）。因此，拥有安全的脂肪酶（无毒）是食品工业的重要要求。这一要求适用于从假丝酵母制备商业脂肪酶（异构体混合物）。通过计算机建模和蛋白质工程技术，可以从假丝酵母中生产出纯脂肪酶亚型（Akoh et al.，2008；Akoh et al.，2008；Ishige et al.，2005；Turanli-Yildiz et al.，2012；Hua et al.，2018）。

货架期

水果和蔬菜是人类饮食的重要组成部分。水果和蔬菜收获后腐烂过程影响货架期，限制运输和储存，导致收获后损失高达全部农产品的 50%（Meli et al.，2010）。因此，通过延缓采后腐烂过程来延长果实货架期，是作物遗传改良努力的目标之一。许多多汁水果的保质期很短。例如世界各地都在使用西红柿，为了装运，番茄应该在成熟的绿色期采摘。采摘后，这些果实要经过乙烯处理才能成熟。较高的温度会导致早熟，而较低的温度会破坏其口感。Meli 等（2010）针对番茄这种需乙烯参与成熟过程的跃变期果实，通过 RNA 干扰的方法抑制两种 N-多糖加工酶，α-甘露糖苷酶（α-MAN）和 β-D-N-乙酰己糖胺苷酶（β-Hex）。对转基因番茄的分析表明，由于果实软化率降低，果实硬度和货架期都有所提高。同样，在辣椒的非跃变果实中，α-Man 和 β-hex 的 RNA 干扰抑制使果实的退化延缓了 7 天，α-man 和 β-hex 的 RNA 干扰果实比对照坚硬 2 倍（Ghosh et al.，2011）。

改善食品营养

并不是每种食物都含所有必需的成分。这就是为什么并非每种食品都有完美的营养。例如，大米是世界上许多国家的主食。但由于缺乏维生素 A，它不是一种完美的主食。生物技术的使用通过引进维生素 A 基因解决了这些问题（Sun，2008；Zhang et al.，2016）。

蛋白质、必需氨基酸：全世界一半以上的蛋白质产量来自植物，但植物蛋白缺乏一些必需氨基酸，如赖氨酸和含硫氨基酸（Sun，2008）。转基因玉米表达由细菌苏云金芽孢杆菌产生的蛋白质（Falk et al.，2002）。为了克服必需氨基酸的不足，如表 12.3 所示使用了不同的生物技术分子过程。

维生素和矿物质这些都是必需的食物成分。这就是为了避免它们的不足使用了转基因技术的原因（大米是世界上许多国家的主食之一。但由于缺乏维生素 A，大米并不是一种完美的主食）。Ye 等（2000）培育出在水稻胚乳中表达 β-胡萝卜素的营养价值高的 "黄金大米"。通过整合细菌和水仙花中的 crtI 基因和 psy 基因，培育出了第一个富含维生素原的转基因水稻（Sun，2008）。多种富含维生素原的大米可以消除发展中国家和第三世界的营养不良和失明（Falk et al.，2002）。类似地，也可以通过转化海葵品种中的植烯合成酶（PSY2a）基因，培育出 β-胡萝卜素含量增加的超级香蕉（Mlalazi et al.，2012）。将 β-胡萝卜素的细菌微途径转化成块茎专化的马铃薯，由于积累了维生素 A 原类胡萝卜素（α-和 β-胡萝卜素）和叶黄素而产生了 "金色" 马铃薯（GP）块茎表型。Chitchumroonchokchai 等（2017）指出，GP 有潜力为维生素 A 和 E 缺乏风险人群的维生素 A 原和 αTC 营养需求做出贡献，特别在土豆作为重要主食的国家。因此，旨在预防维生素 A 和 E 缺乏症的国家和国际项目应考虑将其用于饮食干预。

表 12.3　氨基酸基因转基因作物

转基因作物	分子修饰途径	增强的氨基酸	外源基因插入
土豆	同源蛋白的篡改	大多数氨基酸	AMA1
葵花籽	基因表达的篡改	含硫氨基酸（蛋氨酸）	编码 2S 白蛋白的基因

来源：Haroon 和 Ghazanfar，2016。

铁

铁是身体健康所需的最重要的矿物质之一。以大米为主食的国家更容易受到缺铁的影响，因为大米中缺乏铁（WHO，2000）。为了解决这个问题，将编码含铁基因的外来基因转化到水稻中命名为铁蛋白。与非转基因大米相比，转基因大米含有双倍的铁含量（Gura，1999）。

碳水化合物和脂肪

碳水化合物和脂肪可以在转基因植物中进行修饰。二十世纪后期，通过农业生物技术富含支链淀粉的土豆和富含月桂酸的菜籽油被生产（Sun，2008）。土豆已经通过插入细菌的基因进行了转基因，这种基因编码了参与淀粉生物合成途径的酶。这些转基因土豆的淀粉含量要高出 30%~60%（Falk et al.，2002）。

提高产量

基因工程的一个积极方面是通过各种手段提供粮食安全，包括增加产量。例如，转基因作物对美国实现的增产贡献了 14%，这一贡献百分比相当于增加了超过 3 亿英亩的常规作物（James，2013；Brookes 和 BarFoot，2014）。

牛生长激素是一种由脑下垂体释放的荷尔蒙。以前，这种荷尔蒙是从被屠宰的小牛的大脑中提取的，但数量很少。将牛生长激素基因插入大肠杆菌中，大量的牛生长激素被获得。生长激素导致牛奶产量增加 10%~12%（Forge，1999；WHO，2000）。

提升口感

生物技术使科学家能够生产出味道更好的水果。味道更好的转基因食品包括无籽西瓜、西红柿、茄子、胡椒、樱桃等。从这些食品中去掉种子会导致更多的可溶性糖含量对其增加甜度（Falk et al.，2002）。利用生物技术改变发酵途径，以增加葡萄酒的香气（Lawrence，1988）。

经济效益

全球转基因食品的经济收益估计约为 1160 亿美元，这是在 2006 年至 2012 年间实现的，是 2006 年之前十年收益的三倍（James，2013；Brookes 和 BarFoot，2014）。以下经济细节显示了基因工程作为一种独特的技术是如何促成这些收益的：

①42% 的收益是通过转基因食品抵抗病虫害和杂草的能力实现的。

②其余 58% 的原因是生产成本降低（如杀虫剂和除草剂使用量减少）。

治疗产品

基因工程的积极作用之一是使可食用植物部分成为微生物抗原的来源（Ellstrand 和 Hancock，1999；Hare 和 Chua，2002；Schafer et al.，2011）。因此，转基因食品可以作为不同病原体的口服疫苗，如幽门螺杆菌、大肠杆菌、狂犬病病毒和乙型肝炎（Ellstrand 和 Hancock，1999；Hare 和 Chua，2002；Reichman et al.，2006；Schafer et al.，2011；Aggarwal，2012；Nicolia et al.，2014）。

基因工程的潜在风险和担忧

对于生态和社会活动倡导者来说，转基因生物风险分析的最大问题是它们的影响不能被完全预测。人类健康风险包括意想不到的情况，如过敏、毒性和不耐受。在环境中，预期的后果是横向或纵向基因转移、遗传污染和对非目标生物的有害影响（Nodari 和 Guera，2003）。Panzarini 等（2015）从对巴西 20 家转基因生产者进行的访谈中指出，种子和公司投入的垄断被确定为将生物技术引入农业的主要不利因素。另外，转基因生产商指出，保险转基因和研究证明转基因作物对人类健康的风险很少，而且有滞后性。

关于转基因食品的讨论和争议主要集中在两个轴心问题（人类健康和环境安全）上。当然，导致消费者对转基因食品的担忧增加的原因有很多，包括（Baulcombe et al.，2014）：

①科学界应该发挥的作用缺失，应提高消费者对通过基因工程技术实现的安全和好处的认识。

②向消费者展示以不适当和没有说服力的形式经基因工程得到的食品。

③道德方面影响消费者的决定，因此在向消费者介绍转基因食品时应考虑到这一点。

④对转基因食品的整体评估仍不完整，对消费者造成负面影响。

食品安全问题

然而，困扰许多人的一个问题是，基因工程食品是否对人类健康构成了威胁。然而，摄入外来 DNA 不太可能是风险的来源，因为我们每天摄入以植物、动物和微生物为基础的产品的 DNA，作为我们日常饮食的一部分（Habibi-Najafi，2006）。基因工程的潜在食品安全风险如下（Tietyen et al.，2000b）：

①遗传物质转移产生的不可预测的影响。

②比传统品种更高的毒素水平。

③增加过敏的可能性。

④通过标记基因将抗生素耐药性转移到生物体的可能性。

环境问题

另一个潜在风险是基因转移。转基因生物暴露在自然环境中，可能会将基因转移给其他生物，导致转基因到处传播。这种传播的后果可能会破坏生态系统和其他有机体。实验已有基因转移的记录（Haroon 和 GhazanFar，2016）。因此，环境风险包括：

-除草剂抗药性：耐除草剂的转基因作物产生了杂草抗药性，导致 1996 年至 2003 年间杀虫剂使用量增加了 7000 万磅（Benbrook，2012）。

-昆虫抗性：Losey 等（1999）的一份报告引发了人们对非害虫的潜在环境破坏的担忧。Bt 玉米的花粉被怀疑会对帝王蝶造成不利影响。

-由于使用标记基因，抗生素耐药性加速传播（Tietyen et al.，2000b）。

有可能追踪转基因食品（GMF）吗?

为什么需要追踪转基因生物?

为了应对消费者对食品可追溯性的需求增加，也为了缓解他们对转基因食品的担忧，欧洲监管机构已将可追溯性扩展到转基因食品和饲料。2013 年，欧盟委员会发布了一项法规（EU，2013 年 S. I. 第 268 号），允许在供应链的所有阶段追踪转基因生物和转基因食品/饲料产品，并使这些产品的标注成为可能。这一规定允许密切监测转基因食物对人类健康和环境的潜在影响。

可追溯性方法

转基因食品可追溯性不仅仅依赖于文档。分子生物学手段（聚合酶链式反应）使仅有微量的转基因生物也能被检测和鉴定，前提是对于假定存在的转基因生物存在合适的检测手段（Schreiber，1999；Mendza et al.，2006）。在欧盟，这样的手段必须是批准商业化的申请文件的一部分。

转基因动物应用技术案例研究

目前，基于 PCR 的分析是对食品和饲料样品的转基因含量进行常规分析的首选方法（Bonfini et al.，2002；Holst-Jensen，2009；Zel et al.，2012）。这些方法是以 DNA 为基础，因此适用于所有转基因生物的检测。它们包括针对特定 DNA 序列（长度在 60~200 个碱基对）进行酶扩增，揭示目标序列的存在（扩增）或缺失（不扩增）。通过荧光（实时）跟踪扩增过程，可以量化目标序列的初始量（Lievens et al.，2015）。不同种类的 DNA 修饰可基于其对特定情景表现的能力来评估：

①插入：插入是要检测的最直接的一组修饰。将外源序列插入宿主基因组必然

会产生两个独特的连接。即使供体有机体是同一物种，插入位点的连接也完全是转基因生物所独有的，并且有可能进行特定的检测（Lievens et al.，2015）。此外，以插入片段内的基因或遗传元件为靶点，可能会产生结构特异性和筛选方法。这种筛查策略的成功将在很大程度上取决于插入元素的来源，以及其在食物链中的存在是否可能导致假阳性筛查结果（Lievens et al.，2015）。

②缺失：可能无法通过筛选或特定于构建体的方法检测到基因缺失。然而，与插入类似，序列的移除通常会产生一个新的、独特的连接，该连接可能作为扩增的目标，从而使事件可被检测到。此外，从转基因生产的角度来看，难以检测到的缺失通常并不吸引人，因为当试图对大量细胞进行修饰时，这可能会使生产过程早期阶段的成功缺失筛选复杂化（Lievens et al.，2015）。

③重组酶：重组酶介导的缺失形成了一组更加异质的修饰。在研究中，通常有两种突变体：一种含有重组酶基因，另一种含有缺失靶向基因。正是这两个品系的后代形成了功能突变体。因此，有可能产生许多不同的转基因动物，它们的基因组在重组酶基因两侧都包含相同的相同连接。然而，目前尚未清楚这种做法是否会应用于家畜（Lievens et al.，2015）。

④量化：量化涉及两个目标的并行检测：野生型内源基因和事件特异性转基因（两者都存在于每个单倍体基因组的一组复制中）。此外，两个基因的校准曲线都是使用标准物质构建的。然后，整个结果可以准确地量化样本的转基因含量（图 12.9）（Lievens et al.，2015）。在目前的 GM 量化策略中，GM 独特的连接区被用于定量。如上所述，类似的靶标预计也会出现在转基因动物身上。

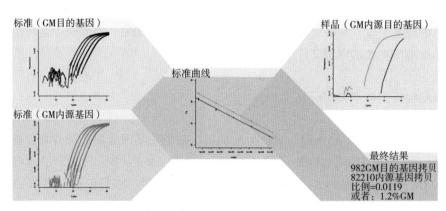

图 12.9　GM 量化战略

针对两个靶标：野生型内源基因和事件特异性转基因进行了实时荧光定量 PCR 检测。

这两种反应都是在校准曲线和实际样品上进行的。

校准曲线计算样品的 GM 含量。

资料来源：Lievens et al.，2015。经爱思唯尔许可复制

物种标记：目前使用实时 PCR 鉴定策略中的一个关键点是要求高度特异的内源标记，该标记与其他物种没有交叉反应，并且能够检测到给定生物的所有（商业）变种和/或亚种。在此基础上，已经公布了许多基于 PCR 的动物成分检测和识别策略（参见表 12.4），通过 PCR 方法识别加工食品中的（非转基因）动物成分正变得越来越重要，尤其是在食品认证领域（Lievens et al.，2015）。

表 12.4　用于食品认证的动物物种特异性 PCR 标记示例

物种	目标来源	基因	扩增子大小（bp）
牛	线粒体	D-loop	513
	线粒体	12S	252
	线粒体	Cytochrome b	120
山羊	线粒体	12S	117
鸡	线粒体	D-loop	256
	线粒体	ND5/cytochrome b	117
	线粒体	Cytochrome b	106
金枪鱼	线粒体	16S	63

来源：改编自 Lievens et al.，2015。

转基因动物产品衍生品除了纯肉或以肉类为主要成分的样品外，还有大量含有动物衍生品的加工食品。尽管世界各地的管制当局对食品的 DNA 含量越来越感兴趣（El Sheikha et al.，2017），显示哪些食物或食物部分仍然含有 DNA 的数据并不容易获得。因此，一种单一的动物衍生成分在样本中（如果存在）可以通过基于 DNA 的方法检测到的程度目前尚未明确，而且很可能在不同的产品和成分之间有区别。在此情况下，转基因动物含量的检测及其量化可能更加困难和/或需要特定的 DNA 提取方法，或完全不同的方法（Lievens et al.，2015）。

结论

基因工程技术是有潜力通过提高粮食产量和质量安全来解决营养不良、饥饿和贫困问题的先进技术之一。生物技术有能力解决发展中国家和第三世界人民的许多与健康和营养有关的问题。世界卫生组织、美国食品和药物管理局等组织应该与各国政府合作，制定生物安全法律，并将转基因食品商业化。食品生物技术领域的薄弱领域之一是标注。正确和正向宣传的标签是转基因食品成功商业化所必需的。该领域另一薄弱环节是缺乏研究。应该进行研究以证明或证伪反对生物技术的说法。

尽管取得了许多进步，但仍然有大量的人反对转基因食品，这引发了人们对潜在的安全和环境风险的担忧。应该进行辩论和研讨以提高人们对转基因生物的信任和信心。在这个角度，可追溯性作为应对转基因食品面临的挑战，特别是对消费者的挑战的建议解决方案之一，其重要性将在转基因食品营销状况的改善和经济效益的提高上得到积极体现。

参考文献

Adenle AA(2011) Response to issues on GM agriculture in Africa：are transgenic crops safe. BMC Res Notes 4：1-6.

Aggarwal S (2012) What's fueling the biotech engine-2011 to 2012. Nat Biotechnol 30 (12)：1191-1197.

Akoh CC, Chang SW, Lee GC, Shaw JF(2008) Biocatalysis for the production of industrial products and functional foods from rice and other agricultural produce. J Agric Food Chem 56(22)：10445-10451.

Ask M, Mapelli V, Höck H, Olsson L, Bettiga M(2013) Engineering glutathione biosynthesis of *Saccharomyces cerevisiae* increases robustness to inhibitors in pretreated lignocellulosic materials. Microb Cell Factories 12：87.

Barre P, Vezinhet F, Dequin S, Blondin B(1993) Genetic improvement of wine yeasts. In：Fleet GH (ed) Wine microbiology and biotechnology. Harwood Academic Publishers, Chur.

Baulcombe DD, Jones J, Pickett J, Puigdomenech JP (2014) GM science update：a report to the council for science and technology. March 2013.

Belhaj K, Chaparro-Garcia A, Kamoun S, Patron NJ, Nekrasov V (2015) Editing plant genomes with CRISPR/Cas9. Curr Opin Biotechnol 32：76-78.

Benbrook CM(2012) Impacts of genetically engineered crops on pesticide use in the U. S. -the first sixteen years. Environ Sci Eur 24：24.

Bonciani T, Solieri L, De Vero L, Giudici P (2016) Improved wine yeasts by direct mating and selection under stressful fermentative conditions. Eur Food Res Technol 242(6)：899-910.

Bonfini L, Kay S, Heinze P, Van den Eede G (2002) Report on GMO detection identification and quantification methods submitted to collaborative studies. European Communities, EUR 20383 EN：1-29.

Brookes G, Barfoot P(2014) Economic impact of GM crops：the global income and production effects 1996-2012. GM Crops Food 5(1)：65-75.

Buchholz K, Kasche K, Bornscheuer UT (2005) Biocatalysts and enzyme technology. WILEY-VCH Verlag GmbH & Co. KgaA, Weinheim.

Buiatti M, Christou P, Pastore G(2013) The application of GMOs in agriculture and in food production for a better nutrition：two different scientific points of view. Genes Nutr 8：255-270.

Chitchumroonchokchai C, Diretto G, Parisi B, Giuliano G, Failla ML (2017) Potential of golden potatoes to improve vitamin A and vitamin E status in developing countries. PloS One 12(11)：e0187102.

Cong L,Ran FA,Cox D,Lin S,Barretto R,Habib N,Hsu PD,Wu X,Jiang W,Marraffini LA,Zhang F (2013) Multiplex genome engineering using CRISPR/Cas systems. Science 339(6121):819-823.

Consolidated Regulations of Canada(CRC) (2017) Food and drug regulations. Food and Drug Act, C. R. C. ,c. 870,Regulations are current to October 25,2017 and last amended on June 20,2017.

Datta A(2013) Genetic engineering for improving quality and productivity of crops. Agric Food Secur 2:15.

De Vero L,Solieri L,Giudici P(2011) Evolution-based strategy to generate non-genetically modified organisms Saccharomyces cerevisiae strains impaired in sulfate assimilation pathway. Lett Appl Microbiol 53:572-575.

De Vero L,Bonciani T,Verspohl A,Mezzetti F,Giudici P(2017) High-glutathione producing yeasts obtained by genetic improvement strategies: a focus on adaptive evolution approaches for novel wine strains. AIMS Microbiol 3(2):155-170.

DeMayo FJ, Spencer TE (2014) CRISPR bacon: a sizzling technique to generate genetically engineered pigs. Biol Reprod 91(3):79.

Dequin S(2001) The potential of genetic engineering for improving brewing,wine-making and baking yeasts. Appl Microbiol Biotechnol 56:577-588.

Diehl P(2017) What are GMOs and how are they made?

Duncan WS,Jamieson DJ(1996) Glutathione is an important antioxidant molecule in the yeast *Saccharomyces cerevisiae*. FEMS Microbiol Lett 141:207-212.

El Sheikha AF,Mokhtar NFK,Amie C,Lamasudin DU,Isa NM,Mustafa S(2017) Authentication technologies using DNA-based approaches for meats and halal meats determination. Food Biotechnol 31(4): 281-315.

El Sheikha AF(2018a) How to determine the geographical origin of food by molecular techniques? In: El Sheikha AF,Levin RE,Xu J(eds) Molecular techniques in food biology: safety,biotechnology,authenticity & traceability. Wiley,Oxford.

El Sheikha AF(2018b) Revolution in fermented foods: from artisan household technology to era of biotechnology. In: El Sheikha AF,Levin RE,Xu J(eds) Molecular techniques in food biology: safety,biotechnology,authenticity & traceability. Wiley,Oxford.

Ellstrand NPH,Hancock JF(1999) Gene flow and introgression from domesticated plants into their wild relatives. Annu Rev Ecol Syst 30:539-563.

European Commission(2000) Directive 2000/13/EC of the European Parliament and of the Council of 20 March 2000 on the approximation of the laws of the Member States relating to the labelling,presentation and advertising of foodstuffs. 6. 5. 2000. Official Journal of the European Communities: L 109/29-42.

European Commission(2003a) Regulation(EC)No 1829/2003 of the European Parliament and of the Council of 22 September 2003 on genetically modified food and feed. 18. 10. 2003. Official Journal of the European Union: L 268/1-23.

European Commission(2003b) Regulation(EC)No 1830/2003 of the European Parliament and of the Council of 22 September 2003 concerning the traceability and labelling of genetically modified organisms and the traceability of food and feed products produced from genetically modified organisms and amending Directive 2001/18/EC. 18. 10. 2003. Official Journal of the European Union: L 268/24-28.

European Commission(2004) Commission Regulation(EC) No 641/2004 of 6 April 2004 on detailed rules for the implementation of Regulation (EC) No 1829/2003 of the European Parliament and of the Council as regards the application for theikipediann of new genetically modified food and feed, the notification of existing products and adventitious or technically unavoidable presence of genetically modified material which has benefited from a favourable risk evaluation. 7. 4. 2004. Official Journal of the European Union: L 102/14-25.

European Food Information Council (EUFIC) (2006) Modern biotechnology in food: applications of food biotechnology: enzymes, September 6, 2006.

European Union Regulations (2013) Genetically Modified Foodstuffs Regulations 2013, Statutory Instruments(S. I. No. 268 of 2013).

Falk MC, Chassy BM, Harlander SK, Hoban TJ IV, McGloughlin MN, Akhlaghi AR (2002) Food biotechnology: benefits and concerns. J Nutr 132:1384-1390.

FAO(Food and Agricultural Organization of the United Nations) (2009) Feeding the world, eradicating hunger. World summit on food security. Food and Agricultural Organization of the United Nations, Rome. WSFS 2009/INF/2.

Farmer BH(1986) Perspectives on the 'Green Revolution' in South Asia. Mod Asian Stud 20(1): 175-199.

FDA(2015) Genetically engineered animals: consumer Q&A, August 12, 2015.

FDA(2017) Foods derived from plants produced using genome editing. April 12, 2017.

Food Safety Authority of Ireland(FSAI) (2005) GM food survey 2004, Food labelled with "GM free" type declarations.

Forge F(1999) Recombinant bovine somatotropin(rbST). Parliamentary Research Branch, Canada.

Ghosh S, Meli VS, Kumar A, Thakur A, Chakraborty N, Chakraborty S, Datta A(2011) The N-glycan processing enzymes alpha-mannosidase and beta-D-N-acetylhexosaminidase areinvolved in ripening-associated softening in the non-climacteric fruits of capsicum. J Exp Bot 62(2):571-582.

Giudici P, Zinnato A(1983) Influenza dell'uso diikipe nutrizionali sulla produzione di alcooli superiori. Vignevini 10:63-65.

Giuseppe E, Monica S, GianFranco G (2010) Science for food safety, security and quality: a review-part 1. Qual Life 1(1):26-40.

Godfray HCJ, Beddington JR, Crute IR, Haddad L, Lawrence D, Muir JF, Pretty J, Robinson S, Thomas SM, Toulmin C (2010) Food security: the challenge of feeding 9 billion people. Science 327(5967): 812-818.

Goffeau A, Barrell BG, Bussey H, Davis RW, Dujon B, Feldmann H, Galibert F, Hoheisel JD, Jacq C, Johnston M, Louis EJ, Mewes HW, Murakami Y, Philippsen P, Tettelin H, Oliver SG(1996) Life with 6000 genes. Science 274(5287):546-567.

GRACE Communications Foundation(2017) Genetic engineering, Food Program.

Grujić S, Blesić M(2007)Food regulations. Faculty of Technology, Banja Luka.

Gura T(1999)New genes boost rice nutrients. Science 285:994-995.

Habibi-Najafi MB(2006)Food biotechnology and its impact on our food supply. Glob J Biotechnol Biochem 1(1):22-27.

Hare PD, Chua NH(2002)Excision of selectable marker genes from transgenic plants. Nat Biotechnol 20(6):575-580.

Haroon F, Ghazanfar M(2016)Applications of food biotechnology. J Ecosyst Ecography 6(4):215.

Hatti-Kaul R(2009)Enzyme production. Biotechnology, Vol. V. Encyclopedia of Life Support Systems (EOLSS). P 1-7.

Hesham EA(2010)Genetic improvement of yeast for bioethanol fermentation, Presented to Genetics Department, Faculty of Agriculture Assiut University. Accessed 02 Feb 2015.

Holst-Jensen A(2009)Testing for genetically modified organisms(GMOs): past, present and future perspectives. Biotechnol Adv 27(6):1071-1082.

Hsieh Y-HP, Ofori JA(2007)Innovations in food technology for health. Asia Pac J Clin Nutr 16 (Suppl 1):65-73.

Hua W, El Sheikha AF, Xu J(2018)Molecular techniques for making recombinant enzymes used in food processing. In: El Sheikha AF, Levin RE, Xu J(eds)Molecular techniques in food biology: safety, biotechnology, authenticity & traceability. Wiley, Oxford.

Institute of Medicine and National Research Council(2004)Safety of genetically engineered foods: approaches to assessing unintended health effects. The National Academies Press, Washington, DC. Accessed 20 Feb 2018.

International Food Information Council Foundation(IFIC)(2013)Food biotechnology: a communicator's guide to improving understanding. 3rd edn. April 16, 2013. Accessed 20 Feb 2018.

International Food Information Council Foundation(IFIC)(2014)IFIC 2014 food technology survey: consumers support food biotechnology's use for certain benefits. July 10, 2014. Accessed 20 Feb 2018.

International Food Information Council Foundation(IFIC)(2015)Food & health survey 2015, the 2015 food & health survey was conducted by Greenwald & Associates of Washington D. C., March 13-26, 2015. Accessed 20 Feb 2018.

International Service for the Acquisition of Agri-biotech Applications(ISAAA)(2016)Global status of commercialized biotech/GM crops: 2016, ISAAA Brief No. 52. ISAAA, Ithaca. Accessed 20 Feb 2018.

Irfan M, Datta A(2017)Improving food nutritional quality and productivity through genetic engineering. Int J Cell Sci Mol Biol 2(1):555576. Accessed 20 Feb 2018.

Ishige T, Honda K, Shimizu S(2005)Whole organism biocatalysis. Curr Opin Chem Biol 9:174-180.

James C(2013)Global status of commercialized biotech/GM crops: 2013, ISAAA Brief No. 46, 2013.

Jha A(2011)GM chickens created that could prevent the spread of bird flu, the guardian. January 13, 2011. Accessed 20 Feb 2018.

Kirk O, Borchert TV, Fuglsang CC(2002)Industrial enzyme applications. Curr Opin Biotechnol 13 (4):345-351.

Lawrence R(1988) New applications of biotechnology in the food industry. Biotechnology and the food supply: proceedings of symposium.

Li Y, Wei G, Chen J(2004) Glutathione: a review on biotechnological production. Appl Microbiol Biotechnol 66:233–242.

Li S, Yang X, Yang S, Zhu M, Wang X(2012) Technology prospecting on enzyme: application, marketing, and engineering. Comput Struct Biotechnol J 2(3): e201209017.

Lievens A, Petrillo M, Querci M, Patak A(2015) Genetically modified animals: options and issues for traceability and enforcement. Trends Food Sci Technol 44(2):159–176.

Losey JE, Rayor LS, Carter ME(1999) Transgenic pollen harms monarch larvae. Nature 399:214.

McBryde C, Gardner JM, De Barros LM, Jiranek V(2006) Generation of novel wine yeast strains by adaptive evolution. Am J Enol Vitic 57(4):423–430.

Meli VS, Ghosh S, Prabha TN, Chakraborty N, Chakraborty S, Datta A (2010) Enhancement of fruit shelf life by suppressing N-glycan processing enzymes. Proc Natl Acad Sci U S A 107(6):2413–2418.

Mendoza A, Fernández S, Cruz MA, Rodríguez-Perez MA, Resendez-Perez D, Barrera Saldaña HA (2006) Detection of genetically modified maize food products by the polymerase chain reaction. Cienc Tecnol Aliment 5(3):175–181.

Mendoza-Cózatl D, Loza-Tavera H, Hernández-Navarro A, Moreno-Sánchez R (2005) Sulfur assimilation and glutathione metabolism under cadmium stress in yeast, protists and plants. FEMS Microbiol Rev 29:653–671.

Mlalazi B, Welsch R, Namanya P, Khanna H, Geijskes RJ, Harrison MD, Harding R, Dale JL, Bateson M(2012) Isolation and functional characterization of banana phytoene synthase genes as potential cisgenes. Planta 236(5):1585–1598.

Mortimer RK(2000) Evolution and variation of the yeast (Saccharomyces) genome. Genome Res 10: 403–409.

Nicolia A, Manzo A, Veronesi F, Rosellini D(2014) An overview of the last 10years of genetically engineered crop safety research. Crit Rev Biotechnol 34(1):77–88.

Nodari RO, Guerra MP(2003) Plantas transgênicas e seus produtos: impactos, riscos e segurança alimentar. Rev Nutr 16:105–116.

Ortiz DF, Kreppel L, Speiser DM, Scheel G, McDonald G, Ow DW(1992) Heavy metal tolerance in the fission yeast requires an ATP-binding cassette-type vacuolar membrane transporter. EMBO J 11: 3491–3499.

Panzarini NH, Matos EASDA, Wosiack PA, Bittencourt JVM(2015) Biotechnology in agriculture: the perception of farmers on the inclusion of Genetically Modified Organisms(GMOs) in agricultural production. Afr J Agric Res 10(7):631–636.

Park A(2015) 7 things you need to know about GMO salmon, time. November 19, 2015. Accessed 20 Feb 2018.

Patel R(2013) The long green revolution. J Peasant Stud 40(1):1–63.

Perez-Gago MB, Serra M, del Rıo MA (2006) Color change of fresh-cut apples coated with whey protein concentrate-based edible coatings. Postharvest Biol Technol 39:84-92.

Pretorius IS(2000)Tailoring wine yeast for the new millennium: novel approaches to the ancient art of winemaking. Yeast 16:675-729.

Qiu Z,Deng Z,Tan H,Zhou S,Cao L(2015)Engineering the robustness of *Saccharomyces cerevisiae* by introducing bifunctional glutathione synthase gene. J Ind Microbiol Biotechnol 42:537-542.

R. S. C. ,1985,c. F-27(2017)An act respecting food,drugs,cosmetics and therapeutic devices,Published by the Minister of Justice,Last amended on June 22,2017. Accessed 20 Feb 2018.

Rai MK,Shekhawat NS(2014)Recent advances in genetic engineering for improvement of fruit crops. Plant Cell Tissue Organ Cult 116(1):1-15.

Ran FA,Hsu PD,Wright J,Agarwala V,Scott DA,Zhang F(2013)Genome engineering using the CRISPR-Cas9 system. Nat Protoc 8(11):2281-2308.

Reichman JR,Watrud LS,Lee EH,Burdick CA,Bollman MA,Storm MJ,King GA,Mallory-Smith C (2006)Establishment of transgenic herbicide-resistant creeping bentgrass(*Agrostis stolonifera* L.)in nona-gronomic habitats. Mol Ecol 15(13):4243-4255.

Richt JA,Kasinathan P,Hamir AN,Castilla J,Sathiyaseelan T,Vargas F,Sathiyaseelan J,Wu H,Matsushita H,Koster J,Kato S,Ishida I,Soto C,Robl JM,Kuroiwa Y(2007)Production of cattle lacking prion protein. Nat Biotechnol 25(1):132. Accessed 20 Feb 2018.

Rous CV,Snow R,Kunkee RE(1983)Reduction of higher alcohols by fermentation with a leucine-auxotrophic mutant of wine yeast. J Inst Brew 89:274-278.

Sahlin P(1999)Fermentation as a method of food processing(production of organic acids,pH-development and microbial growth in fermenting cereals)Licentiate thesis May,Lund University.

Sauer U(2001)Evolutionary engineering of industrially important microbial phenotypes. In: Nielsen J,Eggeling L,Dynesen J,Gárdonyi M,Gill RT,de Graaf AA,Hahn-Hägerdal B,Jönsson LJ,Khosla C, Licari R,McDaniel R,McIntyre M,Miiller C,Nielsen J,Cordero Otero RR,Sahm H,Sauer U,Stafford DE, Stephanopoulos G,Wahlbom CE,Yanagimachi KS,van Zyl WH(eds)Metabolic engineering. Springer,Berlin.

Schafer MG,Ross AA,Londo JP,Burdick CA,Lee EH,Travers SE,Van de Water PK,Sagers CL (2011)The establishment of genetically engineered canola populations in the US. PloS One 6 (10):e25736.

Schreiber GA(1999)Challenges for methods to detect genetically modified DNA in foods. Food Control 10:351-352.

Secretariat of the Convention on Biological Diversity(2000)Cartagena protocol on biosafety to the convention on biological diversity: text and annexes. Secretariat of the Convention on Biological Diversity, Montreal. Accessed 20 Feb 2018.

Sipiczki M(2011)Diversity,variability and fast adaptive evolution of the wine yeast(*Saccharomyces cerevisiae*)genome—a review. Ann Microbiol 61:85-93.

Slack JMW(2014)Genes: a very short introduction. Oxford University Press,New York.

Solieri L,Verspohl A,Bonciani T,Caggia C,Giudici P(2015)Fast method for identifying inter-and intraspecies*Saccharomyces* hybrids in extensive genetic improvement programs based on yeast breeding. J Appl Microbiol 119:149–161.

Sun SS(2008) Applications of agricultural biotechnology to improve food nutrition and health care products. Asia Pac J Clin Nutr 17:87–90.

Tietyen JL,Garrison ME,Bessin RT Hildebrand DF(2000a) Food biotechnology,educational programs of the Kentucky Cooperative Extension Service. Accessed 20 Feb 2018.

Tietyen JL,Garrison ME,Bessin RT Hildebrand DF(2000b) Food biotechnology teaching guide,educational programs of the Kentucky Cooperative Extension Service. Accessed 20 Feb 2018.

Ting J,Xu R,Xu J(2018) Molecular identification and distribution of yeasts in fruits. In: El Sheikha AF,Levin RE,Xu J(eds) Molecular techniques in food biology: safety,biotechnology,authenticity & traceability. Wiley,Oxford.

Turanli-Yildiz B,Alkim C,Cakar ZP(2012) Protein engineering methods and applications. In: Kaumaya P(ed) Protein engineering,InTech,Rijeka. Accessed 20 Feb 2018.

Verspohl A,Solieri L,Giudici P(2017) Exploration of genetic and phenotypic diversity within Saccharomyces uvarum for driving strain improvement in winemaking. Appl Microbiol Biotechnol 101:2507–2521.

Visk D(2017) CRISPR applications in plants,a report from the plant and animal genomics conference. Genetic Engineering & Biotechnology News(GEN),February 14,2017. Accessed 20 Feb 2018.

WHO(2014) Frequently asked questions on genetically modified foods,food safety. Accessed 20 Feb 2018.

WHO(2017) Food,genetically modified,health topics. Accessed 20 Feb 2018.

WHO(World Health Organization)(2000) Nutrition for health and development: a global agenda for combating malnutrition. World Health Organization,Geneva.

Ye X,Al-Babili S,Kloti A,Zhang J,Lucca P,Beyer P,Potrykus I(2000) Engineering the pro-vitamin A(β-carotene) biosynthetic pathway into(carotenoid-free) rice endosperm. Science 287(5451):303–305.

Zechmann B,Liou LC,Koffler BE,Horvat L,Tomašić A,Fulgosi H,Zhang Z(2011) Subcellular distribution of glutathione and its dynamic changes under oxidative stress in the yeast *Saccharomyces cerevisiae*. FEMS Yeast Res 11:631–642.

Zel J,Milavec M,Morisset D,Plan D,Van den Eede G,Gruden K(2012) How to reliably test for GMOs. Springer,London.

Zhang C,Wohlhueter R,Zhang H(2016) Genetically modified foods: a critical review of their promise and problems. Food Sci Human Wellness 5:116–123.

Zhao Y,McDaniel M(2005) Sensory quality of foods associated with edible film and coating systems and shelf-life extension. In: Han JH(ed) Innovations in food packaging. Elsevier Academic Press,San Diego.

第13章　创新和安全的食品饮料包装技术：综述

摘　要　多样化的消费需求是食品包装创新的主要驱动力。活性和智能包装无疑是包装行业在这个时代的一个巨大里程碑，在延长保质期的同时保持食品质量。生物活性包装作为一种新的包装方式，对提高消费者的健康有很大的作用。纳米技术就像魔咒一样，使包装发生了革命性的变化，从更轻、更坚固、更灵活的薄膜，到监控食品状况的智能包装，纳米级的创新正在给包装领域带来一个全新的难以想象的改变。新兴的包装技术通过最大限度地减少食品浪费、变质、食源性疾病的突破、召回以及零售商和消费者的投诉，对食品领域的几个方面产生了巨大的影响。本章论述了缩短病原体检测时间、提高食品安全、控制整个供应链的食品包装和质量的新型包装技术。

关键词　活性包装；智能包装；生物活性包装；纳米技术；响应包装；微波包装；可食用包装

前言

没有包装的食品和饮料是不可想象的。食品和饮料包装行业从最初的基本纸箱包装开始已经走过了很长一段路，这种包装的目的是保存和运输。传统上，包装的主要目的是容纳、保护食品，传达营养成分、使用方法、制造商联系方式等信息和为消费者提供便利。然而，由于消费者对更新鲜、更安全、加工更少、高度方便和保质期更长的食品的需求迅速增加，创新和安全的包装需要时间去改进。当前生活方式、饮食习惯的改变、市场竞争、零售实践、物流效率和可持续性的不断变化，是在不损害食品安全和质量特性的前提下要求包装创新的基本驱动力（Dainelli et al.，2008）。此外，食品和饮料安全是现行食品立法的主要优先事项。过去的食源性爆发问题需要先进的包装方法来确保食品的安全。

包装方面的最新进展包括活性包装（如氧气/二氧化碳/乙烯清除剂、水分控制剂等）、智能包装、抗菌包装、纳米包装、无菌包装、调节挥发性风味和香味的新型包装和食品配送技术的进步（如电子产品代码和射频识别）等。活性包装是创新包装最好的例子之一，包括包装的基本功能，使人们能够阅读、看到、感觉或闻到包装食品的特性。智能包装认为是一种先进的主动包装，涉及传感器的使用。包含指示器/传感器的智能包装为我们提供了有关食品或其周围介质状态的宝贵信息（Kerry，2014）。其简单地随着传统包装的信息交流功能，并告知客户产品环境的内部或外部变化。

抗菌包装对延长食品和饮料的保质期起着重要作用，但由于微生物污染导致的健康危害暴发，现已成为需求旺盛的食品和饮料包装。纳米技术为改善传统材料的阻隔性和机械性能、开发传感器和新颖的包装设计提供了新的机会。纳米复合材料的使用被认为是食品包装的成功之处，其可以控制微生物的生长从而抑制腐败。含有纳米氧化锌（ZnO）、银（Ag）和二氧化钛（TiO_2）的纳米材料最近已用于包装系统。此外，在食品包装中使用有机纳米材料（如壳聚糖和抗菌肽）的潜力和安全性一直在进行研究。最新的跟踪系统能够跟踪从田野到餐桌的食品包装。一个通用的产品代码压印在包裹上，以方便结账和配送控制。最近出现的创新包括通过手掌和指尖感知表面的变化，任何声音或语言的信息，以及在活性包装色域下释放的气味（Landau，2007）。

活性包装

由于当前包装、材料科学和复杂的消费者需求的发展，活性包装通常是对包装的传统保存/保护功能的补充，赋予食品一些安全益处。活性包装通常被定义为"在包装实体中添加一定的化合物，这些化合物将物质吸收或释放到包装产品或环境中，以保持营养和感官质量，同时延长产品的保质期并确保产品的微生物安全"（Camo et al.，2008）。活性包装之所以称为活性包装，是因为包装在这里是有活性的，与食品、包装和包装的空间相互作用，使食品质量保持在最佳状态。活性包装依赖于聚合物的固有特性以及包装材料中特定成分的加入（Gontard，2000）。因此，包装系统除了提供保护外，还提供额外的功能。它吸收来自食品或包装内环境的物质，或将化合物释放到食品或周围环境中如抗氧化剂、防腐剂和调味品（EU，2009）。释放的成分允许用作食品添加剂。活性包装系统在现有和最近开发的食品中的应用是新颖的，确保食品到达消费者手中，必须保持其原有或增强的感官特性，延长货架期和安全性，这可能有助于减少食品浪费（Dainelli et al.，2008）。尽管如此，活性包装的未来很大程度上是基于消费者和行业的成本效益和接受度。食品中使用的最重要的活性包装系统（吸附和释放系统）包括：氧气清除剂/吸收剂；吸湿剂/清除剂；乙烯清除剂；二氧化碳排放剂/清除剂；风味和气味吸收剂或释放剂；抗菌包装；抗氧化剂包装。

氧气清除剂/吸收剂

氧是维持生命的关键元素，会影响食品的货架期，导致氧化反应，霉菌和好氧细菌的生长，而霉菌和好氧细菌会产生气味、异味和有害化合物，导致食品质量降低。它会降低橙汁等饮料中的维生素 C 含量，导致营养损失。氧（O_2）当与一个和四个电子接触时被还原成一种中间化合物，形成超氧化物、羟基自由基、过氧化氢和水，其中除了水以外都是非常活跃的（自由基），导致氧化反应（Zenner 和 Benedict，2002）。使用氧气清除剂可以减少对氧气敏感的食品，如奶粉、包装意大利面、饼干、果汁等的品质损失，这种除氧剂可以减轻包装过程中遗留的氧分子（Suppakul et al.，2003）。最初，不干胶标签或其他黏合剂和小袋用于开发氧气清除系统。然而，使用小袋的主要问题如下：

· 需要额外的包装，以便将小袋保持在每个容器/包裹中。

· 如果是液体食品，则不能添加，因为包装在潮湿时失去活性，但抗坏血酸除外（Day，2008）。

· 当水分进入小袋时，高水分食物中会形成含氧清除剂的水溶液。然后流到食品上，会破坏外观（Yeh et al.，2008）。

如今，通过使用酶、单层或多层物质以及罐子和瓶子的反应性封闭衬里，清除氧气的成分被包含在包装材料本身中。在商业上，氧气清除剂无疑是主动包装的最重要的类别，并与真空包装或气调包装（MAP）结合使用。氧气清除剂有助于减少储存、运输和零售过程中氧气通过包装的渗透。快速作用的氧气清除剂是高效的氧气收集器，能够去除氧气并无限期地工作，直到清除剂出现。根据一些制造商的报告，这种包装能够将氧气去除到 0.01% 以下（Vermeiren et al.，2003）。这在发酵香肠或熟火腿等加工肉制品中很重要，如果含有微量氧气的包装暴露在导致光氧化过程的光线下，可能会导致快速变色（Coma，2008）。

一般来说，氧清除剂的工作原理是铁粉氧化，但最近开发的非金属氧吸收剂用于最大限度地减少金属清除剂的不良影响，如潜在的健康问题、在微波加热时引起电弧、在金属探测器中被检测到等。有机底物，如邻苯二酚、抗坏血酸和多不饱和脂肪酸更容易被氧化，并被引入小袋、标签和聚合物混合物中（Lee，2014）。一些微生物，如毕赤酵母和变化考克氏菌，已经被列入除氧剂中，作为化学除氧剂的替代品，这些除氧剂具有保持可持续性的优点。淀粉芽孢杆菌的孢子作为清除剂，加入含有 1，4-环己烷二甲醇的聚对苯二甲酸乙二醇酯（PET）共聚物中，这种共聚物可以在 30℃ 的高湿度环境下在 1~2 天内被激活，之后可以有效地吸收氧气至少 15 天（Anthierens et al.，2011）。此外，基于酶的氧气清除系统还被开发，将乙醇或葡萄糖氧化酶熔合到胶粘标签中或固定在薄膜表面，以延缓冷冻鱼等包装食品的酸败和氧化反应（Day，2003）。研究发现，在聚合物薄膜中添加不饱和官能团可以显著提高其清除氧气的能力（Ferrari et al.，2009）。由天然自由基清除剂，如抗坏血酸/α-生育酚和金属组成的氧清除系统不需要使用紫外光激活，如果单独使用金属则需要紫外光。

对于商业应用，通常在包装材料中加入除氧剂，以排除与食品一起的不可食用废物，降低包装中的袋子突然破裂或破裂的可能性以及其内容物的消耗（Suppakul et al.，2003）。表13.1列出了一些商业上基于小袋的可用的除氧系统。

表 13.1 市售的除氧系统及其制造商

除氧系统	制造商	包装应用	参考文献
Oxy-Guard™	Clariant Ltd.	肉制品	Clariant（2017）
FreshPax®	Multisorb Technologies，Inc.	肉制品	EFSA（2014）
ATCO®	STANDA	冷冻食品	Laboratories STANDA（2017a）
Ageless®	Mitsubishi Gas Chemical Company，Inc.	冷冻食品	Mitsubishi Gas Chemical（2017a）
OMAC®	Mitsubishi Gas Chemical，Inc.	肉和鱼产品	Mitsubishi Gas Chemical（2017b）
Cryovac® OS2000	Sealed Air Corporation	奶酪、肉类、烘焙食品和干制品（如坚果、咖啡和其他休闲食品）	Sealed Air（2017）

除湿剂/吸湿剂

对于水分活度高的食品，包装内会形成多余的水分，导致细菌和霉菌的生长，从而缩短保质期降低食品质量。因此，为了控制水分的形成，防止微生物生长和改善产品外观，需要使用除湿剂（Ozdemir 和 Floros，2004）。除吸氧器外，除湿器是商业化开发的类别，有各种形式可供选择，如垫状、袋状、片状或包层。

干燥剂，如活性黏土、硅胶、氧化钙（CaO）和其他矿物质，通常被装于多孔和抗撕裂的小袋内，用于控制干燥食品包装中的水分和湿度。最著名的水分清除剂是传统的硅胶，可以吸收大约35%自身重量的水，并将水活度保持在0.2以下。另一方面，分子筛（如沸石）在干燥时可能会吸收高达其重量24%的水，还会吸收气味。如今，许多公司都在合成吸湿片、吸湿垫和吸湿包层以控制水果、蔬菜、肉类、家禽和鱼等水分含量高的食品中的水分。这种吸湿剂通常由双层微孔无纺布聚合物［如聚乙烯（PE）或聚丙烯（PP）］组成，位于淀粉基共聚物、羧甲基纤维素和聚丙烯酸酯盐等高吸水性化合物上。这些材料在商业上被发现为不同尺寸的薄片的形式，用作水吸收垫，并且通常在配置为外包装或在食品的气调包装的情况下观察到（Kerry et al.，2006）。这些水滴清除垫通常固定在包装好的新鲜肉、鱼和家禽下面，以吸入组织渗出物。大量的吸湿片和吸湿包层用于空运，以吸收从冷冻海鲜中排出的融化的冰，并控制水果和蔬菜的蒸腾作用。这些清除剂也可以与活性炭吸收气味或铁粉吸收氧气一起使用，从而表现出双重作用。同样，在美国和日本，双效二氧化碳（CO_2）或氧气吸收器袋和标签在商业上用于铝箔包装和罐装咖啡（Rooney，1995）。表 13.2 列出了一些市面上可买到的吸湿垫。

表 13.2　市售的除湿系统及其制造商

除湿系统	制造商	包装应用	参考文献
Cryovac® Dri−Loc®	Sealed Air Corporation	肉类和鱼类包装	Sealed Air（2017）
MeatGuard®	McAirlaid Inc.	肉、鱼和软水果包装	McAirlaid（2017）
Nor® Absorbit	Nordenia International AG	微波感受器和包装	Nordenia（2011）
Fresh−R−Pax®	Maxwell Chase Technologies	鲜切水果	Maxwell Chase Technologies（2017）
TenderPac®	SEALPAC GmbH	肉制品	SEALPAC（2014）

乙烯清除/吸附

　　园艺产品收获后会释放乙烯（C_2H_4），这是一种催熟的激素。乙烯启动并加速导致衰老的作物呼吸速率，从而软化组织，增加叶绿素的降解，并缩短生的和最少加工的蔬菜和水果的货架期（Knee，1990）。因此，控制贮藏过程中乙烯的积累对于延长采后寿命、保持产品和加工产品的感官品质至关重要。在这种情况下，乙烯清除剂用来吸收排放的乙烯，并保存易受乙烯影响的蔬菜和水果，如芒果、苹果、洋葱、西红柿、香蕉和胡萝卜。最广泛使用和最便宜的乙烯清除系统由嵌入载体（惰性）上的强氧化剂高锰酸钾（4%~6%）组成，载体（惰性）具有巨大的表面积，如氧化铝颗粒、硅酸盐、蛭石、硅胶、活性炭、珍珠岩或玻璃，以提高效率（Zagory，1995）。高锰酸钾氧化后颜色由紫色变为棕色，因此其清除乙烯的能力可通过颜色变化来表示。其他类型的乙烯清除系统依赖于：

　　①乙烯单独吸附或与其他氧化剂联合吸附。例如，与含有高锰酸钾的吸收剂相比，钯在较高的相对湿度下表现出更高的乙烯清除能力（Smith et al.，2009）。

②乙烯在活性炭中的吸附和解离。这种吸附技术通常依赖于在薄膜中加入精确的珍稀矿物，如沸石、日本 oya 和黏土（Zagory，1995）。

乙烯清除系统可以单独在市场上购买，也可以与包装结合使用。Retarder® 和 Ethylene Control Power Pellet 是基于高锰酸钾的市售乙烯清除剂，以小袋的形式在市场上出售，或作为精细分散的矿物质加入聚合物中。在 PEAKfresh® 和 Evert Fresh Green Bags® 清除系统中发现了聚合物中沸石对乙烯的吸收（De Abreu et al.，2012）。

二氧化碳（CO_2）清除/释放

二氧化碳（CO_2）对需氧菌（细菌或真菌）的生长具有毒性，其原因是相对含氧量的降低和抑菌作用，导致微生物生长的对数生长期和滞后期延长。高二氧化碳水平（近 10%~80%）可应用于肉类保鲜，以抑制微生物的表面生长，从而延长保存期（Kerry et al.，2006）。因此，二氧化碳排放被认为是可用于清除氧气的体系（Suppakul et al.，2003）。好氧细菌，如假单胞菌，可以通过使用中到高浓度（10%~20%）的二氧化碳来防止，而乳酸菌的繁殖可能会被二氧化碳触发。此外，二氧化碳浓度（<50%）对单核细胞增多性李斯特氏菌、肉毒杆菌和产气荚膜梭菌等几种病原菌也有部分抑制作用。一项研究报告了在较高的二氧化碳水平下，肉毒杆菌产量的增加的同时，细菌的生长速度降低（Lövenklev et al.，2004）。因此，二氧化碳包装的应用必须根据不同的肉制品和二氧化碳水平进行严格的审查。

二氧化碳清除器不可逆转地将二氧化碳从包装顶端空间移除，导致二氧化碳耗尽。氧气清除剂和二氧化碳排放器可以组合用于食品，在食品中包装的外观和体积很重要，因为阻止了 O_2 的吸收而导致包装坍塌。在气调包装（MAP）中，二氧化碳通常具有微生物抑制作用，但过量的二氧化碳可能会对产品产生不利影响（有时会改变产品的口感）。因此，为了保证食品的保鲜，有必要去除一些包装系统中的二氧化碳。氢氧化钙/氢氧化钠/氢氧化钾、硅胶和氧化钙广泛用作二氧化碳吸收剂来抑制包装开裂（Ahvenainen，2003）。在高水分活度条件下，氢氧化钙与二氧化碳结合形成碳酸钙：

$$Ca(OH)_2 + CO_2 \longrightarrow CaCO_3 \downarrow + H_2O$$

CO_2 释放主要用于降低气体与产品（气—产品）的体积比，从而降低包装顶部空间。在商业上这一手段用作肉类、家禽和奶酪包装中的吸收垫和袋子（Realini 和 Marcos，2014）。几种商用的二氧化碳排放是基于碳酸氢钠（Na_2CO_3）和抗坏血酸或碳酸亚铁（$FeCO_3$）的混合物。

肉类、家禽和海鲜包装的二氧化碳 Fresh Pad™（二氧化碳技术公司，美国）和含有二氧化碳释放涂层聚苯乙烯盒的 Superresh 系统（Vartdal PlstIndustri AS，挪威），用于延长保质期，减少对环境的影响和运输量（Realini 和 Marcos，2014）。对于 $CO_2^®$ 衬垫，吸收从食品中渗出的液体，液体与碳酸氢钠和柠檬酸结合产生二氧化碳。

香气和气味吸收或释放

气味的融入基本上是为了增加食物对消费者的吸引力，以及增加新鲜食物或加工产品在打开包装时的香气或风味。这种香气在包装产品的储存期内逐渐和均匀地产生，或者在食品准备或打开包装时调节传播。缓慢的香气分布可以用来平衡食物在整个储存期内固有的气味或味道的损失（Almenar et al.，2009）。另外，从包装内部去除气味也可能是有害或有利的。在较早的情况下，香气成分的吸收可以从产品中提取所需的成分，因为偶尔芳香化合物会自然积累在包装内部，正如橙汁的情况。在这种情况下，必须防止食品中香气的损失，这也是包装的目标之一。然而，在活性包装领域中，气味或芳香的去除是有益的。一些食物，如谷类产品和新鲜家禽，会产生一种特殊的气味，被称为"监禁室气味"。在产品运送过程中，由于脂肪氧化，或厌氧糖酵解获得的蛋白质/氨基酸或醛/酮成分的分解而产生的一些恶臭，如含硫化合物，有时会形成非常少但可检测到的浓度。这种气味被限制在气体屏障包装内，当包装打开并被消费者检测到时就会释放出来。这些气味并不一定意味着任何重大的食物变质，通常是无害的，但即使它们溶解到环境中仍然会被消费者排斥。将它们从包装内部移除的主要原因是为了防止或消除这些气味的潜在副作用。引入气味清除剂的其他可能原因可能是为了消除包装材料中产生的气味的影响。

抗菌包装

抗菌包装是指包装本身具有自灭菌能力，因此在肉类、鱼类、家禽和园艺产品等易腐烂食品的包装中起着至关重要的作用，因为食品提供了微生物生长所需的所有营养物质。因此，这种包装有助于减少致病微生物的繁殖，如单核细胞增生李氏杆菌、沙门氏菌属、金黄色葡萄球菌、肉毒杆菌、产气荚膜梭菌和大肠杆菌 O157：H7，以延长保质期，并确保向最终消费者提供安全健康的食品（Jayasena 和 Jo，2013）。这种包装延长了微生物生长周期的滞后期，并最小化了微生物生长周期的对数阶段，以保存食物。基本上，抗菌包装可分为四类：将抗菌化合物直接引入聚合物膜中；在包装内添加抗菌垫/袋；使用天然抗菌聚合物；在包装膜上涂覆基质。

包括二氧化碳、乙醇、二氧化氯、银离子、抗生素、有机酸、肽、细菌素（Nisin）、香料、植物提取物和精油在内的几种抗菌化合物被检测到可以抑制食品中微生物的生长（Suppakul et al.，2003）。影响抗菌包装效果的因素有：选择有效的输送方式；选择合适的抗菌物质；对包装产品的感官特性无影响或可以忽略不计。

目前，乳酸菌细菌素主要针对革兰氏阳性菌，主要是疏水性、阳离子性和两亲性的细菌素。使用细菌素的抗菌包装来抑制保持在4℃的牛肉汉堡肉饼上乳酸菌的繁殖，从而延长其保质期（Ferrocinoa et al.，2016）。细菌素与其他防腐剂一起使用时具有协同效应。当添加到木薯淀粉羟丙基甲基纤维素薄膜中时，乳酸链球菌素与山梨酸钾联合使用在体外对李斯特氏菌和酵母菌产生协同作用（Basch et al.，2013）。Jofré 等（2008）进行的一项研究报道，用含有乳链菌肽（$200AU/cm^2$）和乳酸钾（1.8%）的混合剂真空包装的切片熟火腿对单核细胞增多性李斯特氏菌的生长有更强的保护作用。然而，乳链菌肽提取物商业化使用的主要限制是乳链菌肽浓度较低（如2.5%）（Royal DSM、Delvo® Nis、Nisaplin® 和 Danisco），这意味着需要大量的提取物才能达到预期的抗菌效果。此外，由于细菌素基本上是从细菌生长中获得的天然化合物，因此各种半纯化细菌素也用作抗菌剂。从屎肠球菌中获得的肠毒素被应用于肉制品中，以调节单核细胞增多性李斯特菌的生长（Marcos et al.，2007）。当乳糖素用作抗菌薄膜时，会减少无毒乳杆菌在香肠表面的生长（Blanco et al.，2014）。最近，可以利用活细菌将细菌素引入抗菌包装。此外，含有细菌素的包装膜可以与诸如高压处理（HPP）等新的加工技术相结合，以更有效地减少微生物。斯坦达实验室开发了一种用于香肠的基于抗生素（纳他霉素）的抗真菌涂层 Sanico®（Laboratories STANDA，2007b）。乳酸链球菌素/聚乳酸（PLA）薄膜是由 Jin 和 Zhang（2008）开发的，用于瓶子的包装材料或瓶子表面的涂层，以最大限度地减少果汁包装中的微生物增殖。

纳米技术可以改善使用纳米颗粒的抗菌包装，纳米颗粒比传统的抗菌化合物具有更大的面积，由于纳米化合物的抗菌活性放大，从而减少了抗菌物质的数量。纤维素/银—纳米复合材料对猕猴桃和瓜汁中的有害霉菌和酵母菌的降解率高达99.9%，这验证了基于银的纳米颗粒的抗菌活性（Lloret et al.，2012）。Addmaster 和 Linpac Packaging Ltd 联手开发了一种名为 Biomaster® 的含银添加剂，用于抑制生鲜肉类中沙门氏菌、弯曲杆菌和大肠杆菌等病原体的增殖（Linpac，2012，2017）。携带氧化锌纳米颗粒的海藻酸钠薄膜去除了禽肉中的金黄色葡萄球菌和鼠伤寒沙门氏菌（Akbar 和 Anal，2014）。

此外，含有酚类化合物的精油，如百里香酚、丁香酚和香芹酚成为食品包装新趋势，因其对肉制品具有天然抗菌活性而引起极大关注（Jayasena 和 Jo，2013）。

这些化合物抗菌作用的基本机制是增加微生物细胞膜的通透性，从而导致细胞成分的损失。最近，将精油与 Nisin、MAP 和溶菌酶等其他成分结合在纳米乳状液中正被用于肉类行业，以提高肉类和其他加工产品的安全性和有机感官特性（Jayasena 和 Jo，2013）。

抗氧化剂包装

过量氧气可能会促进脂质的氧化，特别是在动物产品中，这会促进微生物的生长，以及营养损失、颜色变化和异味/异味的发展。多不饱和脂肪酸（PUFA）的降解导致脂质氧化导致酸败发展，形成有毒的醛类化合物，使营养品质恶化。同样，食品中的各种氧化反应也是导致质量恶化的主要原因。因此，除了使用除氧剂外，还可以在包装中加入抗氧剂来去除氧气，以延长储存寿命。与直接添加抗氧化剂相比，抗氧化剂包装具有以下几个优点：所需活性化合物的量非常少；不需要额外的步骤，如喷洒、混合或浸泡；调节抗氧化剂的释放；受限的活性。

然而，抗氧化剂的添加会影响各种质量属性，如味道或颜色，因此需要消费者的偏好来排除食品中的添加剂。

几种抗氧化剂化合物成功地以不同的形式引入如标签、涂层和小包装袋中，并添加到聚合物基质中或固定在包装中的聚合物表面，以防止食品中发生氧化反应。最近的主要趋势是使用天然抗氧化剂化合物，如生育酚、抗坏血酸，以及草本精油，如茶、迷迭香、牛至和植物提取物，从而最大限度地减少合成添加剂的使用。包裹在含有大麦壳衍生天然抗氧化剂的聚合物膜中，蓝鲨肌肉表现出氧化降解减少（De Abreu et al.，2011）。同样，在装有从啤酒厂残渣中提取的天然提取物的薄膜包装的牛肉中，脂质氧化降低到 80%（Barbosa-Pereira et al.，2014）。Calatayud 等（2013）报道了携带活性薄膜的可可提取物，可作为同时具有抗氧化剂和抗菌特性的防腐剂。如今，天然抗氧化剂 α-生育酚已添加到聚乳酸薄膜（一种多功能可堆肥聚合物）中，作为抗氧化剂包装材料（Jamshidian et al.，2012）。最近，人们正在进行广泛的研究，以将抗氧化剂包装与其他新的加工处理方法（如 HPP）相结合，以提高食品质量和安全性（特别是肉制品）（Marcos et al.，2008）。聚合物的抗氧化作用基于迁移过程，在迁移过程中释放的成分必须达到最大允许浓度，并且必须被允许作为食品添加剂。然而，当抗氧化剂释放速率与脂质氧化速率相适应时，抗氧化剂包装系统可能是最有效的（Lee，2014）。基于扩散的数学模型可以作为一种合适的技术来确定抗氧化剂在食品和饮料中的释放情况。但要控制生物活性物质在实际包装系统中的扩散速度，还需要更多的研究工作。

其他活性包装

乙醇释放是另一类活性包装系统，能抑制细菌和酵母菌的生长，主要对霉菌有效。乙醇释放剂主要以小袋形式广泛用于蛋糕和奶酪等高水分烘焙产品，使其无霉变，并将保质期延长 2000%。在含有小袋乙醇释放剂的食品包装中，水分子被食品吸收，乙醇蒸气被释放并因此扩散到包装顶部空间（Day，2003）。

温控主动包装系统利用新型自冷/加热罐和绝缘物质，来减少或消除在运输和储存冷冻和冷藏食品时不加节制的温度控制。这样的材料是绝缘体，包含几个空气开口，可以通过增加封装热量来调节冷却温度，使封装能够承受温度升高。由铝和钢制成的自加热容器和罐头通过放热反应加热，该反应发生在底部的石灰和水混合时。这种包装的产品已在市场上销售几十年，主要用于日本流行的清酒、茶、咖啡和即食食品。水蒸发过程中产生的潜在热量产生冷却效果，可用这一原理开发一种自冷饮料罐（Tempra Technology™，2017）。

目前，人们对方便食品的需求量很大，微波加热已成为餐饮店和家庭的一种趋势。然而，微波加热过程中的传热会产生不同的能量吸收，从而导致食品中温度分布的不规则性。因此，可微波主动包装的目的是利用场改性剂、感受器和屏蔽来改善食品的加热性能（Regier，2014）。改良剂由一系列触须状结构组成，从而改变微波到达食品的路径，导致均匀的脆化、加热和表面褐变（Ahvenainen，2003）。屏蔽手段可以用来获得更均匀的加热，并调节几个食品部分的不同加热。另外，微波感应器是由不锈钢或铝制成的，堆积在纸板或聚酯薄膜等基材上，用于使微波食品变脆、干燥，最后使其变棕（Perry 和 Lentz，2009）。市面上销售的微波电感是 SIRA-Crisp™电感（Sirane Ltd.）（Sirane，2011），其应用在于加热热狗、三明治、冷冻主菜或肉类馅饼等含肉食品。

食品中的感官变化是由于聚合物和产品之间有意或无意的相互作用造成的，有时是由于保护食品质量所必需的不适当的介质特性造成的。气味排放在包装系统中均匀传播芳香化合物，改善产品的自然香气，吸引消费者再次购买。这种化合物具有极低的导热系数，可用作聚酰胺、聚酯、聚乙烯、聚丙烯和聚氯乙烯的添加剂。

智能包装

智能包装可以定义为"执行多种智能任务的包装系统，如识别、跟踪、感测、记录和交流信息，以提高安全性、质量、保质期和对可能出现的问题的警告"。智能包装跟踪产品，感知包装的外部/内部条件，并告知消费者产品健康状况，从而监控食品和饮料的质量和安全，而主动包装系统则采取一些行动（如清除氧气或水分）来保护产品。智能包装系统包含小型且廉价的智能设备，可以是追踪器、传感器或标签，用于获取、存储和传输有关食品特性和功能的有价值的信息。常用智能设备如下：

条形码

条形码是一种基于光学机器的可理解符号，与所连接的设备密切相关。通用产品代码（UPC）建立于 20 世纪 70 年代，是第一个成功商业化的条形码，现在在杂货店无处不在，用于有效的库存重新排序、库存控制和结账。UPC 条形码具有直接的指示，包括用于表示携带特定和受限数据的 12 位数据的空格和条的特定排列，包括物品号和制造商识别号（Yam et al.，2005）。

最近，创新的条形码符号系统如二维（PDF 417，Aztec 代码）、复合符号（一种像 PDF 417 的 2D 条形码，包含一个直的条形码如 UPC）、缩小空间符号（RSS）和 GS1 DataBar 系列已经被开发出来，以满足在非常小的空间中编码更多数据的新兴需求（Uniform Code Council，2017）。有关批次/批号、包装日期、包装重量、营养信息、使用方法和制造商网址的信息可以编码在条形码中。这些信息甚至可以被智能手机读取，从而为零售商和消费者提供了极大便利。

射频识别（RFID）

RFID 技术也像条形码一样携带电子信息，但它是用于产品识别的更先进的数据载体，具有各种新颖的特性，如巨大的数据存储容量（对于高达 1MB 的高端 RFID 标签）和非视距能力，而实时数据和数据的收集可以访问非金属物质，以实现对多种产品的自动和快速识别（Mennecke 和 Townsend，2005）。该技术使用附加在任何包裹/牛/颗粒等上的标签，来将实时正确的信息传送到接收者的信息系统。它在库存管理、产品可追溯性、节省人工费用、安全保障性和提高安全、质量等方面具有优势。然而，由于 RFID 标签相对较高的成本和对更强大、更高效的电子信息网络的要求，RFID 标签并不完全是条形码的替代品。

RFID 标签由一个非常小的应答器和带有独特字母数字或数字序列的天线组成。读取器释放无线电波以记录来自 RFID 标签的数据，然后使用实时数据库服务器将数据传输到主机，以进行决策和分析。实际的读取极限基于几个因素，如读取器的强度、操作频率，以及来自各种金属物体的潜在干预（Yam et al.，2005）。低频（约 125 kHz）的标签通常是经济的，对非金属物品有更好的穿透力，并且消耗更少的功率。

RFID 技术的进步涉及 TT 传感器和 RFID 设备的结合，从而改善了食品供应链，并由于产生的废物较少而增加了资金。少数可重复使用的 TT 传感器标签是为通过冷链提供基于实时温度的产品历史信息而开发的，包括 Easy2log（Caen RFID Srl）、Conversion Systems Ltd. 的传感器标签 CS8304，以及 TempTRIP LLC 的 TempTRIP 传感器标签（Caen RFID，2017；CSL，2017）。最近，人们发明了 RFID 标签和光学氧指示器（含铂八乙基卟啉膜）和完整的电子化系统，有趣的是，这些标签都印在了柔性基板上。整个系统非常适合氧含量降至 2% 以下的 MAP 应用（Martínez-Olmos et al.，2013）。Georgescu 等（2008）在 RFID 系统中使用了声波设备包括 ID、电子模块、各种无源表面声波传感器，以及通过食品供应链观察内容物的几个化学和物理参数的条形码。Sen 等（2013）报道了一种由温度传感器、RFID 标签、气体传感器、阅读器和服务器组成的检测猪肉新鲜度的监测系统。RFID 技术在肉类产品的包装中得到了广泛的应用，这些产品的标签可能被肉类隐藏，因此适用于高水分产品的扫描。

时间-温度指示器（TTI）

时间-温度积分器/指示器（TTI）是一种简单易用的设备，作为不干胶标签贴在单个包装或运输集装箱上，它监控、记录和显示可量化的基于时间-温度的变化，代表整个食物运输链中主要冷冻或冷藏的食品的部分或全部温度记录，从而确保产品质量和安全。TTI_S 的基本原理是确定食品中的化学、电化学、机械、微生物或酶变化在较高温度下的不可逆反应（Kerry et al.，2006）。此外，响应水平（实时温度历史）强烈依赖于指示器的类型及其工作原理。在商业上，根据不可逆的、依赖于温度的酶、化学或微生物变化做出响应的响应机制，有三种类型的 TTI_S：

①临界温度指示器，其指示产品暴露在低于或高于参考温度。

②部分历史指示器，其显示暴露于足以影响食品质量或安全的温度。

③全历史指示器，其传达基于产品历史期间的温度的一致响应。

目前，一些市场上销售的 TTI 包括 CHECKPOINT、3M Monitor 或 Mark®、ColdSNAP 温度记录器。3M 公司使用名为 3M Monitor Mark® 的 TTI，它由含有首选熔点的脂肪酸酯和蓝色染料的混合物组成。当温度达到临界值以上时，物质开始熔化并通过指示器扩散，使蓝色显现出来。

TTI 可以与 RFID 标签或条形码相结合，以生成与其他食品数据相关联的更简单、更高效的时间温度历史记录。TTI 智能条形码 FreshCode™ 就是这样一种设备，包含标准条形码以及通过冷链感应和存储温度滥用。WanihsukSombat 等（2010）研制了一种基于乳酸的时温指示器。VITSAB®（VITSAB International AB）是一种 TTI，依赖于一种酶反应。在该反应中，由于底物的酶水解，颜色从绿色变为透明黄色（VITSAB，2015），以观察食品质量中乳酸的扩散引起颜色变化（从绿色到红色）的原因，这是由于 pH 降低和温度依赖性（确定范围为 4 ~ 45℃）所致。Ciba 和 Freshpoint™ 联合推出了 OnVu™，其中含有一种名为苯并吡啶的色素，这种色素会随着时间以基于温度的速度改变颜色。当暴露在紫外光下时，指示器变成深蓝色，并开始慢慢褪色（FreshPoint，2007b；O'Grady 和 Kerry，2008）。

气体指示器

气体指示器是一种可以印刷在聚合物薄膜上或作为标签存在的装置，用来检测由于食品的包装性质和活动（如呼吸和微生物生长产生的气体）而导致的气体混合物组成中的任何变化，从而监测食品的质量、安全和完整性。气体指示器使包装上的颜色发生变化，以显示气体成分的变化、MAP 食品的质量劣化以及密封性差的标记。一种常用的气体指示剂是氧指示剂，因为它通过氧化酸败、微生物腐败和颜色变化对食品质量产生副作用。由 Lee 等（2008）开发的紫外光活化、可重复使用和不可逆氧指示剂，是一种由羟乙基纤维素等包裹聚合物、亚甲蓝等氧化还原指示剂、TiO_2 等紫外线吸收半导体和三乙醇胺等电子给体混合而成的混合物。这种混合物与水混合以生产油墨。墨水在基材上的涂层/印刷将它们从暴露在紫外光下的蓝色变成了无色的氧气指示器膜。当这种无色薄膜与氧气接触时，会被重新氧化成原来的蓝色。同样，三菱气体化学公司开发了名为 Ageless Eye® 的氧气指示器，该指示器可以放置在容器内。如果氧气含量超过 0.5%，指示器的颜色将从粉色变为蓝色。Lawrie 等（2013）报道了一种简单的 UV 激活喷墨打印氧指示剂。当纳米 TiO_2 粉末与氧化还原染料、电子供体和包装聚合物混合时，有可能追踪 MAP 肉制品中的氧浓度（Liu et al.，2013）。

此外，其他气体如二氧化碳、硫化氢、乙醇、水蒸气和几种辅助气体的气体指示剂已在文献中被发现。二氧化碳指示剂由氧化还原指示剂染料和氢氧化钙添加到聚丙烯（PP）中，用于估计泡菜产品在供应链中的发酵水平（Hong 和 Park，2000）。

新鲜度指示器

新鲜度指示器是显示包装商品新鲜度退化和损失的装置，更有利于包装水果和肉制品的质量控制。这些依赖于传统的食品质量知识，如有机酸（特别是乳酸）、葡萄糖、挥发性含氮成分、乙醇、生物胺（如身体碱、酪胺、组胺、腐胺等）、ATP 降解产物、二氧化碳和与腐烂菌群有关的硫酸盐化合物、肉制品类型、储存条件和包装类型。由于上述化合物在产品新鲜度损失期间会存在，大多数新鲜度指示器通过基材中的颜色变化起作用。

含有花青素的壳聚糖膜被用来开发比色 pH 指示剂，该指示剂用于指示乳酸、D-乳酸、乙酸和正丁酸等微生物生长代谢物的形成（Yoshida et al.，2014）。就鱼类而言，挥发性胺可用作新鲜度指标，因为三甲胺氧化物降解为挥发性胺并产生鱼腥味和味道（Etienne 和 Ifremer，2005）。由七种感官化合物组成的光电子鼻是用显色剂和 pH 指示剂制造的，并被用于监测猪肉香肠的质量（Salinas et al.，2014）。

新近出现的食品新鲜度监测的解决方案是开发和使用生物传感器来检测食品变质过程中产生的特定代谢物。Pospiskova 等（2012）研制了一种生物传感器，检测微生物代谢过程中产生的微量碱性氮化合物和生物胺。此外，生物传感器可以利用分子印迹技术集成到包装聚合物中，以生成特定分析物分子的识别化合物，这些化合物被引入预聚体混合物中并与之结合。然后，预聚合混合物用分析物分子聚合，最后除去分析物分子，留下分析物分子的形状空洞。这样，由于空腔形状对于所建模的分子是特定的，所以可以检测到特定的化合物。因此，一种廉价的包装材料被发明，通过颜色的变化来显示肉类的变质情况（Johns Hopkins University Applied Physics Laboratory，2014）。

然而，新鲜度指标商业化的主要限制是食品加工商不愿利用这些指标来确定新鲜度，因为如果产品不新鲜，这可能会损害其在市场上的形象。

病原体指示器

病原体指示物通常是检测、记录和显示有关生化反应或简单的病原微生物污染的信息的生物传感器。由识别目标分析物的生物感受器（生物或有机化合物，如抗原、微生物、酶、激素或核酸）和传感器（电化学、光学或热量计）组成，传感器通过生化信号的转换产生可测量的电响应，并改变颜色以警告消费者。

由聚合的聚二乙炔分子组成的传感器可与大肠杆菌 O157 肠毒素等毒素反应，将薄膜的蓝色永久改变为红色（Solander，2000）。美国 SIRA Technologies 公司开发了商业使用的病原体指示器 Food Sentinel System™，其中与形成条形码一部分的膜相关联的针对目标病原体（如单增李氏杆菌、大肠杆菌 O157：H7、沙门氏菌等）的抗体与病原体（如果存在）一起产生受限的深色条，使在扫描时难以读取条形码。加拿大 Toxin Alert 公司推出了一种名为 Toxin Guard™ 的病原体指示器，由引入抗体的生化传感器组成，用于追踪在以聚乙烯（PE）为基础的包装中的大肠杆菌、李斯特氏菌、沙门氏菌和弯曲杆菌等病原体（Bodenhamer，2000）。一种新的包装使用香兰素，一种比色剂，通过视觉信号检测几种产品中的微生物生长，而检测系统与微生物或产品没有任何直接接触（De La puta et al.，2010）。

完整性指示器

时间指标是最简单的完整性指标，可提供有关食品包装被打开时间的有用数据。这些标签形式的指示器在打开密封时通过触发计时器并随时间跨度改变颜色而激活。商业上使用的完整性指标有 Insignia Technologies Ltd. 开发的 NOVAS® Embedded Label、FreshPoint Lab 的 Best-by™ 和 TimeZone Ltd. 推出的 TimeZone®（Insignia Technologies 2017；FreshPoint 2007a；Timestrial 2016）。Zhai（2010）发明了携带微型电池、语音芯片集成电路和扬声器的"语音广告"智能包装。关于产品信息/状态的音乐或声音评论在打开包装时播放，从而禁止伪造并改变消费者的购买/就餐体验。此外，上面讨论的各种气体指示器也被用作完整性指示器，因为可以提供关于影响完整性的任何泄漏的信息。

生物活性包装

生物活性包装可以被定义为"一种新的包装技术，其中生物活性/功能性包装材料将所需的生物活性化合物保持在最佳水平，直到它们在整个储存过程中或在消费之前在包装内排放，以改善消费者的健康"。与活性包装技术的不同之处在于，活性包装主要关注食品和饮料的质量和安全性的保持或提高，而生物活性包装使包装的食品更加健康，从而直接关系到消费者的身体健康，因此它与活性包装技术的区别在于：活性包装主要关注食品和饮料的质量和安全性，而生物活性包装使包装后的食品更加健康，直接关系到消费者的健康。保持生物聚合物独特性质的几种技术包括微胶囊化、纳米胶囊化、酶胶囊化和酶固定化。生物活性包装可以使用：从可持续/可生物降解包装系统中调节生物活性成分的排放；生物活性剂在包装材料和食品中的纳米和微胶囊化；通过转化特定食源性成分改善健康的酶活性（Lagaron，2005）。

必须开发可生物降解的基质，特别是可食用和可持续的基质，如生物质热塑性塑料、可生物降解聚合物、新兴的纳米生物复合材料、多糖及其衍生物、蛋白质及其衍生物，以及来自微生物的智能生物聚合物，以实现完整和延长保质期的整合和生物活性化合物的可调控释放。植物化学物质、维生素、益生菌和纳米纤维是整合在包装中以促进健康的理想功能成分。为了成功地掺入生物活性物质，在包装打开后并在其消费之前获得所需的释放速率需要以下因素：膜的制备方法；生物基包装材料与功能物质混合的最佳温度/时间组合；合适的包装材料；工程机械。

胶囊化将酶、细胞、食品成分或任何其他材料包含在小胶囊中，以保护它们免受潮湿、寒冷/高温或其他不利环境条件的影响，从而提高它们的稳定性并保持其生存能力。蛋白质、脂肪、糊精、淀粉、海藻酸盐和各种脂质化合物被用作胶囊剂。生物活性成分通过适当的方法从胶囊中释放出，如溶剂激活，这些方法针对特定部位和阶段，并通过改变温度、渗透休克、辐射或 pH 来发出信号（Lopez-Rubio et al.，2006）。酶活在食品转化中的应用是一个新兴的概念，最适合和最简单的固定化酶技术是包埋法。选择合适的固定化技术和生物材料载体来制造酶包埋可以很好地基于：生物催化剂的特性，如酶或来自细菌或真菌来源的整个细胞；预期存储限制；一种包装食品；生物催化剂的特殊用途。

纳米包装

纳米技术是一门研究微小材料的科学，应用于食品包装中，可以抑制食品腐败，保持食品质量，延长保质期，保证食品和饮料的卫生。它还可以帮助顾客根据他们的口味要求和营养需求来改进食物。由于纳米颗粒的大纵横比，非常微量的纳米颗粒足以在不显著影响其透明度、密度、包装和加工性能的情况下改变包装材料。纳米技术可以在分子水平上改变任何包装材料的结构。

基于纳米技术的创新通过提高阻隔性能和机械性能，检测病原体，主动/智能包装，从而显示出食品质量和安全优势，为食品包装提供了新的改进。从天然聚合物获得的生物可降解薄膜在包装中的应用有限，因为天然聚合物表现出较差的阻隔性和机械性能，如天然聚合物表现出的温度控制、二氧化碳、氧气、气味和挥发物、湿气稳定性和紫外线阻挡特性，这些都可以通过使用纳米复合材料来改善。纳米复合材料降低了与加工产品相关的包装垃圾产量，并保存了新鲜食品，延长了货架期。通过添加纳米颗粒可以使包装材料、瓶子等重包装变得更轻，具有更强的耐火性和更强的机械和热学性能。

纳米复合材料

由于纳米复合材料具有传统包装无法比拟的突出优点，目前大多数纳米复合材料正开发用于饮料包装。它们改变了包装材料的主要特性如强度、阻隔性、抗菌性和耐热/耐寒稳定性。有关纳米复合材料的最大工作集中在将蒙脱土（重量百分比为 1%~5%）用作几种聚合物（如聚乙烯、聚氯乙烯、尼龙和淀粉）的纳米级组分

（一维必须小于 1nm）。制备纳米复合材料的方法有溶液法、原位法、熔融加工法等。被称为 Durethan 的纳米复合塑料薄膜和涂层是由黏土纳米颗粒均匀分布在塑料上组成的。这样的纳米颗粒阻挡了水分、氧气和二氧化碳的路径，使其与内容物接触，从而完全阻止了扩散过程，从而在提高质量的同时延长了保质期（ETC Group，2004）。

Amcol 国际公司的子公司 Nanocor 现在可以使用纳米复合材料将啤酒包装在塑料瓶中，并有 6 个月的保质期，而由于风味和氧化问题，这是不可能的。研究工作一直在进行，通过减少瓶子中的二氧化碳损失和限制氧气进入，将啤酒包装在含有纳米晶体的塑料瓶中的寿命提高到 18 个月。此外，纳米复合瓶的重量非常轻，因此降低了分销成本（ETC Group，2004）。

基于纳米技术的替代技术

碳纳米管是包含纳米直径的圆柱体，用于改善包装的机械性能，同时还具有抗菌活性。大肠杆菌的细胞在与细小的碳纳米管接触时被迅速刺穿，导致细胞损伤（Kang et al.，2007a，b）。

将无机氧化铝片层自组装而成的纳米轮引入塑料中，以提高其力学性能和阻隔性能。

含有纳米传感器的食品包装可检测产品的营养含量和质量。纳米传感器可以发现食物产生的毒素、化学物质和微生物。用含有葡萄球菌肠毒素 B 抗体的聚二甲基硅氧烷芯片制成的生物传感器的检测限为 0.5ng/mL。该纳米囊可检测出单核细胞增多性李斯特菌、沙门氏菌和大肠杆菌 O157∶H7 等病原体。此外，脂质体纳米囊泡可以追踪花生过敏原蛋白（Doyle，2006）。由 AgroMicron 开发的商品名为 BioMark 的纳米生物发光喷雾剂含有附着在微生物表面的发光蛋白，从而根据污染程度发出不同强度的可见辉光（Joseph 和 Morrison，2006）。包裹着 DNA 链的碳纳米管可以用来制造纳米传感器来追踪任何气味和味道，其中单条 DNA 链可以被认为是传感器，碳纳米管可以被认为是发射器。类似的技术也被用于合成电子舌纳米传感器，以找出万亿分之一的化合物，从而警告消费者食品变质。PsiNutria 开发了纳米跟踪技术，其中包括用于监测和检测病原体的可食用生物硅芯片（Miller 和 Senjen，2008）。卡夫公司与罗格斯大学合作开发了纳米传感器，如果食品开始变质/变质或已经完全变质，卡夫就会通过颜色变化向消费者发出警告，使用电子鼻/舌头品尝或闻到味道和气味（Sozer 和 Kokini，2009）。

纳米涂层通常是用于奶酪、糖果、巧克力、肉类、水果、蔬菜和烘焙产品等多种产品的蜡质涂层，这些产品对水蒸气/湿气和气体有很强的阻隔作用。最近，科学家们开发出了厚度为 5 nm 的纳米可食薄膜涂层，这是肉眼看不到的。美国 Sono-Tec 公司开发了一种可食用的抗菌纳米涂层，可直接用于烘焙产品（El Amin，2007）。人们一直在进行广泛的研究，以开发纳米级的防污涂料。

纳米技术为抗菌包装提供了极大的优势，因为纳米银具有纳米级的抗菌活性，因此可以被加入包装聚合物中，从而形成纳米银复合材料，用于食品保鲜和延长保质期。银纳米粒子可使 24 h 细菌生长率降至 98%。纳米氧化铜、纳米氧化镁和纳米二氧化钛也被发现含有抗菌作用（Doyle，2006）。

响应包装

响应包装是包装领域的最新技术，可以定义为"包装在包装、食品、顶部空间或外部环境发生特定变化时进行通信，并在特定环境下释放被封装的营养物质或活性成分，以提高食品的保质期和质量，为整个供应链提供更多的便利和防盗，从而提高包装产品的安全性"。反应灵敏的包装系统只对包装内外存在的刺激做出反应，这些刺激可以是任何对食品产生不利影响的东西，如食源性威胁、细菌、霉菌、污染物、pH、水分或顶空气体水平。质量指示器/传感器与顶空或食品之间的直接接触对于提供关于食品质量的响应是必要的（Brockgreitens 和 Abbas，2016）。响应材料如自组装纳米颗粒、水凝胶、层状膜、超分子物质和表面接枝材料必须添加到包装系统中，以显示化学或物理特性对刺激的响应变化（Zelzer et al.，2013）。反应灵敏的食品包装可以减少实时看到的食源性疾病病例，还可以减少食品浪费，因为新鲜食品很容易被消费者和加工者识别（Gunders，2012）。根据食品或包装中存在的刺激物，响应性食品包装可以是生物响应性、化学响应性、温度响应性和机械响应性的。毫无疑问，响应包装是以最安全的方式包装食品的一种革命性技术，但在其商业化之前，必须考虑各种标准。响应材料的性能必须在检测极限、灵敏度、工作条件和范围方面明确其定义，必须表现出可重现的反应，并且不应显示错误的变质指示。这项技术成本很高，但在改善食品安全和质量方面的优势必须清楚地展示给顾客，以满足他们被要求支付额外费用。

微波食品包装

微波包装既方便又省时，还促进了新型微波食品的研究和开发。它控制食物加热的均匀程度和速度。此外，包装还可以提供加热表面，可创建用于保湿、脆化和褐变的高热蒸汽环境（Regier et al.，2016）。早期的铝箔容器被广泛使用，但也观察到了许多局限性，如引发微波火灾、电弧、磁控破坏以及阻止微波渗透到食品中。悬浮器被用作加热元件，对微波做出反应从而调节加热速度以改善烹饪性能，并制作爆米花和冷冻披萨等脆性食品。目前，商用的传感器是由金属化的塑料膜组成的。最近，一种使用聚酯薄膜的薄铝叠层托盘技术得到发展，其中利用铝图案来调节和利用微波能量。通过特定的铝图案分配微波能量，将其传输到冷冻食品的更深处，从而更均匀、更快地加热食品。此外，微波包装采用了强大的传感器、数字显示器、模糊逻辑等属性来改进微波烹饪。在揭开盖子、搅拌、加盐等活动进行时，下一阶段包装会通过处理器传达给消费者信息。

可食用包装

可食用包装使人们可以在零售柜台食用食品及其可食用的包装层，这可以减少食品和包装浪费以及化学品从包装到食品的迁移。可食用的包装薄膜和涂层通常由蛋白质、碳水化合物或脂肪组成，具体取决于它们的用途。用于食用包装的物质在具有食用目的时，必须与添加剂同等考虑。可食用包装必须具备必要的基本功能特性，充当防潮层，并且可以配制气体和新型混合物或复合材料，以与食品添加剂一起调节营养物质的输送（Campos et al.，2011）。目前，食品行业的可食用包装创新主要集中在以下五类：

①可食用/可生物降解包装的食品。
②食品中的食品。
③与饮料一起食用的容器或杯子。
④消失的包装。
⑤快餐店的可食用包装。

可食用包装是新兴技术之一，支持可生物降解聚合物的利用和可持续性，并用天然化合物取代人工化合物。此外，它可以用来作为功能或生物活性成分的媒介输送，但这类化合物的扩散必须受到控制。另外，还可以将纳米结构加入可食用包装中，以增强其应用。然而，在添加之前需要进行全面的安全评估。

包装材料的近期创新

与聚乙烯和镀锌容器相比，玻璃容器通常更能抵抗多种降解因素。但就葵花油的理化特性而言，棕色容器提供的氧化稳定性更高。棕色保护植物油中的维生素和色素不受光照的影响（Abdellah 和 Ken，2012）。PET 具有优异的清晰度、抗紫外线、机械性能和良好的阻氧性等特性，使其成为液体包装的最佳选择，使用多个聚合物层可进一步增强液体的包装能力，从而形成多层 PET。可以在 PET 中加入氧气清除剂，以降低顶空和饮料中的氧气水平，还可以减少氧气进入并延长保质期（Bacigalupi et al.，2013）。二氧化钛（TiO$_2$）通常被添加到 HDPE 或 PET 容器中，以保护特种饮料和牛奶免受紫外线的影响，因为紫外线会损害它们的质量，并影响其可回收性，但这增加了包装成本。塑料技术公司开发的一种新的 OPTI 工艺可制成纯 PET 瓶，由于不添加任何添加剂而加入泡沫，因此可提供近 50% 的不透明度，并可保护可饮用酸奶、牛奶和特种奶制品等产品免受紫外线的不利影响。瓶子也是可回收的，重量也很轻。包装材料方面的其他一些进展包括：易于打开和回弹的即用剥离聚合物；从牛奶中提取的可生物降解的聚苯乙烯泡沫塑料；用于玻璃瓶标签的合成标签黏合剂。

最近出现的趋势是开发具有更好的食品-包装-环境沟通的新包装材料。为了提高玻璃表面的耐水解性，必须对玻璃容器进行表面处理。在 Naknikham 等（2014）报道的一项研究中，玻璃被用硫酸铵、明矾、乙酸和柠檬酸等多种溶液清洗，然后在 110℃ 下清洗和干燥 20min，经 5% 明矾处理的玻璃显示出更好的耐水解性。

当 RH 从 0% 到 80% 变化时，在涂层中加入纳米粒子（NanolokPET 技术）可以提高氧阻隔性，比涂有™的涂层提高四倍以上。当在 85% 相对湿度和 40℃ 下检测时，该涂层将提供类似于 PVDC 涂层 PET 的阻湿性。在较宽的相对湿度范围内阻隔性能的改善有利于提高软包装性能，从而控制食品质量，从而保持货架期。R-Flute 是由 DS Smith Packaging 开发的最新瓦楞纸板，可提供更好的展示和印刷表面。由 BASF 开发的 Epotal Eco 是第一种通过 TÜV 认证的可堆肥水基胶黏剂。因此，这一发明为利用可生物降解的包装材料开发多层薄膜提供了机会，这些材料可以用作巧克力棒或薯片的包装。

食品安全和环境问题

食品包装的创新无疑保证了食品的质量，但新技术的安全性仍然是一个令人担忧的问题。这种担忧是关于在冷藏食品配送过程中特别面临的几个问题，在这些问题中，温度的微小波动可能会损害食品导致变质。如今，嵌入在 RFID 标签中的温度传感器可以与物理和化学传感器集成在一起使用，以提供保持温度的可追溯性系统（Abar et al.，2009）。活性智能包装的安全问题可以从以下几个方面考虑：

①包装内容必须贴上正确的标签，以防止消费者的误用。

②包装食品中活性和智能化合物的迁移也是一个很大的安全问题。因此，活性物质必须是无毒的，并符合食品法规。

③主动或智能包装的工作效率必须在不影响食品质量的情况下保存产品。应该提供关于食品变质或食品基质中微生物生长的可靠信息（Majid et al.，2016）。

毫无疑问，纳米技术对食品和饮料包装行业起到了神奇的作用，但其安全性仍不确定。当纳米多聚体加入合适的聚合物中时，可以极大地改善它们的特性。然而，具有 GRAS 状态的添加剂在纳米级使用时必须进行一次评估，以满足食品安全法规，因为纳米颗粒更具流动性、反应性和毒性。因此，纳米颗粒的含量在用于饮料和食品以及包装之前，必须经过适当的科学协会的食品安全评估。

环境政策是实现可持续发展的必由之路，但却增加了食品供应链的成本。包装材料是固体废物流的主要贡献者。因此，包装业正在努力开发结构改变的包装材料，使其更加环保和可生物降解（Bechini et al.，2008）。聚乳酸就是这样一种材料，它是由重复的乳酸单体组成的，但由于其成本较高，目前尚未得到广泛应用，这种材料通常以玉米为原料制备需要聚合的乳酸。此外，还可以将大豆为原料与聚酯混合以发明新的包装材料。

未来趋势

制造商和加工商必须越来越多地创新包装，才能留住世界各地的消费者。食品公司应该让消费者忠于自己的品牌，这是由于消费者有几个独特的选择而难以实现的。数字印刷可以被视为制造商在区域、个人或情感层面上与消费者建立联系的一个很好的选择。活性和智能包装无疑比其他包装有几个优势，但科学家也应该开发下一代混合包装，提供环境和功能上的好处。由于对可持续性的日益关注，对可生物降解包装的需求正在上升，如果相同产品的价格和质量相似，可持续性可能是强劲的购买动力。包装材料必须是可重复利用和可重复使用的。包装尺寸必须有更多通用性，才能满足消费者的要求。

结论

消费者对天然、健康、安全产品的需求日益增长，促使包装行业转向创新的包装系统，在保持食品和饮料的感官属性和营养成分的同时，还需控制食源性致病菌，从而提高包装的安全性和质量。人们正在开发新型的主动/智能包装材料以生产可持续、安全和环保的包装解决方案。然而，在使用前必须解决一些安全问题，如产品质量下降和对人体健康的负面影响。此外，21 世纪的创新是不完整的，纳米技术有助于提高容器/包装的阻隔性和机械性能，并设计出令人惊叹的传感技术。基于生物聚合物的生物可降解包装与纳米技术相结合的发展减少了损耗，保证了包装的可持续性，也使包装的性能得到了前所未有的提高。因此，必须全面了解包装系统的工作原理、机理及其最佳使用条件，才能有效地维持食品的质量和安全。目前，与迄今为止开展的研究工作数量相比，采用新包装系统包装的产品非常少。然而，创新技术预计将在未来更大的平台上商业化。对于食品和饮料应用的新型包装技术的成功，迫切需要业界、知名研究机构和政府机构的合作。

参考文献

Abad E, Palacio F, Nuin M et al(2009) RFID smart tag for traceability and cold chain monitoring of foods: demonstration in an intercontinental fresh fish logistic chain. J Food Engg 93:394–399.

Abdellah AM, Ken AI (2012) Effect of storage packaging on sunflower oil oxidative stability. Am J Food Technol 7:700–707.

Ahvenainen R(2003) Active and intelligent packaging: an introduction. In: Ahvenainen R(ed) Novel food packaging techniques. Woodhead Publishing Ltd., Cambridge, UK, pp 5–21.

Akbar A, Anal AK(2014) Zinc oxide nanoparticles loaded active packaging, a challenge study against *Salmonella typhimurium* and *Staphylococcus aureus* in ready-to-eat poultry meat. Food Control 38:88–95.

Almenar E, Catala R, Hernandez-Munoz P, Gavara R (2009) Optimization of an active package for wild strawberries based on the release of 2-nonanone. LWT-Food Sci Technol 42:587–593.

Anthierens T, Ragaert P, Verbrugghe S et al(2011) Use of endospore-forming bacteria as an active oxygen scavenger in plastic packagingmaterials. Innov Food Sci Emerg Technol 12(4):594–599.

Bacigalupi C, Lemaistre MH, Boutroy N et al(2013) Changes in nutritional and sensory properties of orange juice packed in pet bottles: an experimental and modelling approach. Food Chem 141:3827–3836.

Barbosa-Pereira L, Aurrekoetxea GP, Angulo I et al(2014) Development of new active packaging films coated with natural phenolic compounds to improve the oxidative stability of beef. Meat Sci 97(2):249–254.

Basch C, Jagus R, Flores S (2013) Physical and antimicrobial properties of tapioca starch-HPMC edible films incorporated with nisin and/or potassium sorbate. Food Bioprocess Tech 6(9):2419–2428.

Bechini A, Cimino M, Marcelloni F et al(2008) Patterns and technologies for enabling supply chain traceability through collaborative e-business. Inf Softw Technol 50:342–359.

Blanco MM, Molina V, Sanchez M et al (2014) Active polymers containing *Lactobacillus curvatus* CRL705 bacteriocins: effectiveness assessment in Wieners. Int J Food Microbiol 178:7–12.

Bodenhamer WT(2000) Method and apparatus for selective biological material detection. US patent 6,051,388(Toxin Alert Inc. Canada).

Brockgreitens J, Abbas A(2016) Responsive food packaging: recent progress and technological prospects. Compr Rev Food Sci Food Saf 15:3–15.

CAEN RFID (2017) CAEN RFID easy2log RT0005. http://www. caenrfid. it/en/Caen Prod. js p? mypage=3&parent=65&idmod=780 Accessed 14 May 2017.

Calatayud M, López-de-Dicastillo C, López-Carballo G et al(2013) Active films based on cocoa extract with antioxidant, antimicrobial and biological applications. Food Chem 139:51–58.

Camo J, Beltran JA, Roncales P (2008) Extension of the display life of lamb with an antioxidant active packaging. Meat Sci 80:1086-1091.

Campos CA, Gerschenson LN, Flores SK (2011) Development of edible films and coatings with antimicrobial activity. Food Bioprocess Technol 4:849-875.

Clariant (2017) Oxygen protection for packaged foods. http://www. clariant. com/oxy-guard-oxygen-scavenger Accessed 16 May 2017.

Coma V (2008) Bioactive packaging technologies for extended shelf life of meat-based products. Meat Sci 78:90-103.

CSL (2017) CS8304 cold chain temperature logging tag. http://www. convergence. com. hk/products/rfid/rfid-tags/cs8304/. Accessed 11 May 2017.

Dainelli D, Gontard N, Spyropoulos D et al (2008) Active and intelligent food packaging: legal aspects and safety concerns. Trends Food Sci Technol 19: S103 - S112 http:// dx. doi. org/10. 1016/j. tifs. 2008. 09. 011.

Day BPF (2003) Active packaging. In: Coles R, McDowell D, Kirwan M (eds) Food packaging technologies. CRC Press, Boca Raton, pp 282-302.

Day BPF (2008) Active packaging of food. In: Kerry J, Butler P (eds) Smart packaging technologies for fast moving consumer goods. Wiley, New York, pp 1-18.

De Abreu PDA, Cruz JM, Losada PP (2012) Active and intelligent packaging for the food industry.

Food Rev Int 28:146-187 de Abreu PDA, Losada PP, Maroto J et al (2011) Natural antioxidant active packaging film and its effect on lipid damage in frozen blue shark (*Prionace glauca*). Innov Food Sci Emerg Technol 12(1):50-55.

De La Puerta MCCN, Gutierrez BC, Sanchez JC (2010) Smart packaging for detecting microorganisms. US Patent US8741596 B2, 21 Apr 2010.

Doyle ME (2006) Nanotechnology: a brief literature review. Food Research Institute Briefings [Internet] https://fri. wisc. edu/files/Briefs_File/FRIBrief_Nanotech_Lit _Rev. pdf. Accessed 14 May 2017.

EFSA (2014) Scientific opinion on the safety assessment of the active substances, palladium metal and hydrogen gas, for use in active food contact materials. EFSA J 12(2):3558-3566.

El Amin A (2007) Nanoscale particles designed to block UV light. http://foodproductiondaily. Com/news/ng. asp? id=80676 Accessed 18 May 2017.

ETC Group (2004) ETC group report down on the farm: the impact of nano-scale technologies on food and agriculturehttp://www. nanowerk. com/nanotechnology/ reports/reportpdf/report10. Pdf. Accessed 29 May 2017.

Etienne M, Ifremer N (2005) SEAFOODplus-traceability-valid-methods for chemical quality assessment-Volatile amines as criteria for chemical quality assessment. http://archimer. ifremer. fr/doc/2005/rapport-6486. pdf. Accessed 13 May 2017.

EU (2009) Guidance to the commission regulation (EC) No 450/2009 of 29 May 2009 on active and intelligent materials and articles intended to come into contact with food. Version 10. European Commission Health and Consumers Directorate-General Directorate E-Safety of the Food chain. E6-Innovation and sustainability.

Ferrari MC,Carranzaa S,Bonnecazea RT et al(2009)Modeling of oxygen scavenging for improved barrier behavior: blend films. J Membr Sci 329:183-192.

Ferrocinoa I,Greppia A,La Storiab A et al(2016)Impact of nisin-activated packaging on microbiota of beef burgers during storage. Appl Environ Microbiol 82:549-559.

Freshpoint (2017a) BestBy. http://www. freshpoint-tti. com/time-from-opening-indicators/. Accessed 15 May 2017.

Freshpoint(2017b)BestBy. http://www. freshpoint-tti. com/technology/. Accessed 15 May 2017.

Georgescu I, Cobianu C, Dumitru VG (2008) Intelligent packaging method and system based on acoustic wave devices. US patent US 7755489 B2,28 Apr 2008.

Gontard N(2000)Panorama des emballages alimentaire actif(Panorama of active food packaging).In: Gontard N(ed)Les Emballages Actifs. Tech & Doc Editions,Londres. ISBN-10: 2743003871.

Gunders D(2012)Wasted: how America is losing up to 40 percent of its food from farm to fork to landfill. NDRC Issue Paper IP: 12 – 06 – Bhttps://www. nrdc. org/sites/default /files/wasted-food-IP. pdf. Accessed 6 May 2017.

Hong SI,Park WS(2000)Use of color indicators as an active packaging system for evaluating kimchi fermentation. J Food Eng 46:67-72.

Insignia Technologies(2017)Novas: embedded label. http://insignia. mtcserver11. com/ portfolioview/ novas-embedded-label/. Accessed 3 May 2017.

Jamshidian M,Tehrany EA,Imran M et al (2012) Structural,mechanical and barrier properties of active PLA-antioxidant films. J Food Eng 110(3):380-389.

Jayasena DD,Jo C(2013)Essential oils as potential antimicrobial agents in meat and meat products: a review. Trends Food Sci Technol 34:96-108.

Jin T,Zhang H(2008)Biodegradable polylactic acid polymer with nisin for use in antimicrobial food packaging. J Food Sci 73:127-134.

Jofré A,Aymerich T,Garriga M (2008) Assessment of the effectiveness of antimicrobial packaging combined with high pressure to control *Salmonella* sp. In cooked ham. Food Control 19(6):634-638.

Johns Hopkins University Applied Physics Laboratory (2014) A colorimetric sensor of food spoilage based on a molecularly imprinted polymer. http://www. jhuapl. edu/ott/technologies/technology/articles/ P01491. asp. Accessed 18 May 2017.

Joseph T,Morrison M (2006) Nanotechnology in agriculture and food. A nanoforum report. https:// cordis. europa. eu/pub/nanotechnology/docs/nanotechnology_in_agriculture_and_food. pdf. Accessed 22 May 2016.

Kang HJ,Jo C,Kwon JH et al(2007a)Effect of pectin-based edible coating containing green tea powder on the quality of irradiated pork patty. Food Control 18(5):430-435.

Kang S,Pinault M,Pfefferle LD et al(2007b)Single-walled carbon nanotubes exhibit strong antimicrobial activity. Langmuir 23:8670-8673.

Keep-it Technologies(2017)The shelf life indicator. http://keep-it. com/Accessed 2 May 2017.

Kerry JP (2014) New packaging technologies,materials and formats for fast-moving consumer products. In：Han JH(ed)Innovations in food packaging,2nd edn. Academic,San Diego,pp 549−584.

Kerry JP,O'Grady MN,Hogan SA(2006)Past,current and potentialikipedian of active and intelligent packaging systems for meat and muscle-based products：a review. Meat Sci 74：113−130.

Knee M(1990)Ethylene effects in controlled atmosphere storage of horticultural crops. In：Calderon M, Barkai-Golan R(eds)Food preservation by modified atmospheres. CRC Press,Boca Raton,pp 225−235.

Laboratories STANDA(2017a)ATCO ®. http：//www. standa-fr. com/eng/laboratoiresstanda/ atco/. Accessed 4 May 2017.

Laboratories STANDA(2017b)SANICO ® is our range of antifungal coatings for the agro-food industry. http：//www. standa-fr. com/eng/laboratoires-standa/sanico/Accessed 4 May 2017.

Lagaron JM(2005)Bioactive packaging：a novel route to generate healthier foods. Paper presented at 2nd conference in food packaging interactions, Campdem(CCFRA), Chipping Campden, UK, 14 − 15 Jul 2005.

Landau S(2007)The future of flavor and odor release. Paper presented at Intertech Pira conference on the future of caps and closures-latest innovations and new applications for caps and closures,Atlanta,20− 21 June 2007.

Lawrie K,Mills A,Hazafy D(2013)Simple inkjet-printed,UV-activated oxygen indicator. Sens Actuators B Chem 176：1154−1159.

Lee DS(2014)Antioxidant packaging system. In：Han JH(ed)Innovations in food packaging. Academic,San Diego,pp 111−131.

Lee DS,Yam KL,Piergiovanni L(2008)Food packaging science and technology. CRC Press, New York,pp 243−274.

LINPAC(2012)LINPAC packaging partners Addmaster to tackle packaging bugs. http：// www. linpacpackaging. com/pt-pt/news/201208/linpac-packaging-partnersadd master-tackle-packaging-bugs. Accessed 21 May 2017.

LINPAC(2017)Not just trays and film. https：//www. linpacpackaging. com/en/not-just-trays-and-film. Accessed 15 May 2017.

Liu XH,Xie SY,Zhou LB et al(2013)Preparation method of nano TiO$_2$ powder and method for preparing oxygen gas indicator from nano TiO$_2$ powder. China patent CN103641163A,28 Nov 2013.

Lloret E,Picouet P,Fernández A(2012)Matrix effects on the antimicrobial capacity of silver based nanocomposite absorbing materials. LWT Food Sci Technol 49：333−338.

Lopez-Rubio A,Gavara R,Lagaron JM(2006)Bioactive packaging：turning foods into healthier foods through biomaterials. Trends Food Sci Technol 17：567−575.

Lövenklev M,Artin I,Hagberg O et al(2004)Quantitative interaction effects of carbon dioxide,sodium chloride,and sodium nitrite on neurotoxin gene expression in nonproteolytic*Clostridium botulinum* type B. Appl Environ Microbiol 70：2928−2934.

Majid I,Nayik GA,Dar SM et al(2016)Novel food packaging technologies：innovations and future prospective. J Saudi Soc Agric Scihttps：//doi. org/10. 1016/j. jssas. 2016. 11. 003.

Marcos B,Aymerich T,Monfort JM et al(2007)Use of antimicrobial biodegradable packaging to con-

troll Listeria monocytogenes during storage of cooked ham. Int J Food Microbiol 120:152–158.

Marcos B,Aymerich T,Monfort JM et al(2008)High-pressure processing and antimicrobial biodegradable packaging to control *Listeria monocytogenes* during storage of cooked ham. Food Microbiol 25:177–182.

Martínez-Olmos A,Fernández-Salmerón J,Lopez-Ruiz N et al(2013)Screen printed flexible radiofrequency identification tag for oxygen monitoring. Anal Chem 85:11098–11105.

Maxwell Chase Technologies(2017)Fresh-R-Pax ® trays. http://www. maxwellchase. com/foodpackaging/absorbent-trays/. Accessed 4 May 2017.

McAirlaid(2017)MeatPad. http://www. meatpads. info/en/Accessed 25 May 2017.

Mennecke B,Townsend A(2005)Radio frequency identification tagging as a mechanism of creating a viable producer's brand in the cattle industry. Midwest Agribusiness Trade Research and Information Center, Iowa State University, Ames USA http://www. card. iastate. edu/products/ publications/pdf/ 05mrp8. pdf. Accessed 1May 2017.

Miller G,Senjen R(2008)Out of the laboratory and on to our plates-Nanotechnology in food and agriculture. Accessed 7 May 2017.

Mitsubishi Gas Chemical(2017a)AGELESS ® . Accessed 15 May 2017.

Mitsubishi Gas Chemical (2017b) AGELESS OMAC ® oxygen absorbing film. Accessed 15 May 2017.

NORDENIA(2011)Nor ® Absorbit makes your food nice and crispy. Accessed 12 May 2017.

Naknikham U,Jitwatcharakomol T,Tapasa K et al(2014)The simple method for increasing chemical stability of glass bottles. Key Eng Mater 608:307–310.

O'Grady MN, Kerry JP (2008) Smart packaging technology. In: Toldra F (ed) Meat biotechnology. Springer,New York,pp 425–451.

Ozdemir M, Floros JD (2004) Active food packaging technologies. Crit Rev Food Sci Nutr 44: 185–193.

Perry MR,Lentz RR(2009)Susceptors in microwave packaging. In: Lorence MW,Pesheck PS(eds) Development of packaging and products for use in microwave ovens. Woodhead Publishing Limited Cambridge,UK,pp 207–236.

Pospiskova K,Safarik I,Sebela M et al(2012)Magnetic particles-based biosensor for biogenic amines using an optical oxygen sensor as a transducer. Microchim Acta 180:311–318.

Realini CE,Marcos B(2014)Active and intelligent packaging systems for a modern society. Meat Sci 98(3):404–419.

Regier M(2014)Microwavable food packaging. In: Han JH(ed)Innovations in food packaging,2nd edn. Academic,San Diego,pp 495–514.

Regier M,Knoerzer K,Schubert H(2016)The microwave processing of foods,2nd edn. Woodhead Publishing Ltd,Cambridge,pp 273–299.

Rooney ML(1995)Overview of active packaging. In: Rooney ML(ed)Active food packaging. Blackie Academic and Professional,Glasgow,pp 1–37.

Salinas Y,Ros-Lis JV,Vivancos JL et al(2014)A novel colorimetric sensor array for monitoring fresh pork sausages spoilage. Food Control 35:166-176.

Sealed Air(2017)Cryovac ® OS films-rapid headspace. http://www. cryovac. com/NA/EN/pdf/ os-films. pdf. Accessed 10 May 2017.

SEALPAC(2014)TenderPac-best meat quality,appetizing appearance. http://www. sealpac. de/filead-min/user_upload/media/innovations/verpackungsloesungen/TenderPac_2014_online-EN. pdf. Accessed 17 May 2017.

Sen L,Hyun KH,Kim JW et al(2013)The design of smart RFID system with gas sensor for meat freshness monitoring. Adv Sci Technol Lett 41:17-20.

Sirane (2011) A-Crisp™ boxes, boards, sleeves and liners for crisping in a microwave. http:// www. sirane. com/microwave-susceptors-crisp-it-range/sira-cook-crisp-it-susceptor-boards-boxes. html. Accessed 26 May 2017.

Smith AJ,Poulston S,Rowsell L et al(2009)A new palladium-based ethylene scavenger to control ethylene-induced ripening of climacteric fruit. Platin Met Rev 53:112-122.

Smolander M(2000)Freshness indicators for direct quality evaluation of packaged foods. Paper presented at International conference on active and intelligent packaging,Chipping Campden,UK 7-8 Sept 2000 pp 1-16.

Sozer N,Kokini JL(2009)Nanotechnology and its applications in the food sector. Trends Biotechnol 27:82-89.

Suppakul P,Miltz J,Sonneveld K et al(2003)Active packaging technologies with an emphasis on antimicrobial concise reviews in food science. J Food Sci 68:408-420.

Tempra Technology™ (2017) Self chilling cans, Tempra Technology™ Florida, USA. http:// www. tempratech. com/portfolio/i-c-cans/. Accessed 23 May 2017.

Timestrip (2016) Timestrip ® cold chain products for food. http://timestrip. com/products/ foodrange/. Accessed 15 May 2017.

Uniform Code Council(2017)GS1 databar family. Available from: Lawrenceville NJ: Uniform Code Councilhttps://www. gs1. org/barcodes/databar. Accessed 6 June 2017.

Vermeiren L,Heirlings L,Devlieghere F et al(2003)Oxygen,ethylene and other scavengers. In: Ahvenainen R(ed)Novel food packaging techniques. CRC Press,USA,pp 5-49.

VITSAB(2015)Seafood TTI labels. http://vitsab. com/? page_id=1983. Accessed 2 May 2017.

Wanihsuksombat C,Hongtrakul V,Suppakul P(2010)Development and characterization of a prototype of a lactic acid-based time-temperature indicator for monitoring food product quality. J Food Engg 100:427-434.

Yam KL,Takhistov PT,Miltz J(2005)Intelligent packaging: concepts and applications. J Food Sci 70:R1R10.

Yeh JT,Cui L,Chang CJ et al(2008)Investigation of the oxygen depletion properties of novel oxygen-scavenging plastics. J Appl Polym Sci 110:1420-1434.

Yoshida CMP,Maciel VBV,Mendonça MED(2014)Chitosan bio-based and intelligent films: Monitoring pH variations. Food Sci Technol-LEB 55:83-89.

Zagory D(1995)Ethylene-removing packaging. In: Rooney ML(ed)Active food packaging. Blackie

Academic and Professional, Glasgow, pp 38-54.

Zelzer M, Todd SJ, Hirst AR et al (2013) Enzyme responsive materials: design strategies and future developments. Biomater Sci 1:11-39.

Zenner BD, Benedict CS (2002) Polymer compositions containing oxygen scavenging compounds. US Patent, 6391406, 21 May 2002.

Zhai RC (2010) Intelligent packaging bottle with voice advertisement. China patent CN201784843U, 22 Mar 2010.

第14章　消费者在新型食品和饮料创新中的作用

摘　要　通过知识的代代相传、传播和使用而产生的创新是经济增长的关键驱动力。因此，任何工业部门的成功都取决于创新的程度。在食品工业中，新食品的开发高度依赖于消费者的感知和接受度，因此，让消费者参与到开发过程中是至关重要的。这有助于降低产品在市场上失败的可能性。市场调查和感官分析是最常用的工具。就像任何其他行业一样，在食品行业，产品和流程开发认为是成功的商业战略的重要组成部分。食品工业中登记有重要发展和创新的部门包括加工技术和包装系统，这些领域的最新进展已经产生了非常重要的成果。

关键词　创新·新颖·功能·消费·食品工业

前言

创新是将一项发现（即想法、发明）转化为消费者愿意购买的商品或服务的过程（Sam Saguy，2011）。它有多个方面，如科学、技术、营销和组织、伙伴关系、风险和社会责任。这些发现必须将发现转化为产品、服务或流程并延伸出去，最终成为社会经济的一部分。任何能够以经济成本复制并满足特定需求的想法/发明都是创新。适合实施的思路就是创新。在当今咄咄逼人、竞争激烈的食品市场中，产品创新可能是一个主要的成功因素（Suwannaporn 和 Speess，2010）。

开发新食品的主要目标是确保它将被消费者接受，这种接受是关键的，因为它基于产品的某些属性与消费者的感知和心理反应之间的密切关系（Guine et al.，2012）。

消费者角色

在食品工业的创新过程中，消费者的作用至关重要。在过去的十年里，消费者在食品领域的需求发生了巨大的变化。他们越来越关注食品供应链的安全和质量。这些因素已经并将继续影响他们对新兴食品加工过程的看法。影响消费者接受新食品和饮料的因素大体上可以分为以下 6 类：消费者参与；新食品恐惧症；新食品可被感知的益处和风险；对新技术对人类健康的长期影响的担忧；新技术/工艺对食物链和环境的威胁；消费者的文化、心理社会和生活方式因素。

新技术的出现有可能给消费者带来一些切实的好处，包括延长保质期，改善营养和感官特征以及其他方面，如即食、方便准备以及更好的包装设计。另外，这些新兴技术也引起了消费者的关注，如食品辐照到目前为止还没有完全被接受。

2007 年，Beckeman 和 Skjoldebrand 指出，食品行业的创新将技术创新与社会和文化创新结合在一起。但是，食品行业的创新程度仍然较低。食品市场上并不经常引入激进或真正新奇的创新，但目前已经有一些新技术可用或正在由各种工人进行进一步的研究。

食品行业面临的创新是非常具有挑战性的。其中一个挑战是新食物恐惧症，即对新食物的恐惧。虽然，这种现象通常发生在儿童身上，但对于一些成年人来说，食物恐惧症在成年后也会继续存在。在新产品开发过程和市场研究期间，这些人构成了整个消费者群体中不可忽视的一个方面（Guine et al.，2013；Henrique et al.，2009）。消费者研究和营销团队不能忽视新的恐惧症消费者，他们通常只关注那些对新产品感兴趣的人。

消费者对跨越不同技术的新工艺的认知表明，他们最关心的是激进的创新。这些措施主要包括基因改造和食品辐照。他们不愿意接受转基因和/或辐照食品，因为他们非常反对相关食物带来的风险（Chen et al.，2013；Costa Font et al.，2008）。

评估消费者对食品的看法在产品的开发和营销中至关重要（Da Silva et al.，2014a，b）。制定有效的食品营销和沟通策略取决于对消费者如何回应信息的理解（Verbeke 和 Liu，2014）。传播和信息可以塑造消费者的态度，影响他们的选择和行为，而不会改变新奇产品的属性。

开放式创新理念

创新过程的人力资本投入，即研发和商业化活动中使用的个人技能和知识，可以来自公司边界内外（Sarkar 和 Costa，2008）。它们被分为两大类。封闭式创新（CI）流程主要来源于组织边界内。另外，开放式创新（OI）过程有投入，这些投入在很大程度上来自公司外部。

Chesbrough（2003）将开放式创新定义为"来自公司内部或外部的有价值的想法，这些灵感也可以从公司内部或外部进入市场"，后来在 2006 年将这一概念重新定义为"分别利用有目的的知识流入和知识流出来加速内部创新，扩大创新的外部使用市场"。

对食品行业来说，开放式创新并不是一个新概念。Manceau 等（2011）的研究表明食品行业一直在与供应商、消费者、客户和学术界就各种主题进行合作，例如新产品开发（NPD）、感官评价、消费者研究、配料及其功能性。

协同产品创新

消费者应该参与创新过程，因为这提高了成功创新的可能性，由于大多数新的食品和饮料产品理念最终都无法商业化。消费者和产品之间的联系是必不可少的。

Kemp（2013）指出，消费者驱动的食品和饮料创新应该只基于消费者的需求。这可以通过注重消费者投入的公司文化来实现。在整个创新过程中，适当的消费者投入是很重要的。消费者和公司之间的这种合作被称为协同产品创新（CPI）。CPI也被称为共同创造或共同创新。它提供了一种新的创新方式，消费者与公司合作开发对双方都有利的产品。这有助于改进新产品成功的假设。目前，这种协作通常是通过社交网络实现的。

CPI 主要的焦点是食品领域的消费者，但正如 Rontelap 等（2007）所说，可以从不同的角度和视角在不同的学科中研究消费者接纳创新产品的决定因素。

来自不同组织的现有知识的合作和整合是在共同创新下跨食品供应链实现的。Estrada-Flores（2010）讨论了使用凝聚力方法进行食品联合创新的优势。这项研究讨论了如何认识食品制造业的高度动态性，包括市场驱动的创新带来的好处。它还强调了政策作为鼓励创新的工具的有益性。所述的可持续共同创新框架可以在食物链参与者的创新方式上创造一种范式转变。

CPI 非常适合挖掘客户的创新理念，支持技术开发，为新产品发布创造价值网络。Costa（2013）提到，与专家技术用户合作可以通过产生新的产品创意和支持内部研发来促进公司的增值。此外，CPI 可以通过提高技术在选定细分市场中的接受度来加速新食品的采用。

消费者感知与感官分析

消费者的食物行为取决于两类变量：行为变量和态度变量（Cardello et al.，2000）。行为变量包括偏好、购买能力和消费模式等指标，而态度则包括对喜欢/不喜欢、愉快/不愉快的评估，或对选择或食用食物的愿望的衡量。

感官评价方法用于测量、分析和解释通过视觉、嗅觉、触觉、味觉和听觉对食物的反应。这是一种以科学为基础的方法。Guine 等（2010）指出，外观、气味、风味和质地等感官参数也是重要的属性，这些都有助于食品的质量。

Moskowitz 和 Hartmann（2008）强调，消费者角色对于食品行业的创新至关重要。因此，开发成功的新产品需要正确的感官评估和对消费者接受标准的全面理解（Guine，2012）。

以消费者为中心，使感官分析成为新产品开发的重要阶段之一。事实上，对于一种产品在市场上的成功来说，将其引导到正确的消费细分市场是非常重要的。食品生产者必须了解市场导向，了解消费者的需求和期望。

正如 Guine 在 2012 年报道的那样，消费者当前和未来的需求及其决定因素有助于新产品的开发。

食品行业创新

食品行业面临着大量的挑战，如不断变化的消费者需求、缩短的产品生命周期、竞争激烈的上市时间、杂乱的零售货架空间，以及越来越难满足越来越多的供应链因素（如供应商、客户或监管机构）的不同需求（Bellair，2010）。

与其他行业相比，食品行业传统上被认为是研究强度较低的行业，但这一领域的创新也引起了人们的极大兴趣。创新帮助食品公司从竞争对手中脱颖而出也激发了消费者的兴趣（Bigliardi 和 Galati，2013）。

许多研究表明，消费者已经接受了食品行业以技术为基础的创新。但正如 Cardello（2003）的报道，一些更容易被接受，一些已经被完全拒绝。普遍被拒绝的创新的显著实例是欧洲的转基因食品（GMF）和食品辐照（Rontelap et al.，2007）。消费者对基于技术的创新的接受程度取决于他们的使用能力。接受的决定因素分类如表 14.1 所示。

表 14.1　接受的决定因素

接受的决定因素	
最接近的	最远的
感知成本和收益，例如使用和健康相关收益	创新特征，例如价格、口味和便利性
感知风险和不确定性，例如安全问题、消费者担忧、情绪和信任	消费者特征，例如社会人口学、知识、个性、一般态度和价值观
主观规范，例如社会和同辈压力	社会制度，例如经济、政治和社会环境
感知行为控制，如自我效能	

食品工业的发展已经在各个相关领域发生了。然而，在过去的十年里，有三个领域的创新尤其重要：食品加工、食品包装和开发更健康食品的新趋势。

创新加工技术

在过去的十年里，人们对更方便、更多样的食品的需求不断增加。创新加工技术的重点是更快、更高效的生产技术、更高的质量、更高的安全性和更长的保质期。新的加工技术的出现，如包括射频和欧姆加热在内的热加工技术的出现，突出了这一趋势。另外，脉冲电场、高静水压、脉冲光、超声波等非热处理技术也在探索中。其中一些技术在过去几年中有了长足的发展，现在正在商业化。事实上，其中一些技术正在世界各地的许多食品加工设施中使用（Guine，2013）。

创新包装

在过去的十年里，食品包装领域的发展主要是为了延长保质期，最大限度地提高产品质量，并取悦消费者。食品包装领域出现了可食性薄膜和涂层、活性包装和智能包装、纳米聚合物等重大创新。

开发健康食品新趋势

在发达国家，典型的饮食已经演变成高热量的食物，富含饱和脂肪酸和糖，这与许多慢性病有关。这些饮食还含有非常低含量的复合碳水化合物和膳食纤维，因此增加了患病风险。此外，由于缺乏体育锻炼，这个问题变得更加严重。健康和食品是全球人民的头等大事（Smith 和 Charter，2010）。

Dewapya 和 Kim（2014）指出，功能性食品和营养食品是改善营养摄入的一种手段。摄取具有生物活性的化合物对人体健康有益，在过去的十年里受到了人们的高度重视。

因此，目前功能性食品的市场增长超过了传统食品。虽然所有类型的食品都应该考虑到健康特点，但目前的趋势更强调功能性食品（Smith 和 Charge，2011；Francieli da Silva et al.，2015）。

功能性食品的开发不仅包括加入某些对健康有益的化合物（或成分），还包括平衡味道、质地和风味等感官属性。然而，便利性仍然是消费者的关键因素，肯定会影响他们的购买选择。功能食品和营养食品行业是目前食品行业中最具活力的部分。这一细分市场正朝着更多以研究为导向的模式发展，类似于制药行业（Schieber，2012）。

结论

消费者对食品的种类、安全性和质量要求越来越高。在当前全球化的情况下，各工业部门都迫切需要创新。食品行业也受到了创新理念的影响。虽然食品领域的创新不可能是非常激进的，但大多数创新都是以消费者为中心的，因为对概念的接受对产品、工艺或技术的成功至关重要。功能性食品和营养补充剂之所以取得成功，是因为有潜力让消费者相信对健康的益处。在许多国家，功能性食品市场似乎由肠道保健品主导，特别是益生菌产品。许多消费者研究表明，消费者的知识和意识水平较低，对最激进的食品工艺创新（如基因改造和食品辐射）持高度怀疑态度。更重要的是，由这些新工艺生产的食品通常被消费者认为不安全、不卫生、不天然。因此，鉴于食品生产方法日益受到关注，越来越多的消费者正在寻求"无污染"的最低限度加工食品，如手工食品和有机食品。

参考文献

Beckeman M, Skjöldebrand C (2007) Clusters/networks promote food innovations. J Food Eng 79(4): 1418-1425.

Bellairs J (2010) Open innovation gaining momentum in the food industry. Cereal Foods World 55(1):4-6.

Bigliardi B, Galati F (2013) Models of adoption of open innovation within the food industry. Trends Food Sci Technol 30(1):16-26.

Cardello AV (2003) Consumer concerns and expectations about novel food processing technologies: effects on product liking. Appetite 40(3):217-233.

Cardello AV, Schutz H, Snow C, Lesher L (2000) Predictors of food acceptance, consumption and satisfaction in specific eating situations. Food Qual Prefer 11(3):201-216.

Chen XP, Li W, Xiao XF, Zhang LL, Liu CX (2013) Phytochemical and pharmacological studies on Radix Angelica sinensis. Chin J Nat Med 11(6):577-587.

Chesbrough HW (2003) Open innovation: the new imperative for creating and profiting from technology, 1st edn. Harvard Business Review Press, Boston.

Costa AIA (2013) Collaborative product innovation in the food service industry. Do too many cooks really spoil the broth? Open Innovation in the Food and Beverage Industry, 154-173.

Costa Font M, Gil JM, Traill WB (2008) Consumer acceptance, valuation of and attitudes towards genetically modified food: review and implications for food policy. Food Policy 33(2):99-111.

Da Silva VM, Minim VPR, Ferreira MAM, de Paula Souza PH, da Silva Moraes LE, Minim LA (2014a) Study of the perception of consumers in relation to different ice cream concepts. Food Qual Prefer 36:161-168.

Da Silva GF, Rocha LW, Quintão N L M (2014b) Nutraceuticals, dietary supplements, and functional foods as alternatives for the relief of neuropathic pain. Bioactive nutraceuticals and dietary supplements in neurological and brain disease: prevention and therapy, p 87.

Dewapriya P, Kim SK(2014) Marine microorganisms: an emerging avenue in modern nutraceuticals and functional foods. Food Res Int 56:115-125.

Estrada-Flores S(2010)'Understanding innovation in food chains', in C Mena & G Stevens(eds), Delivering performance in food Supply chains, Woodhead Publishing, Cambridge, UK, pp. 84-116.

Francieli da Silva G, Rocha LW and Quintão NLM(2015) Chapter 10— Nutraceuticals, Dietary Supplements, and Functional Foods as Alternatives for the Relief of Neuropathic Pain A2-Watson, Ronald Ross. In: Preedy VR, editor. Bioactive Nutraceuticals and Dietary Supplements in Neurological and Brain Disease, San Diego: Academic Press; 2015, p. 87-93.

Guine RP (2012) Sweet samosas: a new food product in the Portuguese market. Acad Res Int 2 (3):70.

Guine R(2013) Unit operations for the food industry: thermal processing & nonconventional technologies.

Guine R, Lima MJ, Pato L, Correia AC, Gonçalves F, Costa E, Santos S(2010) Consumer study and sensorial evaluation of a newly developed spicy strawberry syrup. Int J Acad Res 2(3):173-178.

Guine RP, Dias A, Peixoto A, Matos M, Gonzaga M, Silva M(2012) Application of molecular gastronomy principles to the development of a powdered olive oil and market study aiming at its commercialization. Int J Gastro Food Sci 1(2):101-106.

Guine RP, Barros A, Queirós A, Pina A, Vale A, Ramoa H, Carneiro R(2013) Development of a solid vinaigrette and product testing. J Cul Sci Technol 11(3):259-274.

Henriques AS, King SC, Meiselman HL(2009) Consumer segmentation based on food neophobia and its application to product development. Food Qual Prefer 20(2):83-91.

Kemp SE(2013) Consumers as part of food and beverage industry innovation. Open innovation in the food and beverage industry. Pp 109-138.

Manceau D, Moatti V, Fabbri J, Kaltenbach PF, Bagger-Hansen L(2011) Open innovation-what is behind the buzzword. ESCP Europe and Accenture.

Mena C, Stevens G (2010) Delivering performance in food supply chains. Cambridge (UK): Woodhead. P. 416-431. (Woodhead publishing series in food science, technology and nutrition; 185).

Moskowitz H, Hartmann J (2008) Consumer research: creating a solid base for innovative strategies. Trends Food Sci Technol 19(11):581-589.

Ronteltap A, Van Trijp JCM, Renes RJ, Frewer LJ(2007) Consumer acceptance of technology-based food innovations: lessons for the future of nutrigenomics. Appetite 49(1):1-17.

Saguy IS(2011) Paradigm shifts in academia and the food industry required to meet innovation challenges. Trends Food Sci Technol 22(9):467-475.

Sarkar S, Costa AI(2008) Dynamics of open innovation in the food industry. Trends Food Sci Technol 19(11):574-580.

Schieber A(2012) Functional foods and nutraceuticals. Food Res Int 46(2):437-572.

Smith J, Charter E(2010) Functional food product development. Hoboken, NJ, USA: Wiley Blackwell Publishing.

Suwannaporn P, Speece MW (2010) Assessing new product development success factors in the Thai food industry. British Food J 112(4):364-386.

Verbeke W, Liu R (2014) The impacts of information about the risks and benefits of pork consumption on Chinese consumers' perceptions towards, and intention to eat, pork. Meat Sci 98(4):766-772.

第 15 章　食品和饮料方面的知识产权

摘　要　本章以食品和饮料行业为例,讨论与知识产权相关的问题。它们为商业实体在市场中的地位形成了看不见的中坚力量。在当今的竞争环境中,知识产权保护、强制执行和盈利方面的实力决定了企业实体相对于其竞争对手的实力。考虑到动态的消费者需求,许多公司现在都将重点放在研发上的重大投资和快速投资回报上。这一点适用于食品和饮料行业。有几种保护知识产权的工具,如专利、商标、版权、工业品外观设计等。所有这些因素都使食品和饮料行业有利可图,受到追捧。

关键词　知识产权;食品;饮料;专利;版权;商标;工业品外观设计;商业秘密;地理标志

前言

能源是我们这个星球增长和流动的重要驱动力,从很大程度上可以归因于食物和饮料的摄入量和质量。随着人口爆炸性增长、气候变化、自然动植物枯竭等,食品和饮料的可获得性已成为一个令人担忧的问题。为了解决这些相关问题,全球各地的许多公司和组织都在关注向人们提供充足的优质食品和营养。在这种追求中,这些实体探索通过严密保护的知识产权工具(如专利、商标、工业品外观设计等)在业务中显著存在的可能性,这些手段具有广阔的覆盖面和针对重大利润的执法战略。从事食品饮料业务的知识产权保护主要集中在保护原料或成品的配方、加工、包装和分销方面的专有权,以实现显著的投资回报,因为获得的专营权是有限的。老牌商业机构确实通过管理其他资源的财务承诺来协商需求和时间安排,而微型、小型和中型企业在满足产品成功部署到市场的时间安排时必须谨慎。如果知识产权不能正常运作或不能有效谈判许可安排或与技术转让有关的问题,后者可能会受到严重威胁。

食品和饮料行业和知识产权保护

仔细观察食品和饮料行业可以发现,食品是新鲜食品如熟食和包装食品,包括各种酒精和非酒精饮料。

食物/加工食品大致可分为以下类别:肉类;火鸡;鸡肉和其他家禽;海鲜;蛋和蛋制品;奶制品;水果和蔬菜,包括果汁;谷类、豆类和坚果;婴儿食品和婴儿配方奶粉;宠物。

食品类饮料：牛奶；茶；咖啡；碳酸饮料；果汁；酒精饮料。

不断发展的消费者需求导致了食品和饮料行业的转变。现有产品的强大研发和创新对于跟上不断变化的客户趋势和有效的营销战略至关重要。因此，知识产权在保护公司的创新产品和想法以增加其商业收益和避免利益冲突方面发挥着关键作用。

食品饮料行业的知识产权保护类型：专利；著作权；商标；外观设计；商业秘密；地理标志。

专利

根据世界知识产权组织（WIPO）的定义，专利是授予一项发明的专有权，该发明通常是一种产品或方法，提供了一种新的做事方式，或提供了一种新的技术解决方案。食品行业的专利几乎涵盖了从成分到加工、包装，最后到最终产品的销售的方方面面。发明家可以为一种方法、一种机器、一种仪器或一种物质的组合物申请专利。一种新食品可以作为物质的组合物申请专利。图 15.1 显示了各种食品类别的专利申请数量，包括生食和加工食品。新的果汁和饮料配方也可以通过申请专利的方式得到保护。由于健康和健身意识的提高以及智能的市场战略，印度的果汁细分市场有了实质性的增长。这最终导致该领域的专利申请增加，目的是夺取更大的市场份额。

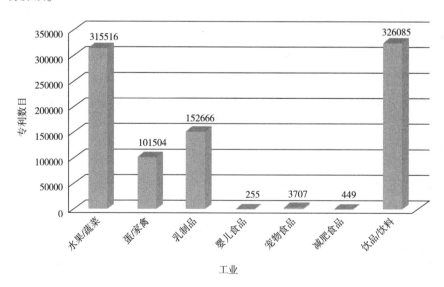

图 15.1　各类行业专利申请数量

印度专利局的专利趋势让我们得以一窥这一领域的主要关键参与者。在这一领域拥有最大知识产权保护的组织和机构是公司。在研究机构中，科学与工业研究理事会（CSIR）、印度理工学院（IIT）和塔帕尔工程技术学院（Thapar Institute Of Engineering And Technology）在这一领域的知识产权保护数量最多，似乎正在这一领域进行大量研究。图 15.2 代表了饮料行业的主要专利申请者。

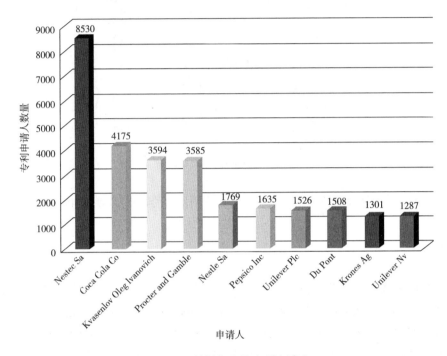

图 15.2　饮料行业的专利申请人

与食品和饮料行业有关的案例研究

Quorn：肉类替代品

人口的增加和肉牛饲养的不利影响促使研究人员寻找肉类本身的替代品。1985 年，一种可以模仿肉类的味道和质地肉类替代品被开发。有公司开发了一系列以"Quorn"食品为商标的食品（图 15.3）。这项专利技术是从蛇毒镰刀菌中提取的真菌蛋白，其发酵过程类似于酿造啤酒或酸奶的过程，并以各种预先包装的餐食和烹饪原料的形式推出了替代肉类产品。Quorn 作为一系列预包装膳食中肉类的替代品出售，也作为一种烹饪配料，其中真菌与鸡蛋蛋白和土豆混合，作为素食黏合剂，以获得所需的质地（Finnigan，TJA，2011）。

图 15.3　Quorn：肉类替代品

开发该品牌所涉及的技术是"生产含有可食用蛋白的物质"（美国 4555485 号条例）。

跳跳糖

这种糖果背后的技术的新奇之处在于，在口中溶解时会产生起泡反应。1961 年 12 月 12 日，普通食品研究化学家 Leon T. Kremzner 和 William A. Mitchell 为这一技术申请了专利。后来，卡夫食品将跳跳糖品牌授权给 Zeta Espace SA，后者在卡夫的许可下继续生产该产品，后来成为该品牌的唯一制造商和所有者。

"气化糖果及其制作方法"（美国 3012893 号条例），这是著名的美国跳跳糖流行背后的专利技术（图 15.4）。

图 15.4　美国跳跳糖

密封无壳三明治

　　JM Smacker 公司使用品牌名"Uncrstables"制造密封的无壳三明治。密歇根州盖洛德的一家名为 Albie's Foods Inc. 的食品杂货和餐饮公司在法庭上对这项专利提出了质疑。该公司销售的是一种名为"馅饼"的卷边无皮口袋三明治，JM Smacker 向该公司发出了停产通知。美国专利商标局对"密封的无壳三明治"进行的重新检查表明，许多以前被忽视的现有技术也存在于此。最终，这项专利与所有索赔一起被驳回。然而，JM Smacker 继续销售未获专利的三明治，商标为"Uncrstables"（图 15.5）。

图 15.5　密封无壳三明治

　　由于专利局的草率和粗心大意，这起案件被认为是一个有争议的案件。专利局在没有适当审查专利申请和进行完整的现有技术检索的情况下授予了这项专利，尽管类似产品的专利已经存在。

版权

　　根据世界知识产权组织的说法，"版权是一个法律术语，用来描述创作者对其文学和艺术作品的权利"。虽然美国著作权法将保护范围扩大到"固定在任何有形表达媒介上的原创作品"，但赋予作者制作、创作或展示此类作品的专有特权。
　　食品和饮料的版权范围没有被明确地勾勒出来，并且有许多重叠的灰色区域。食谱的版权是有争议的，因为只是一份配料清单或一种烹饪方法，不足以确保版权的保护。以书籍或任何其他形式的汇编形式表达原始配方说明始终是版权的主题。然而，版权保护可以涵盖某些成分及其数量、产品的构思以及制备的风格、方法或技术等。

全球化带来的激烈竞争和国际品牌的大量进入，使得广告和营销都有了巨大的增长，以抢占更大的市场份额。这导致了组织利用不道德的方式来获得相对于竞争对手的优势，有时会给那些付出了巨大努力和技能来获得品牌或产品商誉的人造成经济损失。在这里，版权法在保护广告、口号、脚本等创作的方方面面方面起着举足轻重的作用。

广告和版权

与其他广告一样，创意或艺术作品广告也应符合一定的标准，受到著作权法的保护。艺术作品应为：原创——以前未被复制过；不应属于公有领域或公知领域；作品应该是有形的，而不只是一种思想，想法没有版权；这项工作必须涉及劳力、技能和资金。

根据 1957 年"版权法"第 13 条的规定，版权保护适用于以下类别的作品：原创文学、戏剧、音乐和艺术作品；电影；录音。

广告通常是文学、戏剧、艺术和音乐技能的结果。但广告只有在满足上述四项要求的情况下才能受到版权法的保护。下面有几个案例研究显示一方的版权是如何被另一方侵犯的。

百事可乐大战可口可乐（可口可乐大战）

百事可乐公司（Pepsi Co.）和可口可乐公司（Coca-Cola）都是可乐领域的巨头，经常在知识产权保护的各个方面相互争斗。这里展示了一个类似的例子，百事可乐起诉可口可乐在广告中侵犯了他们的商标。在可口可乐公司的产品"Thums Up"的广告中，印度电影界的一位男主角问一个孩子他最喜欢的饮料是什么。孩子回答百事可乐，虽然语气低沉，但嘴唇的动作表明是一样的。然后，孩子们被要求品尝两瓶盖着标签的可乐，孩子回答说，孩子们会喜欢第一个品牌，因为它很甜，但他自己会更喜欢第二个瓶子，因为这种饮料是给成年人喝的，而且味道更浓。然后，这位演员去掉了标签，标签上显示第一瓶被命名为"Pappi"，这看起来与百事可乐相似，第二瓶是 Thums Up。随后又出现了一系列标语，如"错误的选择，宝贝"和"不再有 Dil maange"。这两个口号都在贬低百事可乐的口号，如"耶，嗨，嗨，正确的选择，宝宝"和"Dil maange 更多"，这对百事可乐在以年轻人为主的市场上的声誉造成了损害。法院做出了有利于百事可乐的裁决，称可口可乐使用了与百事可乐商标相似的地球仪标志和类似于百事可乐商标的"Pappi"一词，贬低和贬低了百事可乐的产品。

不列颠诉 Unibic 饼干

不列颠"Good Day"饼干已经建立了自己的名字，也建立了一定的市场信誉。因此，当 Unibic 饼干推出了一款类似的饼干名为"Great Day"，并附上了一条标语："Why have a Good Day when you can have a Great Day!"这项活动是对不列颠"Good Day"的直接象征，建议人们不应该消费"Good Day"饼干，而应该更喜欢"Great Day"饼干。法院做出了有利于不列颠的裁决，并授予被告禁制令，因为被告夸大了事实，给人留下了其他事实都不成立的印象，贬低了"Good Day"饼干。因此，此广告向公众传达了一个错误的信息。

商标

根据 WIPO 的说法，"商标是将特定来源的产品或服务与其他来源的产品或服务区分开来的明显标志或可识别的设计或表述。商标可能由文字、字母或数字、图画、符号、三维特征（如商品的形状和包装）、不可见的标志（如声音或香水）或用作区别特征的色调组成"。在食品和饮料行业，商标在创建品牌和确保产品具有品牌独特性，从而为该产品创造市场价值方面发挥着重要作用。多年来，我们看到某些商标为自己建立了知名度和声誉，反过来对公司来说也变得非常有价值，因为它是最大的单一无形价值来源。有时，仅仅是颜色、形状或标志，或者仅仅是产品的形状就能赋予品牌独特性。一些已经脱颖而出并建立了强大的消费者和市场份额的商标如图 15.6 所示。

随着食品和饮料行业的不断扩张和竞争，这些公司花费了大量的资源推出新产品，打造吸引顾客的有吸引力的品牌，从而保持了稳定的消费者基础。有时，精心策划的小品牌试图通过推出貌似相似的产品或包装来利用成功品牌的力量。一个品牌及其商誉是非常有价值的。例如，可口可乐公司总价值的大约一半是它的品牌，2011 年估计价值 740 亿美元。因此，企业通过商标注册来保护自己的品牌是值得的。时常一些商标侵权诉讼被曝光，这些诉讼构成了某些里程碑式的判决的基础。这里讨论了其中的一些问题。

无糖案例——确定商标的次要特征

随着时间的推移，商标的影响力增加了很多，以至于在消费者心目中，有时商

图 15.6　Heinz 的绿松石色、可口可乐标志和 Toblerone 巧克力的形状作为商标

标与特定的产品、制造商或服务联系在一起，这些产品或制造商或服务通常可以互换使用。因此，正如在 Cadila Healthcare 诉 Gujarat Cooperative Milk Marketing Federation Ltd. 一案中，我们看到确定次级显著性并非易事。Cadila 正在销售和推广他们的产品阿斯巴甜，这是一种低卡路里人工甜味剂，和糖一样甜但只含有 2% 的卡路里，商标是"无糖"。Gujarat Coop Society 开始以无糖 D' Lite 为商标销售他们的冰淇淋。在一名法官拒绝授予临时禁令之前，原告向德里高等法院提起了侵权诉讼。德里高等法院的审判庭特别注意到，"无糖"标志可能是一种人造甜味剂的特色标志，但不能与其他商品区别开来。可以在这里具体说明，当事人在印度的糖替代品市场上获得了 74% 的报价，这显然是在建立普遍的溢价。"无糖"商标分部法官认为，"无糖"商标是描述性的，不是一个新造的词或不规则的词组合，因此原告不能主张对它的专有权。然而，法院命令 Gujarat 合作社缩小或降低"无糖"一词的字体大小，因为"无糖"的字号明显大于产品"Amul"的商标。在此，我们得出结论，尽管"无糖"一词使 Cadila 在市场上获得了次要特征，但 Cadila 并不能阻止"无糖"一词在其描述性意义上的使用。

Kellogg 公司诉 National Biscuit 公司

制作小麦饼干的工艺是由 Henry Perky 开发的，他后来在 1963 年将这种产品推向了市场。他获得了产品的实用专利以及用于制作全麦饼干的机械。饼干是以

"Shredded Whole Wheat" 和后来的 "Shredded Wheat" 的名字销售的。

1912 年，Henry Perky 的专利到期后，Kellogg 公司开始生产小麦饼干。尽管 Kellogg 的饼干形状与小麦片相似，但其制作工艺与 Henry Perky 的小麦片不同。Henry Perky 公司的继任者反对 Kellogg 的产品，因此 Kellogg 在 1919 年停止了生产。但后来在 1927 年恢复了，但被 National Biscuit 公司（后来称为 Nabisco）起诉，后者收购了 Perky 公司。National Biscuit 在他们的诉讼中反对 "小麦片" 一词，反对他们的饼干形状与 Kellogg 的相似，并在他们的麦片盒上使用了两个枕头形状的谷类食品浸泡在牛奶中的图片（图 15.7）。

图 15.7　小麦片（Nabisco）和小麦片（Kellogg's）

美国最高法院驳回了 National Biscuit 的论点，称由于该技术和产品的专利已经到期，Kellogg 有权复制。对于麦片盒上的图片，法院表示，由于麦片盒上醒目的位置显示了 Kellogg 的字样，消费者不能混淆这两个品牌。专有名词 "小麦片" 是一个通用术语，因此不是饼干公司的商标。

颜色商标

1854 年，Cadbury 获得维多利亚女王的皇家授权，成为女王官方的可可和巧克力制造商。为了向维多利亚女王致敬，Cadbury 在 2004 年为其传奇色彩紫色（也被称为潘通 2685C）申请了商标。Cadbury 的主要市场竞争对手雀巢（Nestle）反对将紫色注册为商标，称紫色是贸易中常用的颜色，并没有仅仅以紫色作为 Cadbury 的标志。美国法院驳回了 Cadbury 的申请，从而驳回了 Cadbury 试图垄断牛奶巧克力产品紫色的企图（图 15.8）。

图 15.8　Cadbury 紫色商标

这个案例表明商标应该是清晰的和描述性的。当申请的商标性质不寻常，如颜色或气味为商标时，应特别考虑这一点。蒂芙尼成功注册了 Pantone 1837，为许多诸如颜色作为商标的应用铺平了道路。这表明随着品牌区分的创新理念的出现，商标法如何不断受到延伸和挑战，这些理念与更保守的品牌保护模式不同。

工业设计

在法律类比中，工业品外观设计构成了物品或产品的装饰性或审美性方面，与功能性没有任何关系。工业设计可以由三维特征（如物品的形状）或二维特征（如图案、线条或颜色）组成，如可口可乐瓶子的设计（图 15.9）。

在外观设计注册（又称外观设计专利）中，外观设计所有者有权阻止第三方制作、销售或进口带有或包含注册外观设计复制品的物品。保护了新的非功能性审美特征，如色彩、装饰、形态、图案或线条或形状的构成。设计可以是二维或三维图案，用于通过手工、机械或化学方法、单独或组合应用工业过程来生产产品、物品或手工艺品。2000 年"印度设计法"的制定和实施符合"与贸易有关的知识产权协议"（TRIPS）第 25 条和第 26 条。外观设计注册提供最长 10 年的保护，并可再续展 10 年。与专利一样，工业品外观设计也是特定国家的。WIPO 管理某些条约以及构成工业品外观设计法律结构支柱的地区性和国家性法律。一些与工业品外观设计有关的条约是：

图 15.9　可口可乐瓶的设计

①"工业品外观设计国际注册海牙协定"只允许所有者提交一份申请，并以一种语言和一种费用在多个国家获得保护。

②全球外观设计数据库利用海牙体系和其他参与国的多个数据库，提供了大量注册外观设计专利。

③洛迦诺分类是一种为工业品外观设计注册目的对商品进行分类的国际制度。

可口可乐与百事可乐："瓶子大战"

可口可乐的"轮廓瓶"是人们最容易辨认的形状之一。1915 年，可口可乐（Coca-Cola）发起的一场竞赛中获胜后，Earl R. Dean 设计了这种凹槽线形瓶子，敦促其瓶子供应商设计出与可口可乐独一无二的设计，从而使其有别于市场上的其他品牌。2007 年，百事可乐在澳大利亚推出了"Carolina 瓶子"（图 15.10）。可口可乐向法院提起诉讼，指控百事可乐商标侵权、误导和冒充。2014 年，法院驳回了可口可乐对百事可乐的所有指控，此前法院仔细检查了这两个瓶子，并表示轮廓或轮廓只是设计元素之一，并不是"轮廓瓶子"的全部代表。除此之外，百事可乐的瓶子在许多其他方面都不同，比如更有曲线美，顶部和底部的凹槽图案，以及底部和颈部设计的不同。这是一个形状商标的例子，瓶子的形状是产品认知度的同义词。在外形设计中，规格应与商标一起详细说明的基本特征。

波纹形薯片

Frito-Lays 的波纹创新设计专利（UD D495，852S）是一种精妙的市场策略。该公司声称，波纹使薯片更美味。美味与否可能是有争议的，但这无疑使该产品在品牌认知度方面与其他产品相比具有奇特之处。即使没有包装，脊状薯片也可能与 Frito-Lays 有关。这一简单的设计创新使 Frito-Lays 成为薯片制造商的领先者，并通过提供现有的外观薯片来消除竞争（图 15.11）。

1:1 比较

可口可乐385 mL 百事300 mL

图 15.10 Carolina 瓶子轮廓的比较

图 15.11 波纹形薯片

Kellogg Eggo 华夫饼

这种经典的美式早餐"华夫饼"之所以成功，是因为独特的设计和构思，使其有别于任何其他普通的煎饼（图 15.12）。Kellogg 的 Eggo 华夫饼独特的隔间设计看起来很美观，也为华夫饼提供了功能。格子形的结构可以容纳糖浆，使华夫饼比普通煎饼更美味。这一点，再加上"Leggo my Eggo"的强大电视宣传，使其在市场和消费者方面取得了成功。

图 15.12　Kellogg Eggo 华夫饼

商业秘密

任何具有竞争优势的机密商业信息都可以被视为商业秘密。有时候，产品是如此成功，以致 20 年专利所提供的保护并不足够，因此，知识拥有者可能会选择将资料保密为商业秘密，从而无限期地获取该行业的利润。在食品行业，商业秘密的范围可能从食谱的成分或制备方法甚至到销售和营销策略。

尽管商业秘密只要受到保护就能提供无限的保护，但它的主要缺点是无法阻止第三方研究出一种方法来剖析产品并将其用于商业用途。

在世界上保守得最好的商业秘密中，有很大一部分确实属于食品和饮料行业。可口可乐（商品 7X）的配方被认为是保守得最好的商业秘密，也可能是最长的。其他著名的商业上成功的商业秘密还有肯德基炸鸡、胡椒博士和布什的烤豆。将产品作为商业秘密出售会给你的产品带来一种神秘的色彩，这是一种很好的营销策略和广告宣传。

任何组织或实体，无论其规模大小，其内部都拥有对其成长和保持其市场地位至关重要的信息和知识。经济快速增长和各种内部和外部来源的参与（服务外包等），使重要知识或信息的泄漏难以控制。专利、商标、版权和外观设计等知识产权工具可能会保护组织的某些方面。但也有一些表面是知识产权工具无法覆盖的，在这里，商业秘密在保护它们方面起着举足轻重的作用。特别是在食品和饮料行业，商业秘密对产品的味道或外观至关重要。

可口可乐

作为市值超过 1000 亿美元的最畅销饮料公司之一，可口可乐已经确立了无与伦比的知名品牌地位。John Pemberton 在 19 世纪末发明了可口可乐的配方并于 1893 年获得专利。但后来，当公司改变了碳酸饮料的配方时，他们选择不为其申请专利，而是将其作为商业秘密保留下来。这背后有各种各样的原因。首先，到了 20 世纪，可口可乐已经确立了自己作为一个强大品牌的地位，几乎没有竞争对手。根据 1836 年的专利法，为配方申请专利只会为他们提供 17 年的保护，根据该法案，他们将被迫披露自己的配方，专利到期后，任何人都可以自由生产这种饮料。他们知道自己的品牌和产品价值远不止 17 年。因为他们严守商业秘密，以至于决定离开印度消费市场。1977 年，根据印度外汇管理法（FERA），他们被要求披露配方。直到印度在阔别 17 年后决定改变其政策时，它才重新回来。不时有人试图窃取可口可乐的配方，但这只会增加品牌价值，可能被一些人认为是快速的市场策略，以保持其产品的神秘形象。

Faccenda 公司诉 Fowler 案

保守商业秘密的责任完全在于产品或过程的所有者。组织必须通过员工之间的法律协议来确保，为了保护商业秘密，组织必须有明确的定义。Faccenda 聘请 Fowler 担任销售经理，负责在指定区域从冷藏车上销售新鲜鸡肉。每个推销员都知道他们的客户群，他们的地址以及他们支付的价格。第一被告 Fowler 随后辞去了原告即 Faccenda 的工作，成立了自己的公司，在同一地区开展类似的业务。该公司的八名员工与这名前雇员一起去上班。该公司声称，这些雇员泄露了 Faccenda 公司客户群的销售信息，违反了他们的雇用合同。经检查发现，该公司与雇员之间的法律协议中没有任何一项表明他们在离开雇员的服务后不能利用他们在就业期间获得的知识。法院将该雇员在任职期间获得的知识分为三类：

①属于公共领域的信息，不需要法律协议，可以传递给任何人。

②他在受雇期间不能泄露的机密信息，但在没有任何有约束力的协议的情况下，他可以在离开组织后使用这些信息。

③受法律协议约束，在任职期间和任职后不能泄露的商业秘密。

法院认为，由于本案属于第二类，合同中没有提及，因此一旦雇员离职，并将其在受雇过程中获得的信息用于自己的利益就不存在违约行为。因此，他驳回了原告的诉讼和反诉。因此，对雇主来说，最重要的是通过强有力的法律协议保护其无形资产，同时允许雇员利用自己的技能，而不必担心任何针对他们的法律诉讼。

地理标志

地理标志（GI）是一种标志，用于具有特定地理来源并具有因该来源而产生的质量或声誉的产品。由于产品的质量取决于产地的地理位置，因此产品与其原始产地之间有明确的联系。表15.1显示了在印度注册的一些与食品和饮料行业相关的地理标志。在世界贸易组织的"与贸易有关的知识产权协议"（TRIPS）中，地理标志（GI）提供的保护一直是知识产权篮子中最具争议性的问题之一。根据"与贸易有关的知识产权协议"，地理标志是指一种产品的原产地是一个特定的地理区域，因此，由于其地理条件该产品形成了一些独特的特征，使其有别于来自不同地理区域的类似产品。该产品还应具有一定的声誉。GI不为个人提供保护，而是一种社区或地区权利。该权利为其收件人提供了使用其产品的给定名称的排他性。1999年"货物地理标志（登记和保护）法"保护了印度的地理标志。虽然注册在印度不是强制性的，但注册为保护和节约提供了一个法律据点。既然声誉是依附于产品的，那么产品的价值也取决于它。建议注册GI，以防止假冒和误导消费者等不道德的商业行为。此外，由于不公平的商业行为，还会造成收入损失。GI不仅为产品提供保护，帮助创收，而且通过在市场上为某些丢失的艺术和技术创造知名度，帮助整个社会参与到就业和保护某些丢失的艺术和技术。

表 15.1　在印度注册的一些与食品和饮料行业有关的地理标志

序号	地理标志	地区
1	那格浦尔橙	马哈拉施特拉邦
2	大吉岭茶	西孟加拉
3	Naga Mircha	那加兰邦
4	Fenni	果阿
5	芒果	北方邦

大吉岭茶

大吉岭茶的声誉如此之高，因此，为了保持大吉岭茶原产地的真实性，印度设计并注册了一个标识以便于识别 GI，通常被称为"大吉岭"标识（图 15.13）。大吉岭茶叶及其标识所拥有的各种知识产权如下：

①大吉岭一词及其标识是印度茶叶委员会根据 1999 年商标法的注册商标。

②"大吉岭"字样及其徽标是印度第一个根据 1999 年"货物地理标志（登记和保护）法"登记的字样。

③大吉岭标识作为艺术作品受 1957 年版权法保护。

除了在印度注册为 GI 外，它还是英国、美国、比利时、加拿大、意大利、瑞士、埃及、德国、黎巴嫩、奥地利、西班牙、法国、葡萄牙、日本和俄罗斯的认证商标，以及欧盟的社区集体商标。

图 15.13　大吉岭标志

印度茶叶委员会诉 ITC 有限公司

尽管有如此强大的知识产权保护，有时也会打官司。其中一起纠纷发生在印度茶叶委员会和 ITC 有限公司之间，原因是"大吉岭"一词的使用问题。ITC 将其加尔各答酒店的一个休息室命名为"大吉岭"。印度茶叶委员会宣称对"大吉岭"一词具有排他性。ITC 坚持认为，大吉岭这个词不仅仅是茶，还有更多的含义和象征意义。法院做出了有利于 ITC 的裁决，声明茶叶委员会只是一个认证机构，决定一种茶是否应该被称为大吉岭茶。并无涉足酒店业，国贸中心也没有侵犯印度茶叶委员会的认证授权权。因此，其不存在假冒的情况。

苏格兰威士忌协会诉 Golden Bottling 有限公司

苏格兰威士忌受总部设在英国的组织苏格兰威士忌协会（SWA）的保护。一场纠纷发生了，SWA 向 Golden Bottling 有限公司提交了一份请愿书，该公司生产名为"红苏格兰"威士忌的白酒。SWA 声称，威士忌一词的使用给市场和消费者留下了一种威士忌起源于苏格兰的印象，事实并非如此。法院在分析"苏格兰威士忌"后表示，由于当时它没有在印度注册为 GI，因此不能被认定是 GI。但是，根据 1999 年"Indian GI"第 20 条备忘录，该条禁止任何人提起任何诉讼，以防止侵犯未注册的 GI 或就侵犯未注册 GI 追讨损害赔偿，该条款仅裁定被告冒充和禁止使用"苏格兰"或"苏格兰人"一词。

参考文献

Dinwoodie GB. The story of Kellogg Co. v. National Biscuit Co.：breakfast with Brandeis, p. 1. Retrieved on 15 may 2017. Accessed on 06-09-17.

Finnigan TJA (2011) Mycoprotein：origins, production and properties. In：Philips GO, Williams PA (eds) Handbook of food proteins. Woodhead Publishing Ltd, Cambridge, pp 335-352.

Jaffe AB, Lerner J (2004) Innovation and its discontents：how our broken patent system is endangering innovation and progress, and what to do about it. Princeton University Press, Princeton, pp 25-26. 32-34. ISBN 0-691-11725-X. Accessed on 06-09-17.

Semila Fernandes/Procedia-Social and Behavioral Sciences 133 (2014) 346-357. Accessed on 06-09-17.

第 16 章 智能计算技术利用经典化学测量数据预测葡萄酒发酵中问题的应用

摘　要　葡萄酒发酵的早期预测是酿酒过程中的主要问题之一，因为对葡萄酒的质量和实用性有重要影响。在智利，这是一个严重的问题，因为智利是十大葡萄酒生产国之一。在这一章中，回顾了已经应用于解决这一问题的智能计算方法。所研究的两种方法，支持向量机和人工神经网络，对于不同的训练/测试/验证百分比、不同的截止时间和几个参数配置，都显示出很好的总体预测误差。这些结果对葡萄酒生产非常重要，因为只基于经典化学变量的测量，它们证实了智能计算方法对于酿酒师来说是一种有用的工具，可以及时纠正发酵过程中的潜在问题。

关键词　支持向量机；神经网络；葡萄酒发酵；经典化学变量

前言

2011—2016 年，智利酿酒业生产了约 70000 L 葡萄酒，参见图 16.1。智利被定位为十大葡萄酒生产国之一，和五大葡萄酒出口国之一（Executive Report Chilean Wine Production，2011）。这在很大程度上是因为智利葡萄酒的优良质量与价格。

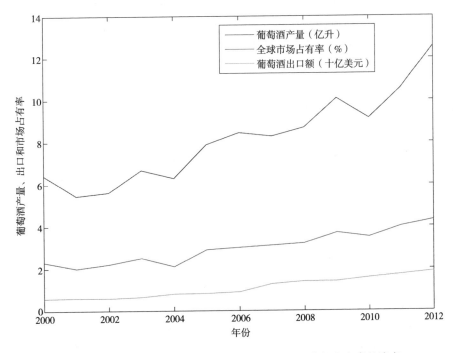

图 16.1　2000—2012 年智利葡萄酒产量、出口和市场占有率的演变

在发酵过程中，葡萄酒质量可能会出现问题，从而产生有问题的发酵：黏滞或迟缓。正常发酵（称为干式发酵）含有的残糖不到 0.2% ~ 0.4% （Bisson 和 Butzke，2000）。黏滞或不完全酒精发酵的定义是，一旦酵母停止作用，葡萄酒中的残糖含量就会高于预期，而当酵母迟缓发酵（晚发）时，就会发生缓慢的发酵，可能会完全停止发酵并卡住。在智利，1% ~ 3% 的葡萄酒发酵过程是有问题的，但这个范围是不精确和可变的。

已有文献表明，问题发酵的主要原因如下：初始糖含量高，极端温度或 pH，缺乏营养如氮或氧，乙醇含量高，来自其他微生物的竞争，短链和中链脂肪酸以及不正确的酿酒方法（Bisson 和 Butzke 2000；Blateyron 和 Sablayroll 2001；Pszczólkowski 等 2001；Beltran 等 2008；Varela 等 2004；D'Amatto 等 2006）（图 16.2）。

此外，有问题的葡萄酒发酵可能会产生重大的经济影响。例如，仅考虑原材料的损失，在一个 32 吨的发酵罐中，每次发酵的成本约为 43200 美元。

一些发酵可以通过酿酒程序纠正，发酵可以正常结束，但由于发酵时间的增加和采取的纠正措施，发酵质量较低。因此，由于葡萄酒发酵异常对经济和质量的影响，及早获得低误差、有问题的发酵预测将使酿酒商能够及时采取纠正措施，显著减少酿酒厂和经济损失。

在葡萄酒行业，酒精发酵通常通过标准测量（密度、还原糖、总酸度和挥发性酸度、pH、温度等）进行每日监测。然而当它的正常发酵因某种应激条件而受到影响，可能停滞或迟缓时，葡萄酒专家的行动是试图利用先前的信息在瞬间纠正问题。很多时候，可以通过使用传统的做法来解决，如接种疫苗、添加营养成分和其他方法，但问题是为什么不试着避免它们呢？

智能计算技术在葡萄酒问题发酵中的应用

智能计算指的是来自人工智能的方法，这些方法是用基于学习和适应的方法来构建的，目的是解决复杂的模式识别问题。常用的方法有：人工神经网络（ANN）；支持向量机（SVM）；遗传算法（GA）。

一般来说，前两种方法应用于模式识别中出现的任务如分类、识别、聚类和回归等（Engelbrecht，2007；Kruse，2013；Bishop，1996，2006；Theodoridis 和 Koutroumas，2008；ABE，2010）。

人工神经网络（ANN）是一种众所周知的数学模型，可以由几个参数来表征例如隐藏层的数目，输入、输出和隐藏层的神经元的数目，转移函数和误差函数（Engelbrecht，2007；Bishop，1996；Theodoridis 和 Koutroumas，2008；Ripley，2008）。通过学习规则的应用，ANN 已经在来自几个领域的许多案例中显示了检测

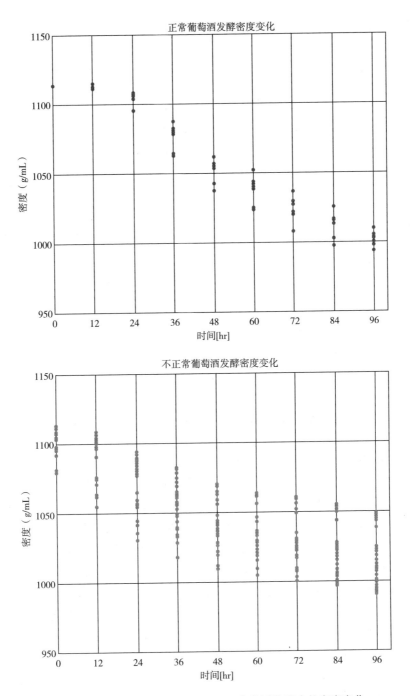

图 16.2　正常（8）和不正常（30）葡萄酒发酵中的密度变化

输入和输出之间复杂关系的能力。然而，这种能力在很大程度上取决于 ANN 的正确规范和大量示例的可用性（Bishop，1996，2006）（图 16.3）。

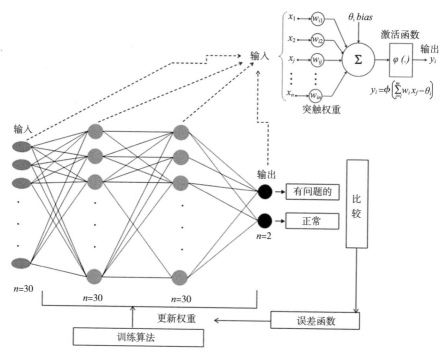

图 16.3　具有两个隐藏层的多层反馈 ANN，如 Urtubia 等（2011）的应用

在葡萄酒生产中，人工神经网络的应用主要集中在识别和分类任务上（Beltran et al.，2006；Marini et al.，2008；Penza 和 Cassano，2004；Perez-Magariño，2004；Kruzlicova et al.，2009；Hosu et al.，2014；Fernandes et al.，2015）。Penza 和 Cassano（2004）使用多传感器阵列和不同的人工神经网络方法对不同类别的意大利葡萄酒进行了化学计量学分类。结果是识别率和预测率分别为 100% 和 78%。统计和人工神经网络方法都被用来根据原产地对 70 种西班牙玫瑰葡萄酒进行分类（Perez-Magariño，2004）。通过对 19 个变量的学习，SDLA 统计方法选择了 10 个变量，分类和预测的正确率分别为 98.8% 和 97.3%，而 ANN 方法选择了 7 个变量，训练和预测的正确分类为 100%。Kruzlicova 等（2009）应用多层感知器技术对 4 个生产商在 3 个不同年份生产的 3 个品种的 36 个斯洛伐克葡萄酒样品进行了分类：品种、生产商/地点和生产年份。在这种情况下，考虑不同的样本，最小预测率为 93.3%。开发了单层和概率神经网络，用于预测葡萄酒抗氧化活性的有价值的特性，并用于识别葡萄的葡萄酒品种、收获年份和原产地（Hosu et al.，2014）。应用高光谱成像和神经网络技术对波特酿酒葡萄浆果的 pH 值、糖分和花青素含量进行

了测定（Fernandes et al.，2015）。

支持向量机（SVM）也是解决模式识别问题最常用的方法之一，特别是分类、识别和回归（ABE，2010；Scholkopf 和 Smola，2002；Sánchez，2003）。支持向量机的数学公式对应于一个优化问题，该优化问题的解计算将数据集划分为不同类别的边界。在二进制分类的情况下，数据集由（$n+1$）个维点（x_1，y_1），…，（x_m，y_m）组成，其中 $X_i \in R^n$ 和 $y_i \in$ {-1，1}。支持向量机方法解决了以下优化问题（ABE，2010；Scholkopf and Smola，2002；Sánchez，2003）：

$$\min_{w,b\varepsilon}\left(\frac{1}{2}w^\mathrm{T}w+c\sum_{m}^{i=1}\varepsilon_i\right)$$

s. t.

$$y_i\left[w^\mathrm{T}\phi(x_i)+b\right]\geq1-\varepsilon_i \quad \forall i=1,\cdots,m$$
$$\varepsilon_i\geq0 \quad \forall i=1,\cdots,m \tag{16.1}$$

其中函数 $\varnothing(u)$ 定义了内核 $K(u,v)=\varnothing^t(u)\varnothing(v)$。最常用的内核是线性、二次和三次多项式、径向基函数和激活函数。

线性：$K(u,v)=u^\mathrm{T}v$

多项式：$K(u,v)=(\alpha u^\mathrm{T}v+\beta)^d$，$\alpha>0$

径向基函数：$K(u,v)=\exp(-\alpha u-v^2)$，$\alpha>0$

激活函数：$K(u,V)=\tanh(\alpha u^\mathrm{T}v+\beta)$ (16.2)

上述方程中的目标函数（16.1）最小化划分不同类别边界之间的距离和分类错误。常数 $c>0$ 可以解释为惩罚参数：c 值较小允许增加边界之间间隔，而 c 值较大允许减少边界之间间隔。对于所考虑的测试集合，参数（b，c）的值通常通过在典型值里进行循环搜索来确定。一些作者已经研究了不同的启发式算法来提高参数（b，c）的计算速度（Gaspar et al.，2012；Demyanov et al.，2012；Liao et al.，2015）。支持向量机方法已应用于与葡萄酒发酵相关的问题如利用可见光–近红外光谱测定黄酒成分（Yu et al.，2009）、西班牙白葡萄酒原产地的分类（Jurado et al.，2012）、葡萄品种分类并通过应用不同的机器学习方法（包括支持向量机）评估化合物的区分能力（Gómez-Meire et al.，2014），以及全反射中红外光谱的支持向量机校准用于监测中国黄酒发酵的演变（Wu et al.，2015）。

此外，不同的作者已经提出使用混合智能方法来解决模式识别问题（Liao et al.，2015；Nagata 和 Chu，2003；Rocha et al.，2007；Capparuccia et al.，2007；Yang et al.，2012）。在这种情况下，一种方法用于另一种方法的参数优化或体系结构确定，以及用于训练阶段。例如，在进化神经网络中，基于人工神经网络和进化计算的两种混合方法被应用于网络结构和连通性矩阵的构建和优化（Rocha et al.，2007）。这两种方法应用于现实世界的分类和回归问题，表现出与其他方法相当的性能。

人工神经网络和支持向量机在利用经典化学测量数据检测问题葡萄酒发酵中的应用

本章作者设计、实施和研究了来自多元统计和计算智能的不同方法来早期检测有问题的葡萄酒发酵（Urtubia et al.，2010a，b，2011，2012；Urtubia 和 Roger，2011；Hernández et al.，2016、2017）。Urtubia 等（2010a，2012）和 Urtubia 和 Roger（2011）应用了以下统计方法：主成分分析、多向主成分分析、聚类 k-均值、线性判别分析和多向偏最小二乘法。通过实验室规模的发酵，建立并研究了一个数据库，该数据库包含大约 22000 个数据，来自赤霞珠葡萄酒的 22 个正常发酵、迟缓发酵和黏滞发酵样本。为了获得这些数据，用中红外光谱和标准方法测量了每个发酵的相关化学变量的 30~35 个样本：糖、醇、有机酸、氮化合物和密度。Urtubia 等（2010a，2012）和 Urtubia 和 Roger（2011）的主要结果确定，考虑到糖、醇和密度的前 96 小时的测量，统计方法可以低误差地预测正常和有问题的发酵。

这一结果在 Urtubia 等（2010b，2011，2012）研究中通过应用多层感知器神经网络来及时检测葡萄酒发酵行为得到了改进。该数据库与 Urtubia 等（2010a）和 Urtubia 和 Roger（2011）的数据库相同。而 ANN 被定义为一个或两个隐藏层。训练算法采用梯度下降的反向传播算法，转移函数为 Sigmoid 函数。训练集和测试集分别用 70% 和 30% 的发酵液随机构建。考虑主要的化学变量，利用前 72 h、96 h 和 256 h 的数据计算了人工神经网络的预测率，通过几个计算实验证明，神经网络可以很好地应用于 72h 的问题葡萄酒发酵的检测。然而，确定产生最佳预测率的人工神经网络的体系结构是一个既耗时又困难的过程。

Urtubia 等（2010b，2011，2012）的类似方法应用于相似研究中（Hernández et al.，2016），但使用了不同的预测方法。为了检测三种不同的核：线性核、三次多项式核和径向基函数核，本文研究了支持向量机方法来检测问题葡萄酒发酵。在训练和测试阶段，使用与 Urtubia 等（2010a，b，2011，2012）和 Urtubia 和 Roger（2011）相同的数据库。实现支持向量机方法的顺序和并行程序使用三个主要化学变量的前 48 h、72 h 和 96 h 的数据计算最佳预测率：总糖、酒精度和密度。对于训练和测试集的定义被认为是针对不同测试和训练配置的数据集的随机样本：40%~60%、30%~70% 和 20%~80%，以 95% 的置信度和 3% 的估计误差确定。

表 16.1 显示了考虑每个训练/测试百分比和每次截止值（仅考虑主要化学变量

的测量）时的最佳预测率和最差预测率。表 16.2 显示了每种支持向量机方法获得的最佳预测率和最差预测率，以及考虑所有训练/测试百分比和时间截止点计算的主要统计数据。

对于 20%~80% 和 30%~70% 的测试和训练百分比，最好的预测率和次佳预测率分别为 0.88 和 0.86，多项式核函数和 48 h 时间截止值的预测结果也是如此。考虑到所有训练和测试百分比以及时间截止点，所有情况下的最差预测率都是通过线性核获得的，而最佳线性核结果（30%~70% 测试/训练百分比和 24 h 时间截止点时的 0.72，见表 16.2）明显小于最佳预测率。从这些结果可以肯定，发酵级与化学变量之间的关系不是线性的。此外，这种关系可以用三次多项式或径向基核来更精确地表示。如果在所有训练/测试百分比和时间截止点上观察支持向量机方法的性能，并且不仅在获得的最佳结果中观察，可以观察到，如果考虑平均、最小、最大、第一、第二和第三四分位数，径向基函数核的性能略好。Hernández 等（2016）的主要结果确定了三次多项式核函数和径向基核函数的支持向量机方法的预测正确率分别为 88% 和 85%。这些结果是在 20%~80% 的训练/测试百分比配置和 48 小时的截止时间下获得的。因此，这项工作改进了 Urtubia 等（2010a，b，2011，2012）和 Urtubia 和 Roger（2011）之前获得的结果。

表 16.1　不同训练/测试配置和时间截止的最佳和最差预测率

测试/训练百分比	最佳预测率（BPR）	BPR 的 SVM 法	BPR 截止时间
20%~80%	0.88	POL	48 h
30%~70%	0.86	POL	48 h
40%~60%	0.83	RBF	48 h
截止时间	最佳预测率（BPR）	BPR 的 SVM 法	BPR 培训/测试百分比
24 h	0.82	RBF	20%~80%
48 h	0.88	POL	20%~80%
72 h	0.82	POL	20%~80%
96 h	0.81	RBF	20%~80%
测试/训练百分比	最差预测率（WPR）	WPR 的 SVM 法	WPR 截止时间
20%~80%	0.61	LIN	72 h
30%~70%	0.58	LIN	72 h
40%~60%	0.57	LIN	72 h
WPR 截止时间	最差预测率（WPR）	WPR 的 SVM 法	测试/训练百分比
24 h	0.69	LIN	20%~80%

续表

WPR 截止时间	最差预测率（WPR）	WPR 的 SVM 法	测试/训练百分比
48 h	0.68	LIN	40%～60%
			20%～80%
72 h	0.57	LIN	40%～60%
96 h	0.64	LIN	40%～60%
			30%～70%

Hernández 等（2017）利用实验室规模的赤霞珠发酵获得的经典化学变量（密度、糖浆、果糖、葡萄糖、乙醇和甘油）的测量值（见表 16.3），研究了人工神经网络作为一种方法及时预测问题葡萄酒发酵的性能。其中 8 个是正常发酵，其余是有问题的（黏滞和迟缓），总共有 1476 个测量值，分布如下：

①密度和糖度：每个化学变量的 342 个数据对应于 38 次发酵，每个发酵每 12 小时测量 9 次，对应于流程的前 4 天。

②果糖、葡萄糖、乙醇和甘油：每个化学变量的 198 个数据对应于 22 次发酵，每个发酵每 12 小时测量 9 次，对应于流程的前 4 天。

表 16.2　由 SVM 方法获得的最佳和最差预测率及其主要统计数据在考虑所有测试/训练百分比和时间截止时计算

SVM 函数	最好结果	测试/训练配置	截止时间
线性函数	0.72	30%～70%	24 h
多项式函数	0.88	20%～80%	48 h
径向基函数	0.85	20%～80%	48 h
SVM 函数	最差结果	测试/训练配置	截止时间
线性函数	0.57	40%～60%	72 h
多项式函数	0.65	40%～60%	72 h
径向基函数	0.66	40%～60%	72 h
主要描述性统计	线性函数	多项式函数	径向基函数
平均值	0.66	0.75	0.78
标准偏差	0.05	0.08	0.07
最大值	0.72	0.88	0.85
最小值	0.57	0.65	0.66
第一个四分位数	0.61	0.67	0.72

续表

SVM 函数	最好结果	测试/训练配置	截止时间
第二四分位数	0.68	0.73	0.81
第三四分位数	0.69	0.82	0.82
80%百分位	0.71	0.82	0.83
90%百分位	0.71	0.86	0.83
95%百分位	0.72	0.88	0.85

表 16.3　正常和有问题的发酵数据样本

发酵	密度（g/L）				糖度（%m/v）			
	$t=0h$	$t=12h$	$t=24h$	$t=36h$	$t=0h$	$t=12h$	$t=24h$	$t=36h$
F1	1114	1115	1106	1088	26.6	26.0	25.3	22.5
F2	1114	1113	1104	1080	26.6	26.1	25.3	21.5
F9	1113	1106	1077	1057	25.6	24.9	20.2	17.4
F10	1114	1107	1078	1053	25.5	24.7	20.1	16.4

发酵	乙醇（%v/v）				甘油（mg/L）			
	$t=0h$	$t=12h$	$t=24h$	$t=36h$	$t=0h$	$t=12h$	$t=24h$	$t=36h$
F1	0.005	0.007	0.076	0.208	20.1	12.8	156.4	338.9
F2	0.005	0.041	0.706	4.394	20.1	359.5	1184.1	4967.2
F9	0.010	0.010	3.898	7.199	11.5	11.5	7094.4	9619.2
F10	0.086	0.750	4.029	6.976	170.8	1755.6	6703.4	10,617.8

　　在 Matab 中，使用神经网络模式识别工具箱开发了一个程序，用于计算经典化学变量的总体预测率误差，一次测量只考虑特定变量。该程序考虑了只有一个隐层的网络结构，将均方归一化误差作为性能函数，并通过 Levenberg-MarQuardt 训练函数优化来更新权值和偏差，从而确定该误差。确定五种训练/测试/验证配置的总体预测率误差，即 40%、30%、30%；50%、25%、25%；60%、20%、20%；70%、15%、15%；以及 80%、10% 和 10%，其中每组示例在所有发酵中以平衡的方式随机选择，并且对于几个隐藏层大小的每个训练/测试/验证配置为 4 到 30 个神经元。此外，借助该模式考虑了三种不同的化学变量测量截止值：2、3 和 4 天。例如，如果化学变量是密度，则数据 2、3 和 4 天分别由 5、7 和 9 次测量中的每个发酵组成。

　　表 16.4 显示了使用头两天的数据获得的总体预测率误差的主要统计数据。表

16.5 给出了使用密度、糖度和甘油的数据，使用前 3 天和 4 天的数据，对具有最佳结果的化学变量获得的总体预测率误差的主要统计数据。统计数据是在考虑所有训练/测试/验证配置和隐藏层大小的情况下计算的。

表 16.4 考虑前 2 天数据的化学变量的总体预测率误差（OPRE）统计

统计	前 2 天截止					
化学变量/OPRE 统计	密度	糖度	果糖	葡萄糖	乙醇	甘油
平均	0.0226	0.1099	0.2539	0.2744	0.1579	0.0879
标准偏差	0.0670	0.0958	0.1809	0.1540	0.1776	0.1158
最小值	0.0000	0.0000	0.0000	0.0000	0.0000	0.0000
最大值	0.4211	0.4474	0.7727	0.7273	0.6818	0.5455
众数	0.0000	0.0263	0.1364	0.2273	0.0000	0.0000
中位数	0.0000	0.0790	0.2273	0.2273	0.0909	0.0455
60%百分位	0.0000	0.1053	0.2273	0.2727	0.1818	0.0455
70%百分位	0.0000	0.1579	0.3182	0.3182	0.2273	0.0909
80%百分位	0.0263	0.2105	0.3636	0.3636	0.2727	0.1364
90%百分位	0.0263	0.2105	0.5727	0.5000	0.4363	0.2273

表 16.5 考虑到所有隐藏层大小，每个训练/测试/验证配置的 3 天和 4 天截止值的密度、糖度和甘油的最佳总体预测率误差（OPRE）

统计	前 3 天截止			前 4 天截止		
化学变量 最佳 OPRE 结果	密度	糖度	甘油	密度	糖度	甘油
训练/测试/有效的 配置	80/10/10	70/15/15	80/10/10	70/15/15	70/15/15	70/15/15
平均	0.0166	0.0595	0.0825	0.0166	0.0702	0.0791
标准偏差	0.0561	0.0643	0.1223	0.0561	0.0723	0.0948
最小值	0.0000	0.0000	0.0000	0.0000	0.0000	0.0000
最大值	0.2105	0.2105	0.4091	0.2105	0.2105	0.3636
众数	0.0000	0.0526	0.0000	0.0000	0.0263	0.0455
中位数	0.0000	0.0526	0.0455	0.0000	0.0526	0.0455

Hernández 等（2017）确定，从人工神经网络方法和总体预测率误差的角度来看，及时预测葡萄酒发酵的最佳经典化学变量依次是密度、糖度和甘油。这一结果

非常重要，主要原因如下：

这些化学变量在实验室或生产条件下最容易测量；

①与人工神经网络 ANN 的其他应用相比，葡萄酒发酵的总数据量（1476 个测量值）非常少。

②仅使用以下化学变量之一的前两天的数据，就可以应用 ANN 非常准确地预测正常和有问题的葡萄酒发酵：密度、糖度和甘油。必须指出的是，这些数据分别只包含 190、190 和 110 个测量值。

③如果考虑前 3 天或 4 天的数据而不是前 2 天的数据，总体预测率误差会有所改善，即其最大值随着时间截止时间的增加而减小。

④50%~90% 的百分位数允许确认结果是稳健的，因为 ANN 参数的几个值（训练/测试/验证配置和隐藏层大小）获得非常小的总体预测率误差。

结论、差距和未来研究

影响葡萄酒发酵产品盈利度和质量的发酵过程中引起问题的因素可通过增加对该方面知识的深入了解及理解各种过程中测量的化学变量随时间推移的结果的原因而显著减少。尤其重要的是使用经典化学变量的数据，因为它们是最简单和最经济的测试方法。

本章介绍了应用智能计算方法来解决该问题的主要结果，即使用实验室规模的葡萄酒发酵单次测量一种有代表性的化学变量：密度、糖度、果糖、葡萄糖、乙醇和甘油。所研究的支持向量机和人工神经网络方法在不同主要参数配置下的总体预测误差表现出很好的效果，改进了以往的结果，尤其是考虑密度化学变量的人工神经网络方法所获得的结果。考虑到不同的训练/测试/验证配置、隐藏层大小和时间截止点，平均总预测率误差为 0.0226。这一结果非常重要，因为使用的数据量很小。

然而，在葡萄酒发酵过程中仍有一些尚未妥善解决的重要未决问题，即：

①确定对正常和有问题葡萄酒发酵产生最准确和最及时预测的化学变量。

②构建数学或计算模型以表示干预葡萄酒发酵过程正确演变的主要化学变量之间的相互作用。

③确定葡萄酒发酵的初始条件如何影响过程的发展。

④构建数学或计算模型以表示葡萄酒发酵的初始条件对过程结果的影响。

因此，我们建议将智能计算方法应用于以前的科学问题，因为本章研究的问题取得了很好的结果。通过实验室规模的葡萄酒发酵来获得这类过程中主要化学变量的足量的高质量数据：密度、糖、醇、氨基酸、有机酸以及饱和和不饱和脂肪酸。

参考文献

Abe S(2010)Support vector machines for pattern classification. 2nd edn. Springer Academic Press, Elsevier, Oxford, United Kingdom.

Beltran N et al(2006)Feature extraction and classification of Chilean wines. J Food Eng 75:1-10.

Beltran G, Novo M, Guillamón J, Mas A, Rozés N (2008) Effect of fermentation temperature and culture media on the yeast lipid composition and wine volatile compounds. Int J Food Microbiol 121: 169-177.

Bishop CM(1996)Neural networks for pattern recognition. Oxford University Press, Oxford.

Bishop CM(2006)Pattern recognition and machine learning. Springer, New York.

Bisson L, Butzke C(2000)Diagnosis and rectification of stuck and sluggish fermentations. Am J Enol Vitic 51(2):168-177.

Blateyron L, Sablayrolles JM(2001)Stuck and slow fermentations in enology: statical study of causes and effectiveness of combined additions of oxygen and diammonium phosphate. J Biosci Bioeng 91(2): 184-189.

Capparuccia R, De Leone R, Marchitto E(2007)Integrating support vector machines and neural networks. Neural Netw 20:590-597.

D'Amatto D, Corbo M, Del Nobile M, Sinigaglia M(2006)Effects of temperature, ammonium and glucose concentrations on yeast growth in a model wine system. Int J Food Sci Technol 41:1152-1157.

Demyanov S, Bailey J, Ramamohanarao K, Leckie C(2012)AIC and BIC based approaches for SVM parameter value estimation with RBK kernels. JMLR W&CP 25:97-112.

Engelbrecht AP(2007)Computational intelligence: an introduction. 2nd ed. John Wiley & Sons, West Sussex, England.

Executive Report Chilean Wine Production(2011-2016)Servicio Agrícola y Ganadero de Chile.

Fernandes AM et al(2015)Brix, pH and anthocyanin content determination in whole port wine grape berries by hyperspectral imaging and neural networks. Comput Electron Agric 115:88-96.

Gaspar P, Carbonell J, Oliveira JL(2012)On the parameters optimization of support vector machines for binary classification. J Integr Bioinform 9(3):201.

Gómez-Meire S et al(2014)Assuring the authenticity of northwest Spain white wine varieties using machine learning techniques. Food Res Int 60:230-240.

Hernández G, Leon R, Urtubia A(2016)Detection of abnormal wine fermentation processes by support vector machines. Cluster Computing. 19(3):1219.

Hernández G, Leon R, Urtubia A (2017) Application of neural networks for the early prediction of problematic wine fermentations using data from the classical chemical measurements, submitted to Journal of Biotechnology, (in press).

Hosu A, MirceaCristea VM, Cimpoiu C(2014)Analysis of total phenolic, flavonoids, anthocyanins and tannins content in Romanian red wines: prediction of antioxidant activities and classification of wines using artificial neural networks. Food Chem 150:113–118.

Jurado M et al(2012) Classification of Spanish DO white wines according to their elemental profile by means of support vector machines. Food Chem 135(3):898–903.

Kruse R, et al(2013) Computational intelligence: a methodological introduction. Springer-Verlag, London, England.

Kruzlicova D et al(2009) Classification of Slovak white wines using artificial neural networks and discriminant techniques. Food Chem 112:1046–1052.

Liao O et al(2015) Parameter optimization for support vector machine based on nested genetic algorithms. J Autom Control Eng 3(6):507–511.

Marini F, Bucci R, Magri A(2008) Artificial neural networks in chemometrics: history, examples and perspectives. Microchem J 88:178–185.

Nagata Y, Chu K(2003) Optimization of a fermentation medium using neural networks and genetic algorithms. Biotechnol Lett 25:1837–1842.

Penza M, Cassano G (2004) Chemometric characterization of Italian wines by thin-film multisensors array and artificial neural networks. Food Chem 86:283–296.

Perez-Magariño S et al(2004) Comparative study of artificial neural network and multivariate methods to classify Spanish DO rose wines. Talanta 62:983–990.

Pszczólkowski P, Carriles P, Cumsille M, Maklouf M(2001) Reflexiones sobre la madurez de cosecha y las condiciones de vinificación, con relación a la Problemática de fermentaciones alcohólicas lentas y/o paralizante en Chile, Facultad de Agronomía, Pontificia Universidad Católica de Chile.

Ripley BD (2008) Pattern recognition and neural networks. Cambridge University Press, Cambridge, USA.

Rocha M, Cortez P, Neves J (2007) Evolution of neural networks for classification and regression. Neurocomputing 70:2809–2816.

Sánchez D(2003) Advanced support vector machines and kernel methods. Neurocomputing.

Scholkopf B, Smola AJ(2002) Learning with kernels: support vector machines, regularization, optimization, and beyond. The MIT Press, Cambridge, USA.

Theodoridis S, Koutroumbas K (2008) Pattern recognition, fourth edition. Academic Press, Elsevier, San Diego, USA.

Urtubia A, Roger JM(2011) Predictive power of LDA to discriminate abnormal wine fermentations. J Chemom 25(7):382–388.

Urtubia A, Emparan M, Almonacid S, Pinto M, Valdenegro M (2010a) Application of MPCA and MPLS on industrial batch bioprocesses. J Biotechnol 150(1):310.

Urtubia A, Emparan M, Roman C, Hernández G, Roger JM (2010b) Multivariate statistic and pattern recognition to detect abnormal fermentations in wine process. J Biotechnol 150(1):328.

Urtubia A, Hernández G, Román C(2011) Prediction of problematic wine fermentations using artificial neural networks. Bioprocess Biosyst Eng 34:1057–1065.

Urtubia A, Hernández G, Roger JM (2012) Detection of abnormal fermentations in wine process by multivariate statistics and pattern recognition techniques. J Biotechnol 159:336-341.

Varela C, Pizarro F, Agosin E (2004) Biomass content govern fermentation rate in nitrogen-deficient wine musts. Appl Environ Microbiol 70(6):3392-3400.

Wu Z et al(2015) Monitoring of fermentation process parameters of Chinese rice wine using attenuated total reflectance mid-infrared spectroscopy. Food Control 50:405-412.

Yang Y, He Q, Hu X (2012) A compact neural network for training, support vector machines. Neurocomputing 86:193-198.

Yu HY, Niu XY, Lin HJ, Ying YB, Li BB, Pan XX(2009) A feasibility study on on-line determination of rice wine composition by Vis-NIR spectroscopy and least-squares support vector machines. Food Chem 113(1):291-296.